검은 우주 공간을 배경으로 외로이 떠 있는 우주인을 바라본다. 그 아래로 푸른 행성 지구가 아름답게 펼쳐진다. 그야말로 완전한 고요다. 그러나 그 고요함 속에는 질주하는 움직임이 숨어 있다. 중력은 보이지 않는 끈으로 지구와 우주인을 이어놓는다. 지구와 우주인은 고요함 너머에 펼쳐져 있는 우주 공간을 미끄러지듯 내달리고 있다.

− '지구의 위성이 되다' 중에서

Across the Universe

어크로스 더 유니버스
Across The Universe

초판 1쇄 발행 | 2019년 1월 21일

지은이 | 김지현, 김동훈
펴낸이 | 이원범
기획 · 편집 | 김은숙
마케팅 | 안오영
표지 · 본문 디자인 | 강선욱
일러스트 | 강선욱

펴낸곳 | 어바웃어북 about a book
출판등록 | 2010년 12월 24일 제313-2010-377호
주소 | 서울시 마포구 양화로56 1507호(서교동, 동양한강트레벨)
전화 | (편집팀) 070-4232-6071 (영업팀) 070-4233-6070
팩스 | 02-335-6078

ⓒ 김지현 · 김동훈, 2019

ISBN | 979-11-87150-51-0   03440

ACROSS THE UNIVERSE

138억 년 우주를 가로질러 당신에게로

김지현·김동훈 지음

어크로스 더 유니버스

어바웃어북

걸어서 우주 속으로

나는 시공을 가로질러 여행하는 '우주 탐험가'를 꿈꾼다. 지난 10년 동안 나를 강렬하게 사로잡은 단 하나의 목표는 우주의 구조와 만나는 일이었다. 138억 년 우주의 역사에서 별과 은하가 펼쳐낸 우주의 구조를 생생한 감각으로 느끼고 온몸으로 마주하는 일에 몰두했다. 나는 그 꿈을 이루기 위해 내 몸집보다 큰 천체망원경과 함께 별빛을 따라 걷는, '길 위의 과학자'가 되었다.

탐험의 길에 새겨지는 한 걸음 한 걸음은 더 넓은 세상을 보여주었다. 행성 지구에서 별이 가장 잘 보이는 곳을 찾아다니며 드넓은 우주와 만났다. 서호주 35억 년 된 지층 위에 망원경을 세워놓고 수억 광년을 여행해온 별빛을 바라보았다. 아득한 푸름에 빠져들게 하는 초원의 땅 몽골에서 가장 검은 밤하늘의 색을 찾아냈다. 북극과 가까운 스발바르 제도에서 개기일식이 그려내는 찰나의 아름다움에 매료되었다. 미국 서부 해발 2200m의 산정상에서는 깊고 어두운 우주 공간을 탐색했다. 하와이 마우나케아에 있는 세계 최대의 천문대들을 둘러보면서 최고 우주과학자들이 보여주는 뜨거운 열정에 깊이 공감했다.

우주의 구조를 밝혀내는 것은 현대 우주론의 가장 중요한 과제로 꼽힌다.

138억 년 전 초기우주에서 매우 균일한 상태였던 우주가 왜 지금과 같이 화려하고 놀라운 형태를 만들어냈는지 설명해내야 한다. 자연과학의 무대에서 큰 의미가 있는 탐구 주제다. 나 역시 10여 년에 걸쳐 위대한 탐구의 여정에 동참했다. 책이나 논문만 읽는 것에서 벗어나 광대한 우주 공간에 몸을 맡기고 우주가 들려주는 이야기에 귀 기울이려 했다. 내 눈동자와 천체망원경은 깊이 잠들었던 감각을 깨워냈다. 새롭게 눈을 뜬 감각은 나와 우주를 이어주고 연결했다.

이 책의 1부는 세계의 곳곳을 돌며 차근차근 밝아나간 탐구의 과정을 소개한다. 먼저 우리은하 나선팔에 자리 잡은 각양각색의 성운, 성단을 관찰하며 은하의 구조를 살펴보았다. 그리고 시야를 넓혀 은하단에 눈길을 주었다. 수천 개의 은하가 서로 어울리며 춤을 추었다. 그 과정에서 시공간에 스며 있는 중력은 다양한 형태의 은하를 빚어냈다. 천체망원경을 통해 바라보는 은하의 모습은 가슴 벅찬 감동을 불러일으켰다.

가장 극적인 순간은 깊고 어두운 하늘과 맞닿아 있는 서호주의 적막한 오지 필바라에서 라니아케아 초은하단으로 불리는 우주의 거대 구조를 관찰했을 때다. 수억 광년에 걸쳐 펼쳐진 초은하단의 구조와 만난 것이다. 책에 그려진 이미지가 아니었다. 시뮬레이션 프로그램이 만들어낸 영상이 아니었다. 망원경을 통해 내 눈동자에 들어온 빛이 직접 말해주는 우주의 구조였다. 왜 이런 구조를 갖게 되었을까? 경이롭게도 하늘의 모든 방향에서

138억 년을 달려온 빛, '우주배경복사'에 그 패턴이 숨어 있다. 우주배경복사에 나타난 물질 분포의 극히 미세한 불균일함과 관계가 있다. 밀도가 조금 더 높은 곳은 별이 생겨나고 그 별들이 모여 은하가 되고 초은하단으로 성장했다. 반면에 밀도가 낮은 곳은 초은하단 사이의 상대적으로 물질이 적은 빈공간 '보이드(void)'가 되었다. 우주의 나이가 불과 38만 년이었을 때 10만 분의 1 정도의 아주 미세한 불균일함이 그 패턴을 유지하면서 138억 년에 걸쳐 자라나 결국에는 초은하단으로 꾸며진 우주의 거대 구조를 만들어낸 것이다.

2부는 우주의 시작과 함께 등장한 시간과 공간, 물질과 에너지가 서로 어울려 춤추는 풍경을 바라본다. 밤하늘은 세상에서 가장 크고 오래되고 아름다운 미술관이다. 우리의 호기심과 상상의 바다를 채워줄 작품들을 감상할 수 있다. 2부는 우리가 펴낸 《별 헤는 밤 천문우주 실험실》을 토대로 새로운 내용을 추가하여 다듬고 재구성했다. 여기에 '138억 년 우주의 역사', '천체사진으로 담아내는 우주' 그리고 21편의 우주미술관 이야기를 새롭게 수록했다.

우주의 구조를 찾아 나섰던 지난 10년은 138억 년 우주의 역사와 만나는 탐험이었다. 내 삶에서 이보다 극적인 탐험의 여정이 또 있을까? 그 아름답고 놀라운 경험들을 독자 여러분과 나누기 위해 이 책을 세상에 내놓는다. 저자들이 경험하고 느낀 정보가 독자 여러분의 신경세포에 새로운 흔적을 남기길 바란다. 그 흔적이 기억의 싹이 되고, 그 싹이 자라나 아름다운 우주를 그릴 수 있을 것이다. 우리가 함께 살아가는 우주의 풍경이 우리 모두에게 소중하게 자리 잡기를 바란다.

이 책에 나온 여러 탐험을 함께한 김병수 님께 진심으로 깊은 감사를 드린다. 열정 넘치는 과학탐험 전문가이자 의학박사인 김병수 님의 도움이 있었기에 이 책이 더 의미 있는 내용을 담을 수 있었다. 더불어 '서호주에서 만나는 생명의 춤'에서 소중한 글을 써주신 점에 감사드린다. 하와이 마우나케아를 찾았을 때, 세계 최대 천문대들을 정성을 다해 설명해주신 표태수 박사님께 깊이 감사드린다. 서로의 관심 분야에 대해 경청하고 흥미로운 대화를 나눠온 벗, 전용훈 교수와 동아사이언스의 장경애 대표께도 고마움을 전한다. 몽골 탐험의 문을 열어 준 박찬희, 진용주 님께 감사드린다. 개기일식 탐험과 해외 원정 관측에 함께한 이한솔, 조강욱 님께도 깊이 감사드린다.

이 책을 더 빛나게 다듬으며 한 장 한 장 멋스럽게 꾸며 우주의 아름다움을 훌륭하게 표현해낸 강선욱 님께 큰 고마움을 느낀다. 책의 구성과 편집 과정을 열성을 다해 챙기고 애써주신 어바웃어북 김은숙 팀장님과 이원범 편집장님께도 깊이 감사드린다.

세계 여러 곳을 누비며 별과 우주를 탐험하는 일은 늘 아끼고 지지해주는 가족이 있기에 가능했다. 138억 년 우주의 역사에서 지금 이 시간과 공간을 함께하며, 서로 보듬어주고 기뻐하고 행복을 나눌 수 있는 사랑하는 가족에게 이 책에 담긴 모든 아름다운 별빛을 바친다.

| CONTENTS |

1부

Across the Universe

별을 찾아 떠나는

탐험

첫 탐험으로 '지구에서 별이 가장 잘 보이는 곳'을 찾아간다. 상상만 해도 마음이 떨리고 가슴이 뭉클해진다. 가장 맑고 깨끗한 창을 통해 별을 바라보고 형형색색의 빛이 들려주는 이야기에 귀 기울인다. 밤하늘을 무대로 펼쳐지는 별빛 춤사위는 드넓은 우주의 아름다움을 그려낼 것이다.

이어서 '별빛 속삭임과 함께한 7일'을 보낸다. 하루 24시간 오직 별이 그려내는 세상에 온몸을 맡긴다. 천체망원경의 힘을 빌려 광대한 우주의 시공을 가로지르며 138억 년 동안 이어진 우주의 역사와 마주한다. 그 장엄한 이야기를 담아낸 한 장의 그림을 만나면서 우리의 발걸음은 더 큰 힘을 얻는다.

세 번째 탐험은 '하늘과 땅의 역사를 노래하는 빅 아일랜드'에서 펼쳐진다. 가장 깊은 곳에서 뜨겁게 솟아나는 땅의 역사와 만나고, 가장 높은 곳에서 별빛의 울림이 꾸며내는 하늘의 역사를 만난다. 땅과 하늘이 서로 연결되어 우주를 바라보는 우리의 시야를 넓혀 준다.

다음은 '태양을 품은 몽골과 북극'이다. 지구와 달, 태양이 어우러져 만들어내는 우주의 하모니는 극적인 찰나의 아름다움을 선물한다. 개기일식과 오로라가 선해주는 감동은 평생 잊지 못할 기억이 된다. 그리고 태양과 행성들의 세계를 벗어나 더 멀고 더 깊은 우주로의 여행을 꿈꾸게 한다.

우리의 발걸음은 '서호주에서 만나는 생명의 춤'에서 잠시 호흡을 가다듬는다. 우리 스스로 자연을 담고, 자연을 닮아가야 하는 시간이다. 30억 년 전 생명의 흔적과 만나면서 진화의 흐름을 살펴본다. 우주의 일부로서 우주 그 자체가 꽃피운 생명의 무대에 오롯이 서 있는 우리 자신을 다시 바라본다.

별을 찾아 떠나는 탐험을 마무리하는 발걸음은 '은하가 그려내는 우주의 구조'로 향한다. 태양계를 넘어 우리은하를 가로지르고, 초은하단이 넘실거리는 우주의 장대한 바다를 항해한다. 긴 여행의 마지막 순간에 서로의 눈동자를 바라보자. 더 맑아진 눈동자 속에는 우주의 아름다움을 이해하고 싶은 호기심이 더 밝게 빛날 것이다.

오래된 꿈이 있다.

삶의 여정에서 꼭 경험하고 싶은 소중한 꿈이다.

행성 지구에서 별이 가장 잘 보이는 곳,

깊은 어둠 속에서 오직 별빛의 속삭임만 들리는 곳,

드넓은 우주를 마음 가득 품을 수 있는 곳,

그런 곳을 찾아 탐험을 떠나는 꿈이다.

지구에서 별이
가장 잘 보이는 곳

맑은 하늘을 찾아서

　가장 아름다운 밤하늘을 찾아가는 첫 탐험지로 호주의 쿠나바라브란 (Coonabarabran)을 선택했다. 6개월의 준비 기간 동안 천체망원경으로 관찰할 대상의 목록을 선정하고 날짜와 시간별로 빈틈없이 채워진 계획을 세웠다. 익숙하지 않은 남반구 별자리 정보를 출력해 틈틈이 외우면서 그곳 밤하늘의 모습을 머릿속에 그려나갔다. 모든 준비를 마무리하고 천체망원경과 천체사진 촬영 장비를 꾸려 무게를 재보니 150kg! 짐의 무게만큼이나 묵직한 설렘이 성큼성큼 다가왔다. 7월의 맑은 태양 빛이 쏟아지는 날, 드디어 아주 특별한 별빛 탐험이 시작되었다. 별을 찾아서!

　잠깐 눈을 감은 듯했는데 깨어보니 새벽 2시였다. 비행기는 적도를 넘어 남반구 하늘을 날고 있었다. 창가에 앉은 동료가 놀란 표정을 지으며 말했다.

　"정말, 거꾸로 뒤집어졌네!"

　전갈자리가 북반구와 달리 땅 쪽으로 머리를 박고 있다. 아! 남반구 하늘

남반구 밤하늘에서는 물구나무를 선 듯 뒤집힌
전갈자리를 볼 수 있다.

에 들어섰구나. 비행기가 남쪽으로 내려갈수록 전갈이 머리를 더 숙인다. 마치 환영 인사를 하듯이.

시드니공항에 도착했을 때 하늘에는 구름이 가득했다. 잠시 실망했지만, 곧 생각을 가다듬었다. 오히려 구름을 바라보는 눈빛에 생기가 돌았다. 저 구름은 웅장하고 화려한 별빛 축제 무대를 가리고 있는 '막'이라 상상했다. 아직 무대의 막이 열리지 않았을 뿐이다. 렌트한 차량에 짐을 싣고 재빨리 공항을 빠져나갔다. 엎어지면 코 닿을 거리에 있는 시드니 관광 1번지인 '오페라하우스'는 슬그머니 머릿속에서 지워버렸다. 별을 만나는 일이 더 중요했다.

도시를 벗어나 호수의 광활한 대지로 힘찬 발걸음을 내디뎠다. 차창 밖으로 펼쳐지는 풍경은 문명의 흔적을 조금씩 지워나갔다. 한 걸음 한 걸음 살아있는 자연 속으로 빨려 들어갔다. 제법 굵은 빗방울이 차창을 때렸지만 아랑곳하지 않았다. 구름 너머 별빛 세상에 이미 마음을 빼앗겼기 때문이다.

시드니에서 북서쪽으로 500km를 달려 쿠나바라브란에 도착했다. 한국에서 집을 나선 지 36시간이 지났다. 호주를 대표하는 사이딩 스프링 천문대(Siding Spring Observatory)와 가까운 숙소(Timor Country Cottage)에 짐을 풀었다. 첫날밤은 별도 사람도 구름 이불을 덮고 잠을 청했다. 앞으로 펼쳐질 별빛 축제를 꿈꾸면서……

다음 날 아침, 일어나자마자 인터넷으로 확인한 일기예보는 충격적이었다. 밤사이에 날씨가 급변해 앞으로 3일 동안 구름과 비가 하늘을 장악한다는 예보다. 준비해간 커다란 지도를 펴놓고 도로를 꼼꼼히 살폈다. 혹시나 하고 세워두었던 플랜 B '우천시 비상작전'이 결행되었다. 비장한 목소리로 마음을 다잡았다.

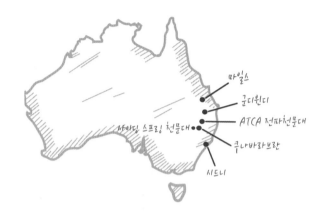

"맑은 하늘을 찾아 북쪽으로!"

얼마나 달렸을까 신기하게도 잿빛 구름이 흰색 구름으로 바뀌었다. 100km를 더 달리자 흰색 구름 사이로 파란 하늘이 슬금슬금 나타났다. 또 100km를 더 달리자 마침내 온 하늘이 파랗게 물들었다. 구름 한 점 없이 말간 하늘에서 금방이라도 파란 물이 뚝뚝 떨어질 기세다.

은하수 별빛이 만드는 그림자

군디윈디(Goondiwindi) 마을 아래 30km 지점에서 무작정 비포장 길로 들어섰는데 운 좋게 멋진 관측지를 찾아냈다. 망원경을 설치하는 사이에 어둠은 점점 깊어졌다. 지평선 바로 위로 슬며시 떠오른 별빛이 수줍게 반짝거렸다. 아직 하늘을 향해 고개를 들지 않았다. 어둠 속으로 서서히 몸을 숨기는 들판을 조금 더 느끼고 싶었기 때문이다.

바로 옆 풀밭에서 마른 흙 내음이 잔잔하게 흘러나왔다. 넓은 들판을 따라 듬성듬성 놓인 나무들이 하나둘 검은 옷으로 갈아입고 있었다. 풀잎 사이로 바람이 실랑살랑 지나갔다. 지구 대기권의 경계는 내 키의 서너 배쯤 되는 나무 꼭대기에서 끝나버리는 것 같은 착각이 들었다. 그만큼 검디검은 우주 공간이 땅 가까이 내려왔다.

이제 지구를 벗어나 우주와 만날 시간이다. 서쪽 지평선에 해가 떨어진 곳에서부터 금성, 화성, 토성이 줄지어 빛났다. 찬찬히 바라보니 세 행성을 감싸며 올라가는 길쭉한 원뿔 모양의 여린 안개 같은 것이 눈에 띄었다. 땅에서 슬며시 피어오른 연기처럼 오롯이 솟아 있다. '황도광'이다.

황도광은 어떻게 만들어졌을까? 46억 년 전 태양계가 생겨날 때 태양 주위에서 원반을 이루던 물질 가운데 지금까지 살아남은 먼지 티끌이 있다. 이 먼지는 주로 황도(하늘에서 태양이 지나는 길)에 놓여 태양 빛을 산란시킨다. 이렇게 산란된 빛이 천구상의 황도를 따라가며 뿌옇게 드러나는 것을 황도광이라고 한다. 아스라이 흩뿌려진 황도광 먼지와 비슷한 성분의 물질이 지구와 태양계 여러 행성을 만드는 데 한몫했을 터이다.

황도광을 지나 시선을 옮겨가며 밝은 별을 만났다. 레굴루스, 아르크투루스, 켄타우루스자리 알파별 모두 수 광년에서 수십 광년 거리의 별이다. 조금 더 멀리 나가면 수백 광년 거리의 별들이 넓게 펼쳐진다. 이제 온 하늘을 바라보았다. 수많은 별을 품은 은하수가 커다란 아치를 그리며 하늘을 가로지른다. 우리나라에서 여름밤의 은하수는 남쪽 하늘 아래로 내려가며 점점 짙어지다가 은하수 중심이 지평선에 다다르면 끝나고 만다. 은하수의 나머지 부분은 땅 아래에 숨은 체 모습을 드러내는 일이 결코 없다. 하지만 이곳은 은하수 중심이 머리 위 하늘 한가운데에 떠오른다. 한 번도 보지 못했던 모습의 은하수까지 창창히 빛나고 있었다. 잃어버린 마지막 퍼즐을 찾은 느낌이랄까? 비로소 은하수의 완전한 자태를 보았다.

밤하늘을 길게 흐르는 은하수는 사실 납작한 원반 형태의 우리은하를 지구에서 바라볼 때 그려지는 풍경이다. 그래서 은하수를 바라보는 것은 광대

안 우리은하의 모습을 눈동자에 남는 일이다. 생각을 가다듬고 나서 보니 숨이 턱 막힐 것 같은 우리은하의 웅장한 모습이 눈앞에 펼쳐졌다. 그 아름다움에 절로 눈이 부셨다.

별빛을 헤아리며 산책하듯 은하수를 따라 거닐었다. 그때 등 뒤로 무언가 아른거렸다. 맙소사! 은하수의 별빛이 내 몸의 그림자를 만들어낸 것이다. 동료의 별빛 그림자를 서로 확인하면서 한바탕 은하수 그림자 찾기 놀이에 빠졌다.

황도광이나 은하수 그림자는 도시 불빛이 스며 있는 하늘에서는 그 모습을 쉽게 드러내지 않는다. 만약 누군가 여행을 하다가 문득 고개를 들었을 때 밤하늘에 황도광이 보이거나 은하수 별빛이 여린 그림자를 만드는 곳에 서 있다면, 그는 정말 맑고 더할 나위 없이 깨끗한 하늘 아래에 있는 것이다.

눈동자로 쏟아져 들어온 수백만 개의 별

천체망원경으로 처음 관찰한 천체는 구상성단 오메가 켄타우리(NGC 5139)였다. 은하수 중심에서 전갈자리를 지나 조금 더 내려오다가 만나는 켄타우루스자리에 있다. 한 손으로 망원경을 잡고 살며시 움직였다. 어떻게 보일까? 두근거리는 마음을 진정시켜야 했다. 한 걸음 물러서 숨을 고르고 마음을 가다듬었다. 다시 편안한 자세로 망원경의 접안렌즈를 들여다보았다.

"와!" 나도 모르게 외마디 탄성이 나왔다.

'정말 아름답다!'

어떤 말로 이 모습을 표현할 수 있을까? 북반구 하늘에서 구상성단의 명작으로 손꼽히는 헤라클레스자리 구상성단(M13)을 봤을 때 감동한 나머지 가슴이 아렸던 경험이 있다. 굳이 비교한다면, 오메가 켄타우리는 가슴이 아리다 못해 온몸이 별빛에 흠뻑 젖는 느낌을 선사했다. 아니 그 이상이다. 눈동자로 쏟아져 들어오는 수백만 개의 별이 하나하나 흩어져 내 몸을 가득 채우는 것 같았다.

눈으로만 보기에는, 시각으로만 느끼기에는 감당할 수 없는 별빛이다. 온몸으로 보고 온몸으로 느껴야 한다. 뒤에 서서 기다리는 동료의 재촉에 못 이겨 망원경에서 눈을 떼고 한두 걸음 물러섰다. 내 몸을 가득 채운 별빛이 출렁이는 것 같았다. 발걸음을 내디딜 때마다 별빛이 뚝뚝 떨어져 발자국처럼 찍히는 느낌이었다.

밤새도록 망원경이 향하는 곳마다 별빛 탄성이 터져 나왔다. 새벽 동쪽 하늘에 오리온자리가 거꾸로 솟으며 동이 터왔다. 밤사이 어둠에 잠겨있던 비포장 길이 서서히 모습을 드러냈다.

구상성단 오메가 켄타우리(NGC 5139)는
오래전 우리은하와 충돌하고 합쳐지는 과정에서
살아남은 왜소은하의 중심 부분이라 여겨진다.

나중에 알게 된 사실이지만, 이 길은 '노스 스타(North Star)'라는 마을로 이어지는 길이다. 북반구 별밤지기들의 방문을 이미 알고 있었다는 듯이, 우연치고는 무척이나 딱 들어맞는 길 위에서 남반구 하늘의 별과 멋진 첫 만남이 이루어졌다.

별빛 정원을 거닐다

아름다운 별빛과 함께한 밤샘 관측이 마무리되었다. 군디윈디 마을에 숙소를 정하고 꿀맛 같은 잠을 청했다. 해가 중천을 넘어갈 무렵이 돼서야 침대에서 일어났다. 커튼을 슬며시 밀치다가 눈이 번쩍 뜨였다.

"너무하군, 구름 녀석들이 또 따라 붙었어."

"서둘러 떠나야겠는걸."

시드니에서 여기까지 900km를 달려왔는데 또 몇백 킬로미터를 달려야 한다! 지체할 겨를이 없다. 서둘러 출발 준비를 마쳤다.

우리는 구름을 피해 다니는 도망자였다. 아니다. 맑은 하늘의 별을 쫓는 추적자다. 끝없이 펼쳐진 호주 내륙 아웃백을 내달렸다. 지평선은 거리를 가늠하기 어려울 정도로 멀게 보였다. 지평선 끝에 걸린 나무들이 신기루와 어울려 아른거렸다. 구름과의 한판 대결은 출발 후 200km를 달린 지점에서 결국 우리의 승리로 끝났다. 하늘은 하얀 솜이불을 걷어내고 언제 그랬냐는 듯이 온통 파란색으로 물들었다.

태양이 서쪽 하늘 가까이 내려가면서 어제와 비슷한 노상 관측지를 물색했지만 마땅한 곳이 나타나지 않았다. 마일스(Miles) 마을로 들어가 식료품

점 앞에 차를 세웠다. 벤치에 앉아 이런저런 궁리를 하다가 벌떡 일어섰다. 지나가던 중년 부부를 붙들어 세우고 잠시 머뭇거리다가 말했다.

"한국에서 별을 찾아 이곳까지 왔습니다. 혹시 별 보기 좋은 장소를 알고 있나요?"

이방인의 갑작스러운 출현에 당황해 하던 부부는 '별'이라는 말에 금세 안색이 밝아졌다. 그리고 친절한 가이드 역할을 자청하며 친구 농장으로 우리를 안내했다.

마을 외곽에 자리 잡은 농장 앞마당은 별 보기 참 좋은 곳이었다. 말이 농장 앞마당이지 축구장만큼이나 넓어 보였다. 농장주인은 우리의 사정을 전해 듣고 앞마당 사용을 흔쾌히 허락했다. 이 마을의 별빛 인심은 하늘의 별만큼이나 후했다.

천체망원경을 설치하고 따뜻한 차를 마시며 밤하늘을 장식하는 별을 바라보았다. 별빛 내리는 농장 앞마당에 아늑한 느낌이 묻어났다. 지난밤의 흥분을 다시 떠올리며 남십자자리에서 카리나 성운까지 눈걸음을 옮겨보았다. 은하수의 멋진 성운과 성단이 줄지어 있다. 이곳은 아름다운 별빛 정원으로 손꼽히는 곳이다. 남반구 하늘 여행자들이 꼭 들러야 하는 곳이다.

남십자자리 바로 왼쪽에 암흑성운이 눈에 띈다. 우주 공간의 두꺼운 가스와 먼지가 별빛을 가로막아 어둡게 보이는 곳이다. '석탄자루 성운(Coal Sack Nebula)'이라는 별명이 붙어 있지만, 별빛 정원의 '검은 호수'라고 부르면 더 어울릴 것 같다. 호수 위쪽에 총총히 모인 별 무리가 있다. 산개성단 NGC 4755다. '보석상자(Jewel Box)'라는 이름이 붙어 있다. 망원경으로 관찰했더니 영락없는 보석상자다. 보석처럼 영롱한 별빛이 한눈에 쏙쏙 들어온다. 오른쪽으로 눈걸음을 옮기면 진주 성단(Pearl Cluster. NGC 3766)이 빛난다. 이 별들을 꿰어 진주 목걸이를 만들고 싶은 마음이 절로 든다. 진주 성단 바로 아래에 붉은색 성운이 함께 어우러져 있다. '달리는 닭(Running Chicken, IC 2944)'이라고 부르는데 호주에서라면 달리는 에뮤(호주에 서식하는 타조를 닮은 대형 조류)라고 부르는 것이 더 좋을 것 같다. 에뮤 오른편에 있는 남쪽 플레이아데스(Southern Pleiades) 성단은 북반구 하늘의 플레이아데스 성단과 닮았다.

이곳 별빛 정원에서 가장 인기 있는 곳은 소원우물(Wishing Well, NGC 3532) 성단이 아닐까? 어떻게 보이길래 그런 이름이 붙었을까? 망원경으로 관찰하고 나서야 의문이 풀렸다. 정말 딱 어울리는 이름이다. 까만 하늘 우물 바닥에 수백 개의 은빛 별 동전이 놓여 있다. 고르게 빛나는 별들이 우물 바닥에 쌓인 은화와 똑 닮았다. 별 하나에 은화 하나! 별 하나에 소원 하나! 이 성단에 숨은 전설 하나를 살짝 귀띔한다. 소원우물에 있는 별 하나를 골라 그 별을 뚫어지게 바라보며 소원을 말하면 이루어진다고 한다.

별빛 정원의 가장 아름다운 숲은 카리나 성운이다. 460광년에 이르는 드넓은 우주 공간을 성운이 에워싼다. 새로운 별이 많이 태어나며 태양보다 질량이 큰 별들이 뜨거운 빛을 뿜어내는 곳이다. 카리나 성운 주변을 망원경으로 재빨리 훑어보았다. 별 지도를 충분히 익힌 다음 마음을 단단히 먹고 들어서야 하는 곳이다. 자칫 잘못하면 화려하게 빛나는 성운 숲에서 길을 잃고 만다.

마당 한쪽에서 사람 키보다 큰 천체망원경이 조용히 움직이면서 맑고 깊은 밤하늘 산책길을 안내한다. 다른 한쪽에서는 여러 대의 카메라가 쏟아지는 별빛을 담아내고 있다. 먼 이국 땅, 외진 마을의 농장 앞마당에서 별과 사람이 함께 어울리는 풍경이 무척 아름답고 평화롭다.

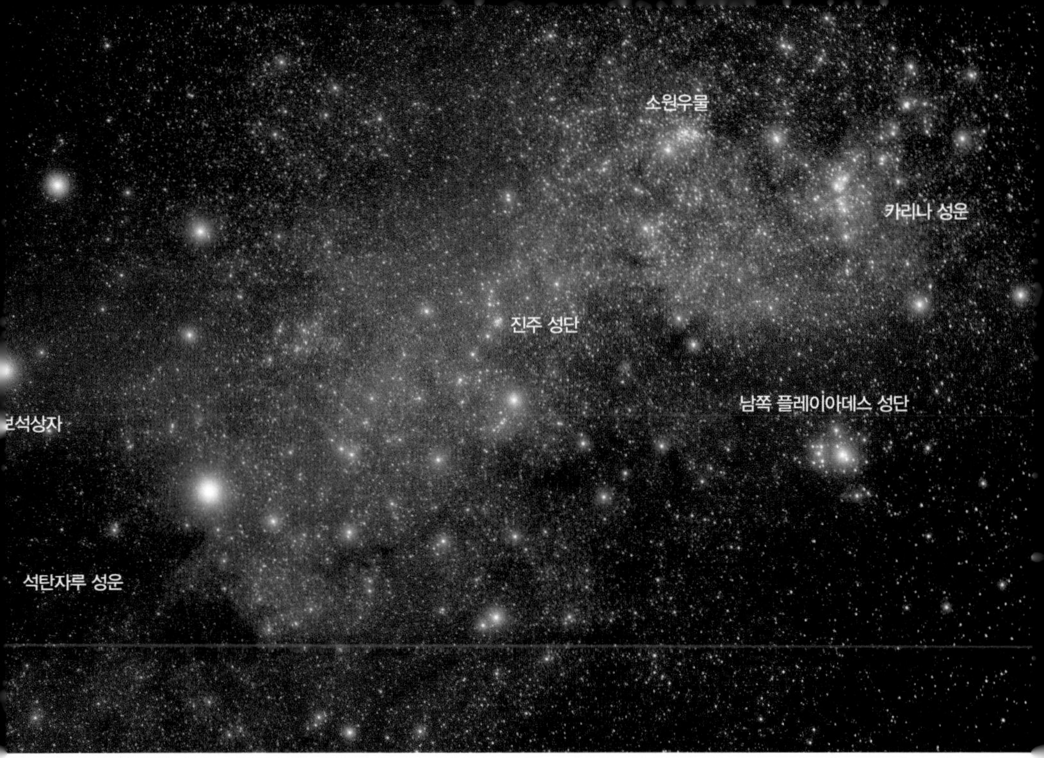

소원우물

카리나 성운

진주 성단

남쪽 플레이아데스 성단

운석상자

석탄자루 성운

위쪽 남십자자리와 카리나 성운 주변은 호주 밤하늘에서 가장 아름다운 별빛 정원이다. 다양한 성운과 성단이 어우러져 있다. **아래쪽** 카리나 성운

별의 섬, 은하

이틀 밤 동안 별빛과의 만남은 강렬했다. 서로 얼굴을 바라보니 한결 붉어진 것 같다. 아마도 맑고 밝은 별빛에 그을린 것이리라. 탐험을 끝내고 자랑스럽게 고향 집으로 돌아가는 우주전사의 심정으로 쿠나바라브란으로 귀환하는 길에 올랐다. 다시 생각해보니 하루하루 정말 특별한 날을 보내고 있다. 밤에는 천체망원경을 움직이며 수천 광년의 우주를 탐험했고, 낮에는 자동차를 운전하며 수백 킬로미터의 지구별을 여행했다.

오는 길에 여유를 부려 ATCA(Australia Telescope Compact Array) 전파천문대를 둘러보았다. 3km나 되는 레일 위에 22m 지름의 전파망원경이 여러 대 늘어서 있다.

전파망원경은 가시광선 너머 파장의 빛을 관찰할 수 있다. 인간의 눈으로 볼 수 없는 빛과 접촉하는 더듬이 같다는 생각이 들었다. 가시광선은 별이 지구로 보내는 빛의 영역에서 아주 좁은 부분에 지나지 않는다.

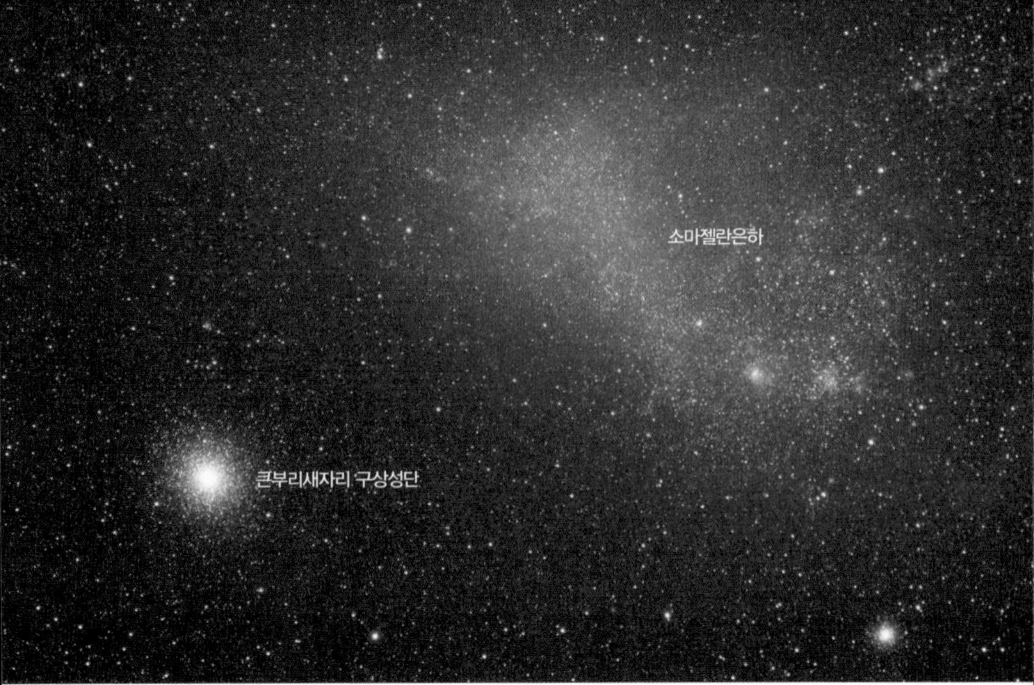

소마젤란은하

큰부리새자리 구상성단

위쪽 왼쪽 둥근 별무리가 1만 3천 광년 떨어진 큰부리새자리 구상성단이다. 오른쪽은 20만 광년 거리에 있는 소마젤란은하다. **아래쪽** 대마젤란은하와 소마젤란은하는 구름처럼 밤하늘에 둥실 떠 있다. 오른쪽 세로 방향으로 은하수가 길게 내려온다.

소마젤란은하

대마젤란은하

우리 눈에 보이지 않는 별빛 정보가 아주 많다는 뜻이다. 보이는 것이 전부가 아니고, 보이지 않는 것에 숨어 있는 우주의 이야기도 함께 들어야 한다.

쿠나바라브란에 도착하고 3일 동안은 숙소에서 편히 묵으면서 밤마다 별과 만났다. 하루하루 관측한 천체 목록의 수가 늘어날수록 우리의 얼굴은 더 많은 별빛에 그을렸다.

마지막 날 밤에는 그동안 아껴두었던 남반구 하늘의 상징 마젤란은하와 만났다. 독일의 철학자 칸트Immanuel Kant, 1724~1804는 우주 공간에 있는 은하를 '별의 섬'이라 칭했다. 칸트의 표현과 딱 어울리게 은하수 옆에 둥실 떠 있는 대마젤란은하와 소마젤란은하는 분명 별의 섬처럼 보였다.

두 은하 속의 여러 천체를 둘러보기에는 하룻밤도 모자랐다. 특히 대마젤란은하는 천문학에서 중요한 의미가 있는 천체를 여럿 품고 있다. 그중에 으뜸은 타란툴라 성운(Tarantula Nebula)이다. 섬세하고도 강렬한 모양은 보면 볼수록 놀라웠다. 거대한 몸집의 거미를 닮았는가 하면 세찬 폭풍의 파도가 연상되기도 했다. 타란툴라 성운의 가장자리에는 초신성 1987A가 숨어 있다. 질량이 큰 별이 최후를 거치면서 별 부스러기를 격렬하게 내뿜는 곳이다. 천문학자들은 이 초신성을 연구하면서 별의 진화 과정에 관한 정보를 많이 얻어내고 있다.

소마젤란은하는 대마젤란은하만큼 다채롭지는 않지만 바로 옆에 놓인 큰부리새자리 구상성단(47 Tucanae)과 함께 당당한 자태를 뽐낸다. 큰부리새자리 구상성단은 사실 우리은하에 속하지만, 소마젤란은하와 보이는 방향이 비슷해 가까이 붙어 있는 것처럼 보인다.

돗자리에 누워 편안한 마음으로 은하수를 바라보았다. 전갈자리 구상성단 M 4부터 여러 구상성단의 위치를 하나하나 확인했다. 우리은하에는 200여 개의 구상성단이 있다고 알려졌다. 그 가운데 상당수는 먼 과거에 왜소은하의 일부였거나 또는 왜소은하 중심에 자리 잡은 은하의 핵이었을 것이다. 왜소은하들은 수억 수십억 년에 걸쳐 우리은하와 충돌하고 합쳐지는 과정을 겪었다. 그 격동의 상황에서 살아남은 천체들이 구상성단의 모습으로 우리은하 주위를 에워싸고 있다.

잠시 눈을 감고 생각에 잠겼다. 여러 형태의 구상성단이 우리은하 주위에 자리 잡기까지 펼쳐졌던 장엄한 역사가 떠올랐다. 얼마나 지났을까? 다시 눈을 뜨고 하늘을 바라보았다. 놀라운 충돌과 병합의 과정을 겪은 별들이 새로운 느낌으로 다가왔다.

그곳 하늘에 나를 두고 오다

남반구 하늘에 있음을 상기시키려는 듯 어김없이 오리온자리가 뒤집힌 모습으로 떠올랐다. 별빛 탐험을 마무리하는 새벽이다. 하늘이 서서히 밝아오며 동이 터왔다. 아니다. '태양'이라는 '별'이 떠오른다고 표현하는 것이 더 정확하겠다. 태양 빛을 받아 행성 지구의 표면이 서서히 드러났다. 밤사이 온통 하늘에 올라가 있던 몸과 마음이 꿈에서 깨어나듯 한발 한발 땅으로 내려왔다. 지구의 중력을 무겁게 느꼈다. 아쉽다. 별 가득한 하늘에 더 머물고 싶은 생각이 발목을 잡는다. 하지만 이제 일상으로 돌아가야 한다.

맑고 밝은 별빛을 두고 가야 하는 안타까움을 애써 감춘 체 망원경을 정리하며 떠날 준비를 했다. 아쉬움에 마음이 뒤숭숭했다. 그때 제시카와 제이콥이 다가왔다. 우리가 묵은 집에 사는 어린 남매다. 온종일 들판을 뒹굴며 노는 남매는 우리와 자주 눈빛을 주고받으며 친해졌다. 두 아이의 해맑은 얼굴은 자연을 닮았다. 남매는 별빛 같은 눈동자를 반짝이며 그림을 내밀었다. 거기에는 아름다운 별과 천체망원경과 우리의 모습이 있었다. 그때 복잡했던 머릿속이 갑자기 환해졌다.

'그래! 이 그림 속에, 이 풍경 속에 우리를 남겨두고 가자!'

지구에서 별이 가장 잘 보이는 하늘 아래에, 그렇게 또 다른 나를 남겨두고 일상의 나를 찾아 귀국길에 올랐다.

쿠나바라브란을 다녀온 뒤 한동안은 길을 걷다가, 책을 보다가, 차를 마시다가 종종 그곳 하늘에 있는 나를 불러내 별 이야기를 나누곤 했다. 가끔 맑은 날을 골라 강원도 어느 하늘 아래로 별을 보러 가기도 했다. 먼 이국땅 그곳 하늘에 있는 나에게 이곳 한국의 밤하늘 이야기도 들려주고 싶었기 때문이다. 그런 식으로 두 개의 내가 자주 만나다 보니, 어느 때인가 서로 같은 우주를 바라보고 있음을 알아차렸다. 그리고 앞으로 내가 가는 곳, 내가 있는 곳 어디에서나 가장 아름다운 별빛 이야기를 나눌 수 있음을 깨달았다.

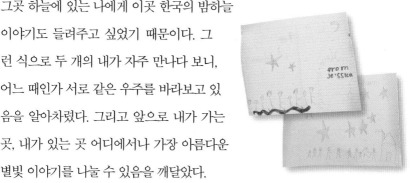

행성 지구에서 이루어지는 우리 삶의 과정에서
어느 한순간 가장 아름다운 별빛 하늘을 만나는 일은
참으로 뜻깊은 경험이 될 것이다.
만약 실제로 그런 하늘 아래에 서 있게 된다면
누구든지 반짝이는 별빛이 말을 걸어오는 것을 알아차릴 수 있다.
머릿속에서 별에 대한 정보가 하나둘 깨어나고
광대한 우주와 대화가 시작될 것이다.

별빛 속삭임과
함께한 7일

오로지 별만

별을 찾아가는 탐험은 우주를 이해하는 첫걸음이다. 우리의 감각과 의식이 우주와 연결되어 서로 어우러지는 만남의 장을 경험할 수 있다. 드넓은 우주에서 우리가 존재하는 의미를 깨달아가는 발걸음이다. 우주가 그려내는 시간과 공간의 무대에서 춤추는 별빛은 우리의 길을 환하게 비춘다.

첫 탐험에서 우리는 지구에서 별이 가장 잘 보이는 곳을 다녀왔다. 생각할수록 가슴 뛰고, 사랑하는 사람에게 보여주고 싶은 풍경이 가득 담긴 곳이었다. 그곳에서 삶의 등대가 되어 줄 아름다운 별빛과 만났다. 그 빛을 길잡이 삼아 이전과 전혀 다른 새로운 시각으로 다음 걸음을 내디딜 힘과 용기를 얻었다.

별빛 탐험이 남긴 여운은 몇 달 동안 이어졌다. 그리고 어느 순간 새로운 발걸음을 재촉하는 마음이 조금씩 고개를 들었다. '다음 탐험은 어디로 떠날 것인가?' 행성 지구에서 저마다의 풍경으로 가장 아름다운 별빛을 보여

주는 곳을 찾아보았다. 그리고 언제부터인가 어렴풋이 꿈꾸어왔던 계획을
조건으로 내걸었다.

"딱 일주일, 오직 별만 보고 싶다!"

모든 것을 내려놓고 일주일 동안 오로지 별과 만나고 싶었다. '해야 하는
데……'가 '하면 좋겠다'로 바뀌고 '할 수 있을 거야'를 거쳐 마침내 '하자!'
가 되었다. 그리고 기회가 찾아왔다. 미국 남서부 뉴멕시코주 해발 2200m
에 자리 잡은 천문대(New Mexico Skies Observatory)로 떠났다.

땅과 하늘을 잇는 천상의 계단

7일간의 우주 여행이 시작되었다. 해발 2200m에서 맞이하는 저녁 하늘
은 더없이 맑고 깨끗했다. 그 하늘 아래 25인치 반사망원경이 위풍당당하게
서 있다. 망원경의 크기가 워낙 커서 튼튼한 금속 사다리를 밟고 올라서야
하늘을 관찰할 수 있다. 망원경 바로 옆에 놓인 사다리를 한 단 한 단 조심
스럽게 밟고 올라설 때마다 마음이 설렜다. 사다리는 땅과 하늘을 이어주고
우주와 만나는 길을 연결해주는 '천상의 계단'이었다.

망원경 파인더(탐색경)를 조정하고 접안렌즈 초점을 맞추었다. 눈동자에
별빛이 사뿐히 흘러들어왔다. 나의 눈은 렌즈를 통해 들어오는 우주 풍경과
만났고, 나의 손은 관찰할 천체를 찾기 위해 망원경을 천천히 움직였다. 마
치 우주선을 조종하는 느낌이 들었다. 좀 더 집중해서 망원경을 들여다보았
다. 내 몸의 모든 감각은 별빛이 들려주는 아름다운 선율에 감동했다.

천상의 음악에 마음을 빼앗기다 보니 시간의 흐름을 잊었다. 얼마나 지났

천상의 계단. 망원경이 무척 크다.
사다리를 밟고 올라가 몸을 조금
비틀어 커다란 반사망원경의 접안
렌즈를 들여다보아야 한다. 뉴멕시
코 스카이즈 천문대에서 이 사진
에 나온 것과 비슷한 형태의 망원
경으로 별을 관찰했다.

을까? 발아래를 지탱해주던 천상의 계단, 사다리가 느껴지지 않았다. 뿐만이 아니라 내 몸과 망원경이 땅 위에 있다는 느낌마저 슬며시 사라졌다. 나를 붙잡고 있던 행성 지구의 무거운 중력으로부터 자유로워졌다. 망원경과 함께 우주 공간을 유유히 여행하고 있었다. 아름다운 우주 풍경에 물들어가며 가장 깊게 몰입한 순간에는 망원경마저 내 눈앞에서 투명해졌다. 모습을 감춰 버렸다. 나는 한없이 자유로운 상태에서 우주를 산책했다.

깊은 어둠 속에 서서히 묻어나는 새벽 여명은 지구로의 귀환을 알리는 신호가 되었다. 시공을 가로질러 지구 밤하늘로 되돌아왔다. 밤사이 경험한 우주 탐험의 진한 감동을 가슴에 안고 천상의 계단을 내려왔다. 다시 땅에 발을 디뎠다. 지구의 중력이 새로운 느낌으로 다가왔다.

동이 트면서 총총히 사라지는 별과 인사를 나눈 후 잠자리에 들었다. 꿈꾸는 시간이 흐르면서 뇌 속의 신경세포는 별빛이 들려준 이야기를 소중한 정보로 다듬어서 오랫동안 남을 기억의 방에 차곡차곡 쌓았다.

별빛 헤아리는 나날

딱 일주일, 오직 별만 보고 싶다는 꿈은 하루하루 이루어졌다. 꿈꾸었던 대로 날마다 밤새워 별빛 탐험을 하고 새벽이 되면 잠자리에 들었다. 정오에 일어나 식사를 하고, 오후 내내 그날 밤 만나게 될 천체들의 자료를 살펴보았다. 그러다가 해 질 무렵이 가까워지면 묘한 흥분과 긴장감을 느끼면서 옷을 챙겨 입었다. 밤을 지새우려면 넉넉히 입어야 한다. 마치 정교한 우주복을 갖춰 입듯 정성을 들였다. 가장 단순하면서, 가장 행복한 24시간이 하

춤추는 은하. NGC 2207 은하와 IC 2163 은하가
충돌하고 있다. 서로에게 미치는 중력의 영향으
로 은하 나선팔의 형태가 흐트러졌다. 두 은하는
앞으로 수십억 년에 걸쳐 몇 차례 충돌을 거듭한
뒤에 하나의 은하로 합쳐지게 될 것이다.

루하루 이어졌다.

첫 이틀 밤은 태양계를 이루는 천체와 그 너머 이웃 별을 만났다. 어둠이 짙어지며 화려한 은하수가 모습을 드러내면 우리은하를 구석구석 여행했다. 우리은하를 이루는 나선팔을 이리저리 넘나들며 형형색색의 성운과 성단을 찾아다녔다.

셋째 날부터 우주를 바라보는 시야는 더 넓어졌다. 우리은하를 벗어나 다양한 형태의 외부은하와 만났다. 세찬 소용돌이를 가진 나선은하, 고고한 모양을 뽐내는 렌즈형은하, 수십억 년에 걸쳐 일어나게 될 충돌 상황을 적나라하게 보여주는 충돌은하, 빈틈없이 단단해 보이는 타원은하를 관찰했다. 다른 시공간에 있는 은하의 서로 다른 모습을 바라보면서 우주를 이해하는 나의 시각도 달라지고 새로워졌다.

닷새가 훌쩍 지나고 이틀 밤의 우주 탐험이 남았다. 드디어 잔뜩 기대하고 있었던 미션을 수행해야 할 때가 되었다. 은하단 탐험이다. 수천만 광년, 수억 광년 너머에 자리 잡은 은하단과 만나는 대탐험이다. 여러 날 함께 밤을 지새운 덕분에 망원경은 이미 내 몸의 일부처럼 느껴졌다. 능수능란하게 때로는 섬세하게 망원경을 조정하며 광대한 시공에 펼쳐진 은하단 사이를 누비고 다녔다. 새벽에 이르러 지구로 귀환한 뒤에도 감동의 여운이 오래도록 남아 있었다.

별과 은하를 그리는 '우주의 화가'

정오가 되기 전 여느 날보다 조금 일찍 잠자리에서 일어났다. 딱 한 번 특별한 외출을 감행했다. 30km 거리에 있는 아파치 포인트 천문대(Apache Point Observatory)를 찾아갔다. 하늘을 향해, 깊은 우주를 향해 대담하고 끈질기고 웅장한 프로젝트를 진행하고 있으며 훌륭한 성과를 이루어내는 천문대다. 아파치 포인트 천문대의 2.5m 천체망원경이 '슬론 디지털 우주 탐사(SDSS ; Sloan Digital Sky Survey)' 프로젝트를 주도하고 있다. 2000년부터 천체 탐사 정보를 모으기 시작했으며 최근까지 전체 하늘의 35%에 해당하는 영역을 탐색했다. 2.5m 천체망원경은 300만 개 이상의 천체 스펙트럼을 정밀하게 측정했으며, 밤마다 6000개 이상의 은하를 탐색할 수 있다.

한마디로 말해 지구 상에서 가장 부지런한 천체망원경이다. 광활한 우주를 쉼 없이 가로지르며 천체들의 정보를 모은다. 우주과학자들은 그 정보를 분석해 멀리 떨어진 수많은 은하의 위치를 밝혀냈다. 그 결과 SDSS 프로젝트는 지금까지 발표된 것 중에서 가장 넓은 영역을 정밀하게 표현한 3차원 은하 지도를 그려냈다. 우주의 풍경을 담아낸 역사적인 기록물이다. 3차원 은하 지도를 통해 우주 구조를 더 명확하게 파악할 수 있게 됐다. 은하가 모여 은하군을 형성하고, 은하군이 무리 지어 은하단이 되고, 더 넓은 영역에서 거미줄처럼 연결되어 초은하단을 이룬다. 초은하단 사이사이에는 물질의 밀도가 낮은 빈공간 '보이드(void)'가 자리 잡고 있다. SDSS 프로젝트는 초은하단과 보이드가 어우러진 우주의 거대 구조를 새롭게 이해하는 데 큰 역할을 하고 있다.

한낮의 햇살이 쏟아지는 시간에 아파치 포인트 천문대에 도착했다. 인적 없이 조용했다. 살랑이는 바람결만 천문대 주변을 감쌌다. 그 분위기에 맞추어 여린 걸음걸이로 천문대를 둘러보았다. 지난밤을 꼬박 새웠을 2.5m 망원경은 하얀 집안에서 곤히 잠들어 있었다.

그때 문득 천체망원경을 정의하는 새로운 생각이 떠올랐다. 천체망원경은 우주의 풍경을 그리는 화가다! 이곳의 망원경은 더욱 그러했다. 2.5m의 눈동자로 수천만 광년 때로는 수십억 광년의 시공간을 바라보면서 우주의 아름다움을 담아낸다.

우주 화가가 지닌 2.5m의 눈동자는 우리은하 주위에서 암흑물질을 많이 포함한 왜소은하를 여러 개 발견해내기도 했다. 암흑물질은 보통물질과 달리 전자기 상호작용을 하지 않는다. 쉽게 말해서 볼 수도 만질 수도 없다. 중력을 행사하는 것만으로 암흑물질의 존재를 알아차릴 수 있다. 우리은하 가까이 있는 왜소은하의 영상 정보를 잘 분석해 보면 간접적인 방법을 통해 암흑물질의 존재 비율을 알아낼 수 있다. 암흑물질을 많이 포함한 왜소은하는 우주 역사 초기에 만들어졌을 가능성이 높다.

아파치 포인트 천문대.
사진 왼쪽에 있는 것이
2.5m 천체망원경이다.

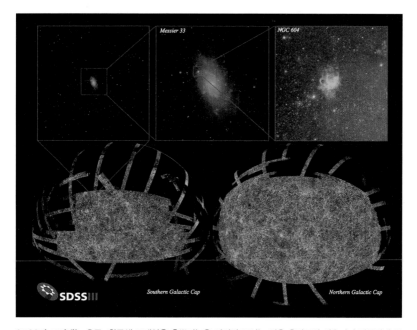

SDSS가 그려내는 우주 황금색 모래알을 흩뿌려놓은 것처럼 보이는 것은 은하들이 어우러져 만들어낸 우주의 거대 구조다. 그 모래알갱이 하나를 자세히 보았더니 M 33 은하가 드러났다. 은하 속 밝은 부분을 다시 확대하니 멋진 성운이 나타났다. SDSS 프로젝트는 우주의 모습을 크고 작은 스케일에서 아름답게 그려낸다.

　　왜소은하가 서로 충돌하고 합쳐지는 과정을 거치면서 우리은하와 같은 큰 규모의 은하가 만들어진 것이다. 결국 우리 주변에 있는 왜소은하를 잘 관찰하면 우주 역사를 통해 펼쳐진 은하 형성 과정을 더 잘 이해할 수 있다.

　　아파치 포인트 천문대의 활약상은 여기서 그치지 않는다. 정체불명의 암흑에너지가 정밀 우주 과학의 탐구 과제로 자리 잡는 데도 중요한 역할을 했다.

　　2.5m 망원경이 밝혀낸 수백만 개에 이르는 은하의 위치 정보는 우주에 분포하는 암흑에너지에 대해 더 깊이 이해하는 길을 열어주었다. 암흑에너

지는 우주의 팽창 속도를 가속시키고 있으며 우주 공간에 스며있는 에너지로 추정된다. 우주의 68.3%가 암흑에너지로 이루어져 있지만, 정확한 실체를 알아내기 위해서는 더 많은 연구가 필요하다.

천문대 주변 산책을 마무리할 즘 새로운 느낌이 다가왔다. 아파치 포인트 천문대 전체가 우주를 항해하는 거대한 보물선처럼 느껴졌다. 매일 밤 우주의 바다에서 빛을 발하는 보석을 찾고 있다. 우리은하를 이루는 별의 특징을 밝혀내고, 수많은 은하의 위치를 알아내고, 관찰 가능한 범위 안에 있는 우주의 먼 천체를 뒤쫓고 있다. 그리고 모든 천체를 감싸는 암흑물질과 시공간 전체에 드리워진 암흑에너지를 탐색하고 있다. 보이는 것이 보이지 않는 것을 드러나게 하고 보이지 않는 것이 보이는 것을 그려낸다. 보물선 안에 우뚝 서 있는 망원경은 보이는 것과 보이지 않는 것이 서로 어울려 만들어낸 우주의 구조를 찾고 있다.

아직 낮잠을 즐기고 있는 망원경을 향해 인사말을 했다.

"반가웠어. 나도 어젯밤 너처럼 우주 여행을 했어. 안녕!"

지난 며칠 동안 나는 행성 지구 표면 해발 2200m 높이에 자리를 잡고, 아파치 포인트 천문대와 불과 30km 떨어진 곳에서 서로 비슷한 호기심으로, 탐구심으로 우주를 탐험했다.

모든 것에서 벗어나고 싶을 때

정말 특별했던 외출을 마치고 돌아왔다. 어둠이 내리고 7일째 밤이 찾아왔다. 마지막 밤이어서일까? 새로운 떨림과 흥분이 느껴졌다. 망원경 관찰

준비를 마치고, 저 멀리 아파치 포인트 천문대가 있는 방향의 하늘을 보고 힘주어 말했다.

"우리, 오늘 밤은 함께 탐험하자. 함께 우주를 여행하자!"

드넓은 우주를 향해 서로 같은 꿈과 열정을 지닌 두 대의 망원경이 날아올랐다. 더 멀리 더 깊은 우주를 탐험하리라 다짐했다.

망원경과 함께 아득한 시공간을 달려가는 동안 책에서 읽었던 멋진 표현이 떠올랐다.

"나는 잠시 모든 것에서 벗어나고 싶어질 때, 내가 가진 3차원 우주 여행 시뮬레이터로 은하들 사이를 날아다니는 것을 좋아한다. 그러면 내가 아주 아름답다고 생각하는 것, 즉 우리가 훨씬 더 상대한 어떤 것의 일부분이라는 것이 드러난다. 우리 행성은 태양계의 일부이고 우리 태양계는 은하의 일부이며, 다시 우리은하는 은하군, 은하단, 초은하단 그리고 거대 필라멘트 구조와 같은 우주 거미줄의 일부다."

《맥스 테그마크의 유니버스》라는 제목의 책 4장에 나오는 글이다. 저자인 맥스 테그마크Max Tegmark, 1967~ 는 MIT 물리학과 교수이며, 우주론 분야에서 활발한 연구 활동을 하고 있다. 특히 SDSS 프로젝트가 얻어낸 은하 데이터를 6년여에 걸쳐 엄밀히 분석해냈다. 은하들이 어우러져 만들어내는 우주의 풍경을 이해하는 수학적 구조를 밝혀낸 것이다. 그는 SDSS 프로젝트의 주인공 2.5m 망원경이 그려낸 우주 그림을 정성을 다해 이해하려고 했고, 그 망원경이 들려주는 우주 이야기에 가장 귀 기울인 과학자다.

맥스 테그마크는 시뮬레이션 프로그램을 통해 우주 풍경에 스며들면서 평화와 감동을 느끼는 것 같다. 유튜브에서 'Sloan Digital Sky Survey'라고 검색하면 시뮬레이션 영상들을 쉽게 찾아 감상할 수 있다. 영상을 재생

광대한 우주 공간은 은하의 세상이다. 다양한 은하가 중력이 연출하는 무대에서 서로 어울리며 춤을 춘다.

하는 동안 끝없이 펼쳐진 은하들의 섬을 항해하는 우주범선에 올라탄 느낌이 들 것이다. 가슴 벅차면서도 고요한 감동을 선물 받을 수 있다. 나 역시 그랬다.

잠시 생각에 잠겨있던 사이에, 나의 눈동자는 수억 광년을 담은 우주와 만나고 있었다. 드문드문 자리 잡은 은하 사이를 스쳐 가기도 하고 각양각색의 은하를 품은 은하단이 물결처럼 흘러가기도 했다. 그 순간, 눈앞에 펼쳐지는 풍경의 실체가 흔들리기 시작했다. 천체망원경을 통해 눈에 보이는 것인지, 아니면 기억 속의 시뮬레이션 영상이 현실처럼 드러난 것인지 구분하기 어려운 상황이 되었다. 이미지 중첩에서 벗어나기 위해 힘주어 눈을 질끈 감았다가 다시 떴다. 감각이 새롭게 깨어나고 있는 그대로 우주의 풍경을 바라보았다.

"그래, 살아 있는 빛이야!"

모니터 화면에 그려지는 시뮬레이션 영상이 아니었다. 망원경을 통해 들어오는 빛이다. 은하들이 뿌리는 생생한 빛이다. 수억 광년을 아우르는 은하의 흐름이 눈동자에 담겼다. 시뮬레이션을 넘어서서 시공간 무대를 화려하게 우아하게 조화롭게 장식하는 우주의 춤을 감상했다. 가슴을 뜨겁게 만드는 감동이 마음 깊이 울려 퍼졌다.

우주 역사를 담아내다

7일간의 우주 탐험을 마무리하면서 은하들이 춤추는 우주 풍경을 마음에 담고 천상의 계단을 내려왔다. 애써 신경을 써야 지구의 중력이 느껴질 정도였다. 몸은 아직 우주에 더 머물기를 바라는 것 같았다. 잠자리에 들었지만 잠이 오지 않았다. 우주를 향하는 생각들이 꼬리에 꼬리를 물고 이어졌다.

'어떻게 이러한 우주 풍경이 만들어졌을까?'

'우리 우주는 어떤 과정을 거쳐 이런 모습을 펼쳐냈을까?'

스스로 던진 질문에 뒤척이다가 갑자기 벌떡 일어났다. 답이 떠올랐다. 해결의 열쇠를 찾았다. 그런데 환호할 수 없었다. 사실 고백하자면 이미 알고 있었지만, 진정 그 의미를 알아차리지 못했던 것이다. 침대 주위를 서성거리다가 수십 번 수백 번 보았을 그림 한 장을 머릿속에 떠올렸다. 독자 여러분도 종종 보았을 그림이다. 고등학교 과학교과서 앞부분에 등장하는 그림이다. 인터넷에 '우주의 역사'라고 검색하면 쉽게 찾을 수 있다.

"그래! 이 한 장의 그림 속에 모든 이야기가 담겨 있어."

우주의 역사를 담아낸 그림의 가치가 새롭게 떠올랐다. 생각을 집중하면서 찬찬히 바라보았다. 우리 우주의 시작을 알리는 양자요동에서 우주의 급팽창 '인플레이션(Inflation)'이 일어났다. 38만 년 뒤 우주배경복사(Cosmic Microwave Background)가 드러나고 뒤를 이어 태초의 별이 만들어졌다. 왜소은하가 먼저 생겨나 충돌하고 합쳐지면서 더 큰 은하가 나타났다. 46억 년 전 우리은하의 한 귀퉁이에서 행성 지구가 등장하고 생명 현상이 출현했다. 138억 년의 역사를 거쳐 우리 인류는 초은하단이 어우러져 그려내는 우주의 거대 구조를 바라볼 수 있게 되었다. 이 한 장의 그림 속에 담긴 의미를 얼마나 읽어내느냐에 따라, 우주를 이해하는 우리의 생각은 훨씬 더 깊고 넓어질 수 있다.

138억 년 우주 역사를 통찰하기 위해서는 〈우주의 역사〉 그림에서 우선 왼쪽 우주배경복사 이미지에 주목해야 한다. 급팽창 후 38만 년이 지났을

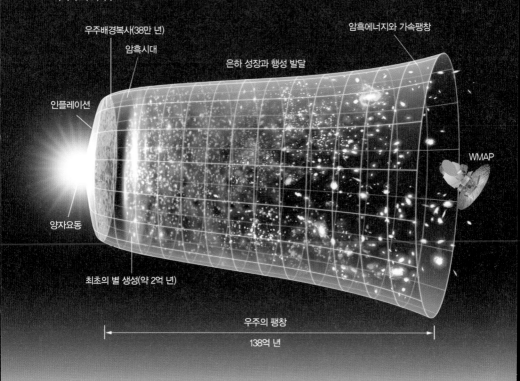

우주배경복사(38만 년)

암흑시대

암흑에너지와 가속팽창

은하 성장과 행성 발달

인플레이션

WMAP

양자요동

최초의 별 생성(약 2억 년)

우주의 팽창

138억 년

때 매우 뜨거웠던 우주는 팽창을 계속하면서 온도가 3000도까지 내려갔다. 온도가 낮아지자 전자는 원자핵에 붙들리게 되었다. 우주 공간에 드리워졌던 안개가 걷힌 셈이다. 입자들과 잦은 충돌로 제 갈 길을 찾지 못하던 빛은 이제 자유롭게 뻗어 나갈 수 있게 되었다. 이때의 빛이 138억 년을 날아서 지금 우리에게 오고 있다. 그 긴 시간 동안 우주팽창이 계속되었기 때문에 빛의 파장은 처음보다 훨씬 늘어났다. 38만 년밖에 안 된 어린 우주에서 출발했던 빛이 138억 년 동안 팽창하는 우주 공간을 지나오면서 1000배 정도

우주배경복사 WMAP 위성이 촬영한 우주배경복사에서 색깔이 다르게 표현된 것은 온도 차이를 나타낸다. 온도 차이는 밀도 차이를 뜻한다. 138억 년 전, 더 정확히 말하자면 우주가 생겨나고 38만 년 되었을 때 초기 우주의 물질 분포를 보여준다. 밀도가 높은 곳에서 장차 별이 만들어지고 은하가 형성된다.

파장이 늘어났다. 하늘의 모든 방향에서 오는 이 빛이 바로 어린 우주가 보 낸 빛이며 우주배경복사라고 불린다.

더 놀라운 사실이 있다. 우주배경복사를 잘 분석해 보면 아주 미세한 그 러니까 10만 분의 1 정도의 불균일성이 있다. 매우 작은 값이지만 초기우주 에 밀도 차이가 있었음을 뜻한다. 우주가 팽창하는 과정에서도, 조금 더 밀 도가 높았던 곳은 중력의 작용으로 점점 뭉쳐지면서 최초의 별을 만들어냈 다. 그 별들이 모여 은하를 형성하고 우주의 긴 역사를 통해 은하단과 초은 하단까지 이어졌다. 반대로 밀도가 낮았던 곳은 초은하단 사이의 빈공간인 보이드가 되었다.

세상에서 가장 아름다운 그림

우주배경복사에 드러난 물질 분포를 수학적으로 분석한 패턴은 경이롭게도 138억 년 뒤에 펼쳐진 은하 분포의 패턴과 정확히 일치한다. 결국 우주배경복사 속에 우주의 거대 구조를 담은 설계도가 담겨 있었다. 138억 년 동안 팽창해온 우주의 무대에서 시공간과 어우러진 물질은 중력의 지휘 아래 별과 은하로 꾸며진 우주 풍경을 그려냈다. 서로 일치하는 패턴이 그대로 이어져서 우주의 역사를 관통한 것이다.

우주의 역사를 담은 이 그림에 새로운 마음으로 경의를 표해야 할 것 같다. 더 깊이 귀 기울일수록 더 많은 이야기를 들려준다. 암흑물질과 보통물질의 비율, 가속팽창을 일으키는 암흑에너지, 그리고 우리 우주의 미래를 보여줄 것이다.

사실 이 그림을 세상에서 가장 위대하고 아름다운 그림이라고 생각한다. 세계 최대 규모의 천체망원경들이 만들어낸 관측 자료, 최고 성능의 입자가속기가 얻어낸 초기우주의 환경 정보 그리고 뛰어난 과학자들의 뜨거운 열정이 융합되어 완성된 그림이기 때문이다.

그뿐만이 아니다. 이 그림은 과학의 여러 분야를 아우르고 있다. 초기우주 물질이 모습을 갖춰가는 과정에서 물리학이 중요한 역할을 한다. 태초의 별 이후 별의 중심에서 일어난 핵융합 반응은 다양한 원소를 만들어내며 화학의 이야기를 풀어낸다. 우리은하에서 태양계와 행성이 생겨나며 지구과학이 등장한다. 그리고 생명 현상의 출현은 생명과학을 이끌게 된다. 우주를 무대로 하여 자연과학의 여러 분야가 함께 어울리고 춤을 춘다. 한 장의 그림에 담긴 우주는 자연과학의 여러 분야를 융합하는 가장 멋진 마당이다.

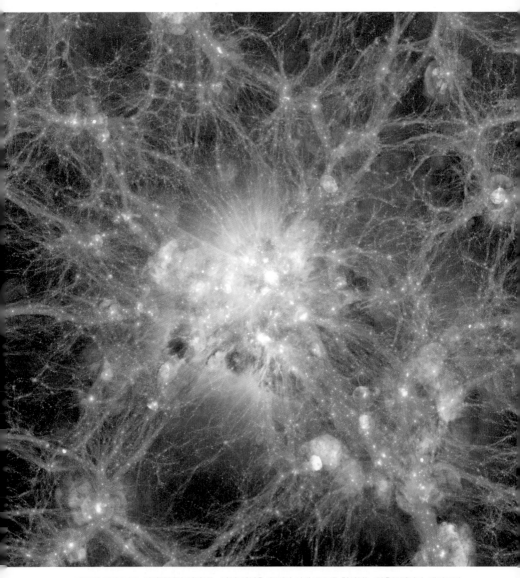

우주의 거대 구조 거미줄처럼 얽혀있는 파란 영역은 우주의 거대 구조를 형성하는 암흑물질이다. 거미줄에
이슬방울이 맺히듯 알알이 박혀있는 것은 은하다. 거미줄이 서로 만나는 부분에서 은하단이 형성되고 더 밝
게 보인다. 주황색을 띤 거품 모양은 은하 중심 블랙홀의 제트(Jet)를 통해 물질이 빠른 속도로 뿜어져 나올
때, 주변 가스를 밀어내면서 만들어진다.

우주를 가로지르며

우리의 첫 번째 탐험 이야기는 '지구에서 별이 가장 잘 보이는 곳'에서 시작되었다. 그곳을 다녀온 후 '딱 일주일, 오직 별만 보고 싶다'는 꿈을 이루기 위해 발걸음을 내디뎠고 마침내 가장 위대하고 아름다운 그림을 찾아냈다. 이제 어떻게 해야 하나? 대답은 자연스럽게 하나로 모였다. 우주의 역사를 품은 그림이 담고 있는 의미를 더 깊이 탐구하는 다음 발걸음을 내딛기로 마음먹었다.

앞으로 펼쳐질 하나하나의 탐험은 우주의 역사를 그려낸 한 장의 그림을 새롭게 이해하는 과정이 될 것이다. 우주를 바라보는 우리의 눈동자를 맑고 밝게 만들고, 우주를 이해하는 우리의 생각을 넓고 깊게 그려나가는 발걸음이 될 것이다.

아름다운 별과 드넓은 우주를 독자 여러분과 함께 탐험할 수 있어 무척 기쁘다. 나무 한 그루, 풀 한 포기에 눈길을 주면서 숲 전체를 바라보는 마음으로 이 여행을 함께하고 싶다. Across the Universe!

세계를 대표하는 천문대가 모여 있어서
가장 높은 하늘의 과학을 연구할 수 있는 곳,
지구의 숨결을 생생하게 들려주는 화산국립공원이 있어서
가장 깊은 땅의 과학을 만날 수 있는 곳,
바로 하와이 '빅 아일랜드'다.
놀랍고 경이로운 하늘과 땅의 역사가
빅 아일랜드 풍경 속에 담겨 있다.

하늘과 땅의 역사를
노래하는
'빅 아일랜드'

높고 깊고 거대한 이야기

빅 아일랜드를 일주하면서 단 몇 시간을 운전하는 동안 참 특이한 경험을 했다. 낯선 용암지대가 숲으로 변하고, 어느 틈에 메마른 사막을 지나 열대 우림과 마주했는데 곧이어 넓은 초원이 펼쳐졌다. 행성 지구가 가질 수 있는 다양한 기후와 환경이 파노라마처럼 흘러가면서 '나는 지금 어디에 있는가?'라고 물을 수밖에 없었다.

화산국립공원에서는 끊임없이 활동하는 킬라우에아(Kilauea) 화산을 온몸으로 생생히 느낄 수 있었다. 그동안 여러 책에서 보았던 화산과 용암 사진에서는 알아차리기 힘든 느낌이었다. 지구 내부에서 작동하는 열점(hot spot : 맨틀 영역의 고정된 위치에서 마그마가 솟아오르는 곳) 현상의 거대한 움직임이 새롭게 다가왔다.

해발 4200m 마우나케아(Mauna Kea)에 올라가서는 제미니(Gemini), 켁(Keck), 스바루(Subaru) 천문대를 차례로 둘러보았다. 세계에서 가장 큰 규모의 천체망원경들이 자리 잡고 있는 곳이다. 천문학자들은 그 거대한 망원

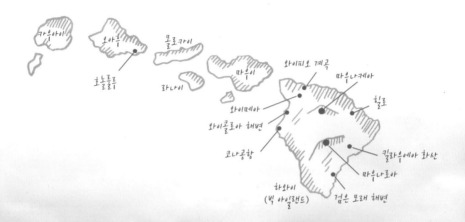

카우아이
오아후
호놀룰루
몰로카이
라나이
마우이
와이피오 계곡
마우나케아
힐로
와이메아
와이콜로아 해변
코나공항
킬라우에아 화산
마우나로아
하와이
(빅 아일랜드)
검은 모래 해변

2013년 1월 하와이 화산국립공원에 나타난 용암의 흐름이다. 약 100만 년에 걸쳐 지속된 이런 활동이 지금의 빅 아일랜드를 만들어냈다. 해안까지 흘러가는 용암은 섬의 면적을 조금씩 넓혀간다. 1983년부터 2002년까지 용암의 흐름으로 2.2㎢ 땅이 새롭게 생겨났다.

경을 써서 우주의 가장 깊은 곳을 들여다보고 있다. 우주와 과학의 역사가 한 줄 한 줄 써지는 현장을 목격하면서 가슴이 뭉클했다.

다양한 환경, 살아 있는 화산 그리고 아름다운 별 이야기를 들려주는 빅 아일랜드는 북태평양 가운데 솟아오른 화산섬 가운데 하나다. 하와이 제도를 이루는 주요 섬은 카우아이, 오아후, 몰로카이, 라나이, 마우이, 하와이(빅아일랜드)다. 이 중에 하와이 섬은 하와이주(미국의 50번째 주)와 이름이 같아 혼동을 피하고자 '빅 아일랜드'라는 애칭을 얻었다. 하와이 제도의 여러 섬은 화산 활동에 따라 차례로 생겨났다. 가장 오래된 섬은 북서쪽의 카우아이다. 유명한 와이키키 해변과 호놀룰루가 있는 섬은 오아후다. 빅 아일랜드는 가장 최근에 생겼으며 이름 그대로 하와이 제도에서 가장 큰 섬이다. 면적은 제주도의 6배 정도다.

하루에 11개 기후를 만나다

하와이 제도를 이루는 섬의 날씨는 큰 차이가 없다. 일 년 내내 비슷한데 굳이 두 계절로 나눈다면 5월에서 10월이 여름이고, 11월에서 4월까지가 겨울이다. 해수면의 평균 기온은 낮을 기준으로 여름철이 29도, 겨울철이 25도 정도다. 얼핏 보아서는 안정하고 단순한 날씨다. 그러나 빅 아일랜드를 만나는 순간 전혀 다른 세상을 마주하게 된다. 지구의 13개 기후대 중에서 극지방 기후를 제외하고 11개의 기후대를 모두 보여주는 섬! 기후학 교과서를 한 장 한 장 넘기는 심정으로 빅 아일랜드 섬을 하루 동안 일주하기로 마음먹었다.

이른 아침 와이콜로아 해변에서 탐험이 시작되었다. 거침없이 뻗어있는 태평양이 만들어낸 파도가 눈앞에서 힘 있게 부서졌다. 파도에 응답하듯 검은 암석과 하얀 산호가 춤을 추었다. 맑은 바닷물을 닮은 듯 청아하게 빛나는 하늘을 눈동자에 담고 길을 떠났다. 서쪽 해안을 따라 코나공항 쪽으로 차를 몰았다. 차창 밖으로 보이는 풍경은 메마르고 거칠어 보였다. 용암이 흐르면서 만들어낸 비현실적인 지형을 가로질러 달렸다. 마치 어느 낯선 외계행성에 와있는 느낌이 들었다.

마우나로아의 남쪽 산자락에 올라서자 조금씩 풍경이 바뀌었다. 풀이 보이고 나무가 하나둘 나타났다. 듬성듬성 우거진 숲이 눈에 들어오기 시작했다. 제주도 올레길을 걸으며 보았던 모습과 닮았다. 불과 몇십 분 사이에 낯설었던 외계의 풍경은 온데간데없이 사라지고 익숙한 풍경이 나타났다. 땅의 모습이 바뀌는 것에 박자를 맞추듯 하늘에는 스멀스멀 구름이 올라왔다. 곧 보슬비가 내리는가 싶더니 다시 파란 하늘이 고개를 내밀었다. 지형만큼이나 날씨도 변화무쌍했다.

왼쪽 용암이 만든 땅 **오른쪽** 풀 한 포기 찾기 어려울 만큼 황량한 용암지대를 지나는가 싶었는데 곧이어 파란 하늘 아래 목초지가 펼쳐진다. 빅 아일랜드 풍경은 눈에 담기가 무섭게 바뀐다.

자동차는 화산국립공원을 지나는 11번 도로를 내달렸다. 공원 안의 고지대에 카우(Kau) 사막이 있다. 킬라우에아 화산 분화 활동으로 생긴 화산재, 모래, 자갈이 뒤덮여 있는 곳이다. 연간 강수량이 1000mm가 넘어 비가 많이 오는 곳이지만 독특하게도 땅의 풍경은 사막지대다. 사막이라고 할 수 없는 사막이다. 빗물이 화산 활동으로 생긴 이산화황 가스와 결합해 강한 산성비를 뿌려 식물이 자라는 것을 억제하기 때문에 이런 기묘한 풍광이 탄생했다. 지표면의 물 빠짐이 좋고 수분 증발이 잘 되는 것도 이곳 땅이 사막화되는 데 중요한 역할을 했다.

어느새 힐로(Hilo)를 가리키는 도로 표지판이 나타났다. 힐로는 빅 아일랜드에서 가장 큰 도시다. 스치듯이 도시를 벗어나 다시 자연을 품은 길로 들어섰다. 주변 풍광이 예사롭지 않게 변했다. 제법 큰 나무들과 울창한 숲이 성큼성큼 다가왔다. "와, 드디어 열대우림지역에 들어왔구나!"라는 말이 끝나기가 무섭게 후두둑 빗방울이 떨어졌다. 점점 굵어지던 빗줄기는 운전하기 힘들 정도의 장대비가 되어 쏟아졌다. 열대우림은 산기슭의 아카카 폭포(Akaka Falls)를 만들어냈고 섬의 동북쪽에 자리한 와이피오 계곡(Waipio Valley)까지 이어졌다.

이제 서쪽으로 방향을 틀어 와이메아(Waimea)로 향했다. 이곳은 다른 지역과는 전혀 다른 분위기다. '파니올로(하와이 카우보이) 컨트리'라 불리며, 여유롭게 풀을 뜯는 소 떼와 카우보이를 만날 수 있다. 넓은 목장과 아름다운 초원이 펼쳐지는 곳이다. 아쉽게도 날이 저물고 있어 어둠 속에서 초원의 풍경을 바라보아야 했다.

하루 사이에 지구의 환경과 기후를 압축해 놓은 박물관을 다녀온 기분이 들었다. 누가 빅 아일랜드를 살아 있는 기후학 교과서로 만들어 놓았을까? 해발 4200m를 자랑하는 마우나케아(Mauna Kea)와 마우나로아(Mauna Loa) 두 산이 그 주인공이다. 마우나케아는 하와이말로 '하얀 산'이라는 뜻이다. 겨울에는 마우나케아 정상 부근에 눈이 쌓이기도 한다. 눈에 감탄한 사람들은 이때를 놓치지 않고 정상 부근에 올라가 스키를 탄다. 어떤 이는 자동차 짐칸에 눈을 한가득 싣고 내려와서는 집 앞마당에 잠시나마 볼 수 있는 눈사람을 만들어 놓는다고 한다. 마우나케아와 마우나로아는 세로 방향으로 나란히 자리하면서 섬의 동쪽과 서쪽 기후를 극단적으로 나누어 버린다. 빅 아일랜드의 북동쪽 사면은 거의 일 년 내내 무역풍을 몰고 오는 북태평양 고기압의 영향을 받는다. 습기를 가득 머금은 무역풍은 높은 산의 경사면을 타고 상승하는 과정에서 습기가 구름으로 응결되어 비를 뿌린다. 무역풍이 만든 비 대부분이 섬의 동쪽과 북쪽에 쏟아져 열대우림에 가까운 환경이 나타난다. 그래서 힐로는 비가 많은 도시로 유명하다. 반면에 섬의 서쪽에 자리한 코나(Kona)는 사막에 가까운 건조한 기후가 된다.

46억 년을 이어온 지구의 숨결

하와이 제도는 지구 내부 깊은 곳에서 비롯된 열점의 영향으로 생겨난 섬들이다. 열점의 상승하는 마그마가 서서히 움직이는 태평양판을 뚫고 화산섬을 줄지어 만들어냈다. 최근에 솟아오른 빅 아일랜드는 화산 활동을 가장 생생하게 보여준다.

빅 아일랜드의 화산국립공원을 찾아가는 여정 역시 해변에서 시작했다. 그런데 해변의 이름이 남다르다. '검은 모래 해변(Black Sand Beach)'이다. 파란 바닷물이 넘실대며 들어오다가 해변의 검은 모래와 만나 하얗게 부서졌다. 검은 모래에 뿌리를 내린 야자수 나무의 녹색 잎이 그려내는 색의 조화는 참 특이했다. 이국적이라는 표현을 넘어서는 풍경이다.

해변의 검은 모래를 한 줌 쥐어 살펴보았다. 작은 모래 알갱이는 표면이 각지고 유리처럼 매끄러운 질감이 느껴졌다. 맑고 차가운 바닷물과 어우러진 검은 모래의 고향은 어디일까? 그 기원은 놀랍게도 용광로처럼 끓어 오르는 화산의 분화구다. 검은 모래 해변에서 한가로이 일광욕을 즐기고 있는 바다거북과 짧게 인사를 나누고 킬라우에아 화산을 찾아 나섰다.

하와이 화산국립공원은 킬라우에아 화산과 마우나로아 산을 중심으로 조성되어 있다. 1980년 유네스코는 이 지역을 '세계 생물권 지구(International Biosphere Reserve)'로 지정했다. 1987년에는 '세계유산(World Heritage Site)'으로 발표하면서 그 가치를 인정했다.

　킬라우에아 화산으로 가는 길에 용암 흐름의 한 형태인 '아아(aa flows)'를
만났다. 용암이 흐르는 외중에 온도가 내려가면 용암 표면에 거품 같은 작
은 구멍이 생겨난다. 그 구멍에서 가스가 빠져나가면 날카롭고 뾰족한 형태
가 된다. '아아'는 돌 표면이 거칠고 날카로워서 걸을 때 발이 '아프다'는 뜻
의 하와이 말인데 이제는 지질학적 의미가 있는 과학용어가 되었다.

　이와 다르게 상대적으로 용암이 높은 온도에서 천천히 식으면 표면이 부
드럽고 매끄러워진다. 이 경우는 '파호이호이(pahoehoe flows)'라고 부른다.

왼쪽 검은 모래 해변은 빅 아일랜드 최남단 사우스 포인트에서 북동쪽으로 약 30km 떨어진 해안에 있다. 용암이 굳어 생긴 현무암이 부서지면서 검은색 모래를 만들었다. **오른쪽** 검은 모래 해변에서는 바다거북을 쉽게 만날 수 있다. 해변으로 기어 나와 일광욕을 즐기는 바다거북이 낮잠에 빠진 듯 꼼짝하지 않고 있다.

역시 하와이 말인데 잘 걸을 수 있다는 의미다.

화산국립공원의 방문자센터는 킬라우에아 화산의 칼데라(화산 폭발로 생긴 냄비 모양의 분지) 가장자리에 있다. 알차게 꾸며져 있고 화산을 쉽게 이해하는 데 도움을 주는 정보를 다양한 방식으로 안내한다. 당일의 실시간 화산 활동 정보를 비롯해 잘 정리된 전시자료와 영상물은 호기심 많은 화산 방문객들에게 좋은 길잡이가 된다.

킬라우에아 화산과의 첫 만남은 방문자센터에서 1km가량 떨어진 스팀

벤트(steam vent)에서 시작됐다. 지표면 아래 수증기가 뜨거운 열기를 뿜어
내는 곳이다. 화산이 만들어내는 자연 현상을 눈앞에서 목격하면 과연 어떤
느낌이 들까? 그 답을 몸으로 체험하고 싶었다. 스팀벤트에 한 발 한 발 가
까이 다가서는데 어느 순간 얼굴이 화끈거릴 정도의 열기가 지나갔다. 코끝
에서는 독한 유황 냄새가 진동했다. 킬라우에아 화산과 생생한 첫 만남은
그렇게 이루어졌다.

위쪽 분화구에서 튕겨 나온 용암
의 파편이 날아가는 동안 공기
의 저항으로 유선형 모양이 되었
다. 사진에 나온 화산탄(volcanic
bomb)은 크기가 어른 주먹만 하
다. **아래쪽** 킬라우에아 화산의 칼
데라 내부 갈라진 지형 틈에서는
화산 가스가 새어 나오기도 한다.

스팀벤트를 지나서 1.5km를 더 가면 재거박물
관이 있다. 킬라우에아 화산의 정상 풍경을 조망
할 수 있는 곳이다. 칼데라의 너비는 4×3.2km,
벽면 높이는 120m가량이다. 칼데라 서쪽에 할레
마우마우(Halemaumau) 분화구가 있다. 이 분화구
는 칼데라 내부에서 활동성이 가장 높은 곳이다.

큰 기대를 안고 갔지만, 곧 낙담으로 이어졌다. 툭툭 빗방울이 떨어지고 짙은 안개가 사방에 가득했다. 눈을 부릅뜨고 살펴보았지만, 분화구는 드러나지 않았다. 칼데라 표면에서 군데군데 피어오르는 흰 연기만 먼발치에서 언뜻언뜻 보였다. 그대로 물러서기에는 무척이나 아쉬운 풍경이었다. 잠시 눈을 감고 책에서 보았던 분화구의 형상을 찬찬히 머릿속에 그려냈다. 그때였다. 멀리서 아주 희미하지만 천둥소리 같은 것이 들렸다. 귀를 쫑긋 세우고 소리의 진원지를 찾아보았다.

놀랍게도 할레마우마우 분화구 방향이다. 1분에 한두 차례 비슷한 강도의 소리가 흘러나왔다. 재거박물관의 화산 안내자에게 달려가서 물었더니 분화구의 용암 활동이 만들어내는 소리라고 알려주었다.

"드드득…… 쩌억…… 지직"

용암 활동의 생생한 소리를 몸 안에 담아두려고 온 감각을 집중했다. 어쩌면 이 순간은 46억 년을 이어온 지구 내부의 살아 있는 숨결을 만나는 시간이다. 그렇게 내 몸의 눈과 피부, 코와 귀는 가장 섬세한 감각을 깨워내 화산과 만났다. 그 감각의 기억은 몸속 깊이 들어와 지구의 이야기를 들려주었다.

살아 있는 킬라우에아 화산

킬라우에아 화산은 지난 수십 년 동안 끊임없이 활동하고 있는 것으로 유명하다. 1960년에는 큰 규모의 용암이 섬 동쪽 카포호(Kapoho) 지역을 휩쓸고 지나갔다. 1983년에 생긴 푸우오오(Puu Oo) 크레이터는 1983년부터 30년 넘게 분화를 이어가고 있다. 2014년에는 용암의 흐름이 파오아(Pahoa)

2018년 5월 빅 아일랜드 푸나 지역을 휩쓸고 지나가는 용암의 모습.
다행히 인명피해는 보고되지 않았다.

지역을 위협하기도 했다.

이 책을 쓰는 동안 킬라우에아 화산에서 새로운 활동이 시작되었다는 소식을 전해 들었다. 2018년 5월 3일 리히터 규모 5.0의 지진이 일어나고 레이라니 에스테이츠(Leilani Estates)에서 지층 균열이 생기며 용암이 분출되었다. 5월 17일에는 할레마우마우 분화구에서 폭발이 발생해 화산재가 9km 높이까지 상승했다. 이후 용암 흐름이 더 강해졌고 6월 3일에는 카포호 분화구 안까지 밀려 들어왔다. 카포호 분화구 안에 400년간 자리 잡고 있던 그린 호수의 물은 모두 증발하고 말았다. 그린 호수는 빅 아일랜드에서 가장 큰 천연 담수호였다. 바다로 흘러든 용암은 2.52㎢에 이르는 새로운 땅을 만들어냈다.

우주와 맞닿은 곳 마우나케아

다음날 마우나케아를 찾아갔다. 마우나케아는 현재 활동을 멈춘 화산이다. 산 정상부의 연평균 관측 가능 일수는 300일 정도다. 날씨가 건조하고 하늘도 투명해 칠레의 산악지대와 더불어 가장 뛰어난 관측지라고 할 수 있다. 해발 4200m 정상에는 세계 최고 성능의 망원경을 갖춘 천문대가 여럿 있다. 우주를 연구하는 과학자들에게는 꿈의 천문대로 손꼽히며 광대한 우주의 풍경을 담아내는 성지이기도 하다.

마우나케아에 오르는 길은 하늘과 가까워지는 길이다. 조금씩 고도가 올라가면서 하늘의 색감은 더 짙은 파랑으로 물들었다. 해발 2800m에 이르자 방문자센터가 나타났다. 센터에서 가까운 곳에 할레포하쿠(Hale Pohaku : 바위로 만든 집)라고 부르는 관측자 숙소가 있다. 할레포하쿠에서 표태수 박사를 만났다. 표박사는 스바루천문대에서 10여 년째 연구 활동을 하고 있다.

고산증에 대한 안내를 받고 정상으로 향했다. 고지대는 산소가 부족하기 때문에 연구자들이 천문대에 머물 수 있는 시간을 14시간 이하로 규정하고 있다. 며칠 간 관측을 해야 하는 연구자는 해지기 전에 산 정상의 천문대에 올라가서 관측을 하고 아침에 다시 관측자 숙소로 내려온다고 한다.

비포장 길을 굽이굽이 돌아 드디어 하늘과 맞닿은 듯한 마우나케아 정상에 올랐다. 맑고 검푸른 하늘과 어우러져 하얗게 빛나는 천문대들이 나란히 서 있다. 장대하고 놀라운 광경에 압도되어 나도 모르게 감탄이 터져 나왔다. '이곳의 천문대는 가장 생생하게 우주와 만나는구나!' 그 말은 곧 현실이 되어 눈앞에 나타났다.

표태수 박사의 특별한 안내를 받아 제미니, 켁, 스바루 천문대를 차례로 둘러보면서 거대 망원경의 구조, 운용, 연구 활동에 대한 폭넓은 정보를 들었다. 천문대 구석구석을 친절하게 안내하고 설명해주신 표태수 박사께 깊이 감사드린다.

왼쪽 스바루천문대 내부. 스바루천문대는 일본에서 만든 천문대로 반사경 지름이 8.2m인 망원경이 들어 있다. 주 초점, 카세그레인 초점, 나스미스 초점 2개 등 총 4개의 초점부가 있어서 다양한 관측 활동이 가능하다.

아래쪽 스바루천문대 관측실. 컴퓨터를 통해 망원경의 상태를 점검하고 움직임을 조정한다. 망원경을 통해 관측한 데이터를 처리하는 작업도 이곳에서 이루어진다.

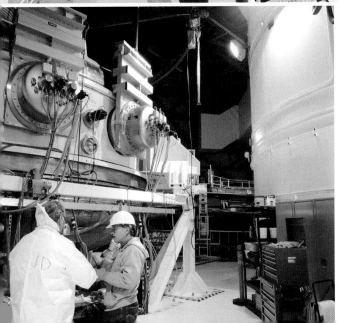

왼쪽 제미니천문대 내부. 방문했을 때가 마침 제미니 망원경의 주 반사경을 코팅하는 작업이 이루어지는 날이었다. 작업자들이 반사경을 보호하기 위해 방진복으로 갈아입고 있다.

마우나케아에는 반사경 지름이 30m에 이르는 TMT(Thirty Meter Telescope)가 설치될 예정이다. 새로운 거대 망원경을 활용하면 우주의 역사를 더 잘 이해하게 될 것이다.

 천문대에 들어 있는 망원경의 둥근 반사경은 매일 밤 우주를 들여다보는 거대한 눈동자가 된다. 이들은 광대한 우주에서 펼쳐지는 별빛의 웅장한 하모니를 바라볼 것이다. 그리고 아득한 시간을 거슬러 미지의 우주 공간 어딘가에 첫 눈길을 줄 것이다. 천체망원경이 담아낸 영상은 과학의 언어로 풀이되어 우주의 역사책을 새롭게 써내려갈 것이다.

탐험하는 이유

귀국편 비행기에 오르기 전 잠시 여유가 생겨 공항 안에 있는 서점을 들렀다. 책장 사이를 거닐다가 나도 모르게 잡지 한 권이 눈에 들어왔다. 표지에 이런 글귀가 적혀있었다. 'Why we explore'. 마치 나를 기다리고 있었다는 듯, 나의 답을 듣고 싶었다는 듯 이 문장은 단박에 내 눈길을 끌었다.

이 문장과 마주한 순간 지난 며칠 동안 놀랍고 경이로운 탐험을 선물해준 빅 아일랜드의 하늘과 땅이 떠올랐다. 하늘을 향한 거대한 천체망원경이 우주의 역사를 밝혀내고 있었다. 그리고 땅을 향해서 생생하게 움직이는 용암이 지구의 역사를 들려주고 있었다. 우리가 탐험하는 이유는 이 모든 것의 역사가 알고 싶기 때문이다!

살아가면서 꼭 기억하고 싶은 탐험을 했다. 귀국해서 여러 날 동안 잠들 때마다 빅 아일랜드의 장엄한 화산, 아름다운 별빛과 어우러지는 꿈을 꾸었다. 그곳에서 보낸 순간을 하나하나 기억해낼수록 더 진한 여운이 느껴졌다. '빅 아일랜드'라는 이름에 어울리게 크고 웅장하며 드넓게 펼쳐진 세상을 마음속 깊이 품게 되었다.

귀국길 공항에서 본 〈내셔널 지오그래픽〉 잡지의 표지.

도시의 화려한 불빛 속에서,
한적하고 고요한 시골에서
그리고 먼 이국의 낯선 여행지에서도
늘 새로운 마음으로 고개를 들어
별을 보아야 한다.
우리가 바라보는 하늘에는
지금 아니면 볼 수 없는
그 순간의 우주 풍경이
그려지기 때문이다.

태양을 품은
몽골과 북극

우수 여행의 문을 여는
태양과 달

밤하늘에 회색빛을 내는 구름이 뭉실뭉실 떠 있는 날에는 구름 사이 검은 하늘에도 빛이 스며 있는 느낌이 든다. 도시의 불빛이 조명이 되어 구름과 하늘을 비추기 때문이다.

문명사회가 만들어낸 불빛이 어둠을 밝히는 만큼 밤하늘의 별은 하나둘 사라진다. 불빛이 늘어나면 별빛이 지워지는 셈이다. 도시의 화려한 불빛 속에서 밤하늘의 별을 만나기란 쉽지 않다. 매년 4월 22일은 '지구의 날'이다. 지구의 날에는 환경을 위해 10분 동안 불빛 끄기 행사가 열린다. 쉽지는 않겠지만, 도시의 불빛이 모두 꺼진다면 단 몇 분 만이라도 빌딩 사이를 가로지르는 은하수를 볼 수 있을 것이다. 이런 특별한 행사가 아니면 도시에서 많은 별을 보는 건 어려워졌다.

그러나 조금 더 관심을 기울이면 도시 밤하늘에 숨어 있는 별을 찾아낼

위쪽 서울과 같은 도시의 밤하늘에서도 별을 만날 수 있다. 긴 시간 노출을 주어 별의 움직임을 담아냈다. 맨 눈으로 보는 것보다 더 많은 별이 나타났다.

왼쪽 도시에서 맞이하는 월출. 아파트 뒤로 둥근 달이 떠오른다. 지상에 있는 건물과 먼 우주에 있는 달이 겹쳐 보이며 둘 사이의 거리가 매우 가까운 것처럼 보인다.

오른쪽 도시의 일몰. 붉게 물든 태양이 서쪽 하늘 아래로 저물고 있다. 한낮의 태양은 눈이 부셔 똑바로 바라보기 어렵지만 해가 질 때는 표면의 흑점까지 보일 정도로 어두워진다.

수 있다. 맑은 날을 골라 밤하늘을 잘 살펴보면 분명 몇 개의 별이 빛난다. 도시 하늘에 모습을 드러내는 별은 주로 1등성(별의 등급 170쪽 참조)이다. 우리나라에서는 사계절을 통틀어 1등성이 15개가량 보인다. 가로등이나 건물에서 나오는 빛을 피해 조금 더 어두운 하늘을 올려다본다면 3등성 별까지 볼 수 있다. 온 하늘에서 볼 수 있는 3등성까지의 별은 170개가량이다. 누구든 관심을 기울인다면 도시의 불빛을 이겨내고 여리게 빛나는 별과 만날 수 있다.

도시에 사는 사람들에게 우주 여행의 문을 열어주는 천체는 사실 따로 있다. 스스로 빛을 내며 밝은 낮을 선물해주는 별, 바로 태양이다. 지구의 하나뿐인 위성인 달도 도시의 밤하늘을 지키고 있다. 달과 태양은 그 너머 펼쳐진 광대한 우주와 만나라고 우리를 유혹한다. 달은 무려 38만km 떨어져 있다. 태양은 달보다 400배 더 먼 1억 5천만km 떨어진 곳에서 빛나고 있다. 두 천체에 눈빛을 맞추는 일은 무척 중요하다. 마음을 가다듬고 새로운 생각으로 두 천체를 바라보아야 한다. 짧은 눈 맞춤만으로도 우리는 아주 멀리 떨어진 우주 풍경을 마음속에 담을 수 있다.

별과 바람과 초원의 땅, 몽골

도시 밤하늘의 별과 어느 정도 익숙해지면 더 어두운 하늘에서 더 많은 별을 보고 싶은 마음이 솟아난다. 진정으로 어두운 밤하늘은 어떤 색감일까? 별과 별 사이 어둠의 공간은 말 그대로의 블랙일까? 별빛이 스며 있는 밤하늘의 진짜 색을 찾기 위해, 별과 바람과 초원의 땅으로 여러분을 안내

위쪽 몽골 하늘은 푸른빛이 짙다. 하얀 구름이 녹색으로 물든 초원에 그림자를 드리운다. 색의 조화가 아름다운 풍경이다. 아래쪽 몽골의 전통가옥인 '게르' 위로 은하수가 쏟아져 내린다.

한다. 몽골이다. 드넓은 초원에 누워 우주를 맞이하는 순간, 별이 빛나는 밤의 색이 바람에 실려 흩날릴 것 같다.

8월 초순은 몽골을 여행하기 좋은 때다. 초원의 녹색 물결이 아름답고, 기온도 적당하다. 더불어 여름 은하수가 화려하게 펼쳐지는 밤하늘을 만날 수 있다. 다만 한 가지 알아둘 것이 있다. 우리나라보다 위도가 높은 몽골은 여름밤이 무척 짧다. 8월 초순에는 9시가 넘어야 서서히 어두워진다. 태양이 서쪽 지평선 아래로 내려가도 빛의 흔적이 여전히 남아 있다. 밤 11시가 되어야 짙은 어둠이 찾아온다. 긴 기다림 끝에 별빛 축제의 막이 오른다. 웅장하고 화려한 별빛 축제를 즐기는 사이에 시간은 쏜살같이 흐른다. 새벽 3시가 되면 동쪽 하늘이 밝아오고 축제는 막을 내린다. 몽골의 여름밤은 안타까울 만큼 짧지만, 별빛 축제의 여운은 길다.

별을 그려내는 호수

몽골 하면 드넓은 초원을 먼저 떠올리는데, 그렇지 않은 지형도 꽤 있다. 메마른 사막이 있는가 하면 넓은 호수가 있고 만년설로 뒤덮인 높은 산도 있다. 다양한 자연과 어우러져 별을 볼 수 있는 곳이 몽골이다.

몽골에서 맞이한 첫 별빛 축제는 예상치 못한 장소에서 펼쳐졌다. 일정대로라면 저녁 시간에 맞추어 게르 캠프에 도착해 숙박하기로 되어 있었다. 하지만 비포장 길에서 이동하는 게 여의치 않아 자정이 가까운 시간에도 길 위에 있었다. 함께한 가이드는 장시간 운전으로 많이 지쳤고 잠시 쉬기 위해 차를 멈추었다. 힘 풀린 손을 움직여 초원을 향해 빛을 뿌리던 자동차

헤드라이트를 슬며시 껐다.

　순식간에 불빛 한 조각 없는 암흑천지가 되었다. 자동차 문을 열자 칠흑같은 어둠이 온몸으로 스며드는 느낌이 들었다. 어둠이 이끄는 대로 걸어나갔다. 밤하늘은 그 자체로 블랙홀이 된 듯 시선을 빨아들였다. 별들은 저마다 맑디맑은 빛을 던지고 있었다. 밝은 별과 어두운 별이 함께 빛났지만, 하늘을 가득 메운 별의 숲에서 이들을 구분하기는 쉽지 않았다. 그저 다 같이 맹렬히 빛나고 있었다.

　별빛이 전해주는 에너지를 받으며 새로운 힘을 얻었다. 별을 길잡이 삼아 멀지 않은 곳에 있는 '홉스굴(Khovsgol)' 호수로 향했다. 호수로 가는 길, 차가 덜컹거릴 때마다 차창 밖의 별도 함께 춤을 추었다.

　어둠을 뚫고 호숫가에 도착했다. 드넓은 호수는 모든 걸 숨겨놓은 듯 어둡고 조용했다. 검게 물든 비단이 펼쳐져 있는 것 같았다. 비단결 호수 위에 별빛 보석들이 초롱초롱 빛났다. 호수에 길게 드리워진 은하수는 잔잔한 물결에 맞추어 살며시 넘실거렸다. 멀리 수평선 위로 반딧불이를 닮은 별이 하나둘 떠올랐다. 사실 지평선이나 수평선 바로 위로 떠오르는 별을 보기는 쉽지 않다. 도시가 가까이 있는 경우 땅과 맞닿아 있는 밤하늘에 '라이트 돔(light dome)'으로 불리는 현상이 나타나기 때문이다. 라이트 돔은 지평선 위로 도시 불빛의 영향을 받아 뿌옇게 빛나는 반원형의 층이 만들어지는 현상이다. 홉스굴 호수에서는 라이트 돔의 방해 없이 투명한 밤하늘로 첫걸음을 내딛는 별을 쉽게 만날 수 있었다. 몽골에서 누릴 수 있는 별 보기의 특권이다.

　아름다운 별빛만 쫓아다니던 눈 걸음을 잠시 멈추었다. 눈을 질끈 감았다다시 뜬 다음 별과 별 사이 어둠의 공간을 찬찬히 바라보았다. 밤하늘의 색감을 찾고 싶었다. 얼마나 시간이 흘렀을까? 집중하기 위해 힘이 잔뜩 들어

위쪽 만년설이 모자처럼 씌워진 4000m 높이의 참바가라브 산 위로 북극성이 떠 있고 그 주위로 별들이 촘촘히 돌고 있다.

아래쪽 홉스굴은 몽골 북쪽에 있는 큰 호수다. 낮에는 청명한 아름다움을 선물한다. 밤이 되면 반짝이는 별빛을 아름답게 그려낸다.

간 눈동자가 무언가 알아차렸나는 듯 깜박거렸다. 나도 모르게 중얼거렸다.
"몽골 밤하늘의 색은 검디검은 먹물을 닮았어!" 별빛이 스며 있는 밤하늘의
진짜 색을 찾은 것이다!

알타이 사막에서 하룻밤

다음 여정은 몽골 남서쪽에 자리 잡은 알타이 사막이다. 사막은 건조한
기후로 맑은 날이 많아 별 보기에 좋다. 사막에서 별을 맞이하는 시간은 굉
장히 낯설었다. 어둠 속에서 굳이 고개를 들지 않아도 눈높이에 맞추어 별
빛이 다가왔다. 사방이 모두 트여 있어서 별을 가리는 것이 없었다.

사막의 깊은 밤 가장 짙은 어둠이 내려왔을 때, 동서남북 모든 방향에서 오
는 별빛을 눈동자에 담았다. 그리고 천천히 몸을 움직여 한 바퀴 돌아보았다.
땅과 하늘의 경계는 별이 있느냐와 없느냐의 차이로만 구분할 수 있었다. 홀
로 서 있는 나와 별을 품은 우주가 만나는 시간이었다. 처음 경험하는 특별한
만남이었다. 긴 침묵 속에서 우주가 들려주는 이야기에 귀를 기울였다.

밤사이 검게 물들었던 하늘은 동쪽에서부터 새로운 변화를 준비했다. 화
려하게 빛나던 별은 새벽을 알리는 푸른 빛에 스며들었다. 온 하늘은 시시
각각 여러 가지 색의 투명함을 뽐내면서 밝기를 더해갔다. 마침내 사막의

지평선 위로 우리와 가장 가까운 별, 찬란한 태양이 솟아올랐다. 또 하나의 별빛이 땅을 환하게 비추고 새로운 하루를 선물했다.

해를 삼킨 달

표면온도는 약 6000도, 크기는 지구 지름의 109배, 거리는 1억 5천만km 떨어진 곳에 빛나는 별이 있다. 46억 년 동안 한결같이 밝은 빛을 선사하는 별! 태양이다. 행성 지구에 소중한 에너지를 보내고 생명 시스템을 지탱해 주는 역할을 한다. 가장 가까운 별 태양이 떠오르면 다른 별은 모두 태양 빛에 압도되어 힘을 잃고 만다. 이 시간을 가리켜 '낮'이라고 한다. 태양 빛을 받아 파랗게 물든 하늘 너머에 몸을 사리고 있는 별들을 다시 깨울 방법이 있을까? 개기일식이 일어나면 가능하다. 몽골의 서쪽 울기(Ulgii)에서 아주 특별한 천문 현상, 개기일식을 관찰했다.

태양이 사라지는 것을 일식, 달이 사라지는 것은 월식이라고 한다. 월식은 우주 공간에 드리워진 지구 그림자에 달이 들어가면서 나타나는 현상이다. 일식은 태양 앞으로 달이 들어오면서 일어난다. 월식과 일식 현상은 달과 태양, 지구가 어우러져 연출하는 합작품이다. 월식 때는 '태양-지구-달'의 순서로 늘어서고, 일식 때는 '태양-달-지구' 순서로 늘어선다.

위쪽 태양이 달에 완전히 가려지면 하늘은 어두워지고 밝은 별이 등장한다. 태양 왼쪽 위 작은 점은 수성이다. **아래쪽** 개기일식 직전과 직후에 '다이아몬드 링'을 볼 수 있다. 태양 빛의 일부분이 달의 한쪽으로 삐쳐 나오는 모습이 마치 반지의 다이아몬드 같다고 해서 붙은 이름이다.

달이 태양 앞을 완전히 가리는 개기일식은 쉽게 볼 수 없다. 3년에 2번 정도로 생각보다 자주 나타나는 천문 현상지만, 문제는 대부분 외국 어디에선가 일어난다는 점이다. 지금 대한민국에 사는 사람 중에 우리나라에서 일어난 개기일식을 본 사람은 아무도 없다. 고종 24년, 1887년 8월 19일이 우리나라에서 개기일식이 마지막으로 관측된 날이다. 그것도 함경북도 지역에서만 볼 수 있었다. 다가오는 우리나라의 개기일식은 2035년이다.

물론 우리나라를 벗어나서 생각하면 개기일식을 볼 기회가 늘어난다. 요즘은 교통이 발달해 전 세계 어디든 하루 이틀 정도면 갈 수 있다. 해외로 눈을 돌리면 1~2년에 한 번은 개기일식을 볼 수 있다.

개기일식을 보려고 시간과 돈을 들여 외국으로 나가는 게 어디 쉬운 일인가. 하지만 단 한 번이라도 개기일식을 본다면 생각이 바뀔 수 있다. 오로지 개기일식만을 위해서 세계 어느 곳이라도 달려갈 수 있다. 개기일식을 한 번도 본적 없는 사람은 많지만, 딱 한 번만 본 사람은 드물다는 말이 있다.

태양의 일부분이 가려지는 부분일식은 우리나라에서도 자주 나타나는 현상이다. 실제로 부분일식을 본 사람은 꽤 많다. 그래서 부분일식이나 개기일식이나 큰 차이가 없을 거로 생각하기 쉽다. 사실은 그렇지 않다. 둘은 일식이라는 용어를 같이 쓰지만, 상상하기 어려울 만큼 차이가 크다.

태양의 빛 조각이 단 1%만 남아 있어도 주위가 꽤 밝지만, 개기일식이 되어 태양이 완전히 가려지면 순식간에 다른 세상이 펼쳐진다. 보통 2분에서 길어야 7분가량 이어지는 개기일식은 하늘과 땅에 경이로운 변화를 만들어낸다. 주변이 상당히 어두워지고 지평선 쪽 하늘은 저녁노을처럼 물든다. 평소에는 보이지 않던 코로나(태양의 최외곽 대기층)의 광채가 태양 주위를 감싸며 나타난다.

몽골의 대초원에서는 개기일식이 일어나는 동안 자연의 변화를 더 잘 느낄 수 있다. 한가로이 목초를 뜯던 동물들은 저녁이 된 줄 알고 집으로 돌아간다. 새들은 갑작스러운 하늘 변화에 놀란 듯 날갯짓을 하며 하늘로 날아오른다.

개기일식은 단순히 달이 해를 가리는 현상이 아니다. 우주의 수학적 구조에 맞추어 태양과 달, 하늘과 땅이 모두 함께 어우러져 온갖 변화를 이끌어내는 아름다움이다. 무엇보다 놀라운 것은 어두워진 하늘 여기저기에서 별이 나타나는 현상이다. 태양이 빛을 숨기자 기다렸다는 듯 별이 모습을 드러낸다. 태양이 사라지는 가장 극적인 순간에 단단한 울타리에 갇혀 있던 생각이 다시 깨어났다. "낮에도 하늘에는 별이 빛난다!"

개기일식의 백미는 마지막 순간 '다이아몬드 링'이 나타날 때다. 개기일식이 끝나기 직전 달 표면의 울퉁불퉁한 지형 틈새를 헤치고 나온 한 줄기 빛! 그 빛이 지구를 향해 강렬하게 쏟아지면서 다이아몬드 링을 만들어낸다. 이 순간 어둡던 세상은 마치 천지 창조의 빛줄기가 던져진듯 밝아진다.

강가 근처의 게르 캠프에서 개기일식을 기다리는 모습이다. 개기일식이 시작되기 전 부분일식이 일어날 때는 반드시 일식 안경을 쓰고 태양을 보아야 한다. 개기일식이 일어나면 일식 안경을 벗고 맨눈으로 관찰한다.

오로라,
밤하늘을 수놓는 빛의 향연

개기일식을 통해 새로운 시각으로 태양을 이해하게 되었다. 가장 가까운 별 태양은 '가장 아름다운 별'로 다가왔다. 그리고 '개기일식을 딱 한 번만 본 사람은 드물다'는 말이 내게도 효력을 나타내기 시작했다. 그 경이로운 과정을 한 번 체험하고 나자, 자연스레 또 다른 곳에서 또 다른 모습으로 펼쳐질 개기일식에 참여하고 싶은 마음이 생겨났다. 거부할 수 없는 유혹이었다. 그 마음이 불씨가 되어 2015년 북극에서의 개기일식을 꿈꾸게 되었다.

북극과 가까운 곳에서 개기일식이 일어나는 경우 또 하나의 우주쇼가 특별 보너스로 주어진다. 바로 오로라다. 사람이 일생에 경험할 수 있는 3대 천문 현상으로 대유성우, 오로라, 개기일식이 손꼽힌다. 2015년 3월 오로라와 개기일식, 두 마리의 토끼를 한꺼번에 잡기 위해 북극 스발바르(Svalbard) 제도로 향했다.

처음 세운 계획은 노르웨이 북쪽의 스발바르 제도에서 일어나는 개기일식을 보고 그곳에서 오로라도 함께 관찰하는 것이었다. 낮에는 태양의 화려한 변신을 보고 밤에는 아름다운 오로라의 춤사위를 만날 것으로 기대했다. 하지만 개기일식을 전후로 스발바르 제도의 숙소는 거의 예약이 마감된 상태였다. 오로라를 보기 위해서는 며칠을 묵으면서 기다려야 하는 데 그럴만한 숙소를 구하기 어려웠다. 캠핑장에 묵는 것도 고려해보았지만 매서운 추위와 북극곰의 공격에 대비해야 하는 어려움이 있었다. 결국 계획을 수정해 스발바르 제도에서 짧게 머물며 개기일식을 보고 오로라는 다른 곳에서 관찰하기로 했다.

몇몇 후보지를 물색한 끝에 스웨덴 북부지역 키루나(Kiruna)에서 오로라

밝은 오로라는 하늘을 가득 채우고 물결치듯 움직이며 순간순간 모습을 바꾼다.

를 먼저 보기로 일정을 조정했다. 키루나는 1900년대 초반 철광석이 채굴되며 탄생한 도시다. 도시를 벗어나면 황량하기 그지없는 풍경과 마주해야 한다. 다행히 3월의 키루나는 온 세상이 눈으로 덮여 있어서 하얀 설국의 정취를 흠뻑 느낄 수 있었다.

오로라를 본다는 것은 길고 긴 기다림의 과정이다. 언제 큰 오로라가 나타날지 정확히 예측하기 어려워 매일 밤 수시로 하늘을 바라보아야 했다. 갑자기 강한 오로라가 나타나도 밤새 이어지지는 않기 때문에 그 순간을 놓치지 말아야 했다. 처음 이틀 동안은 밤하늘에 안개가 낀 것처럼 희미한 빛을 뿌리는 오로라를 보며 만족해야 했다. 여리디여린 오로라를 처음 본 것만으로도 감격했다. 그런데 다음 날 길게 드리워진 커튼 모양의 오로라가 물결치는 듯한 모습을 보여주는 것 아닌가! "이제 오로라를 제대로 봤구나!"라고 외치고는, 이 정도면 목적을 충분히 달성했다고 생각했다. 하지만 그것은 맛보기에 불과했다.

키루나를 떠나는 날 새벽에 갑자기 나타난 오로라는 전날 보았던 것을 까맣게 잊을 만큼 놀라웠다. 하늘 전체를 휘감으며 마치 용이 춤추는 듯한 모습을 그려내는 오로라는 상상 그 이상이었다. 장엄하고 현란한 빛의 향연이었다. 밤하늘이라는 거대한 무대에 표현될 수 있는 모든 색감의 빛이 나타났다. 시시각각 역동적으로 변하는 모습은 더할 나위 없이 다양한 무늬를 만들어냈다. 오로라의 형언할 수 없는 아름다운 춤사위에서 한순간도 눈을 뗄 수 없었다.

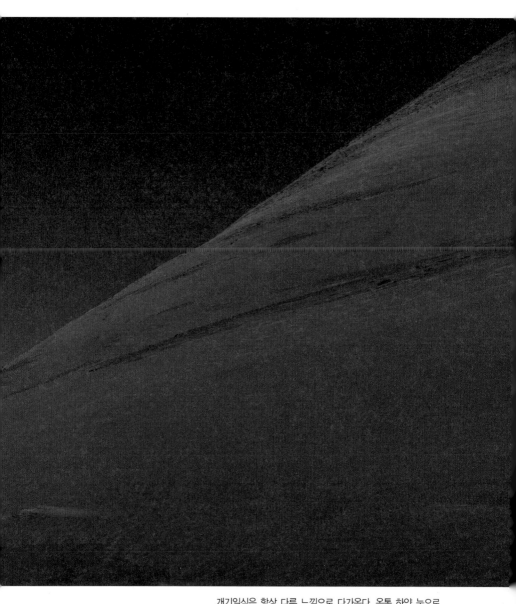

개기일식은 항상 다른 느낌으로 다가온다. 온통 하얀 눈으로
뒤덮인 땅에 어둠이 깔리고 검은 태양이 모습을 드러냈다.

북극과 가장 가까운 마을

오로라의 감동을 뒤로하고 개기일식이 펼쳐지는 스발바르 제도로 향했다. 스발바르 제도에는 여러 나라의 북극 기지가 모여 있다. 가장 큰 마을인 롱이어비엔(Longyearbyen)은 위도가 무려 78도다. 일반인이 거주하는 마을로는 지구 최북단에 자리 잡고 있다. 3월 말에도 영하 30~40도까지 떨어지기 때문에 방한 대책을 잘 세워야 한다. 마을을 벗어나면 사냥감을 찾아 어슬렁거리는 북극곰과 마주할 수 있어 늘 조심해야 한다.

롱이어비엔은 빙하가 깎아낸 계곡에 자리 잡은 마을이어서 주변을 둘러보면 제법 산에 둘러싸인 듯한 느낌이 들었다. 3월이라 낮게 뜨는 태양이 주변 산에 가려 종종 모습을 감추었다. 이런 상황은 예상했던 터라 일식 하루 전, 몇 군데 답사를 한 끝에 개기일식을 보기에 가장 적합한 장소를 미리 정해 두었다.

롱이어비엔은 북극에 가까운 마을이라 맑은 날이 많지 않고 날씨의 변덕이 무척 심한 곳이다. 우리가 도착하기 전 거의 한 달 동안 맑은 날이 다섯 손가락으로 꼽을 정도였다고 한다.

진인사대천명을 떠올리며 마음을 가다듬었다. 다행히 일식 전날부터 날이 개기 시작했고 당일 아침은 깜짝 놀랄 정도로 화창했다.

동이 트자마자 서둘러 숙소 뒤쪽의 산등성이로 올랐다. 태양을 맞이하기 가장 좋은 장소에 자리를 폈다. 하늘을 올려다보니 구름 한 점 없이 푸르렀다. 땅의 세상은 온통 눈으로 덮여 순백색을 뽐냈다. 개기일식이 만들어내는 빛의 변화를 그려내기에 가장 완벽한 무대가 마련되었다.

드디어 달이 태양을 조금씩 먹기 시작하고 세상은 점점 더 어두워졌다.

마지막 남은 한 조각 태양 빛마저 사라지자 검은 태양이 나타났다. 고도 10도 정도로 낮게 뜬 태양은 평소보다 훨씬 크게 보였다. 그래서 개기일식 때만 보이는 태양 주변의 코로나는 더 화려했다. 코로나의 이글거리는 빛은 숨어버린 태양의 힘을 더욱 웅장하게 보여주었다. 검푸른 하늘은 빛의 변화를 섬세하게 드러냈다. 짧은 감동의 시간은 다이아몬드 링을 보여주며 절정에 이르렀다. 그리고 어둠에 숨어 있던 순백의 땅은 다시 반짝이기 시작했다.

몽골과 스발바르 제도에서 경험한 개기일식은 같은 현상이 얼마나 다른 느낌으로 다가오는지, 얼마나 새로운 생각을 불러일으키는지 알려주었다. 태양이라는 별을 제대로 만나는 것은 참으로 의미 있는 일이다. 그것은 우주의 모든 별을 이해하는 첫걸음이다.

스발바르 제도에서 한국으로 돌아오기 위해 비행기를 4번이나 타야 했다. 긴 비행시간 동안, 나의 노트에는 다음 개기일식 탐험을 꿈꾸는 계획이 새롭게 그려지고 있었다. 그때 듣게 될 태양의 이야기가 벌써 궁금하다. 그때 마주하게 될 우주의 풍경에 마음이 설렌다.

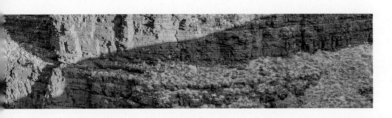

30억 년 전,

지구 모습은 지금과 많이 달랐다.

육지는 훨씬 적었고 대부분 바다로 덮여 있었다.

메마른 땅에는 눈에 보일만한 크기의 생명체가 없었고

약간의 미생물이 물속에만 존재했다.

현재 지구 모습과 가장 다른 점은

대기에 산소가 없었다는 것이다.

사라져버린 지구의 모습이 더 궁금해진다.

그때 풍경을 다시 만날 방법이 있을까?

서호주에서 만나는 '생명의 춤'

생명! 땅을 조각하다

'행성 지구와 생명의 역사'라는 주제를 마음에 품고 서호주 탐험을 떠났다. 서호주의 건조한 기후는 오래전 지구의 흔적을 살펴보는 데 여러모로 도움을 준다. 우리가 주목했던 것은 '대륙괴(craton)'다. 대륙괴는 지각 변동의 영향을 크게 받지 않아 매우 안정된 대륙지각을 가리킨다. 서호주에는 세계에서 몇 안 되는 초기 지구의 대륙괴가 남아 있다. 그 대륙괴에는 30억년 전 지구 모습을 엿볼 수 있는 놀라운 기록이 담겨 있다.

탐험은 서호주의 거점도시 퍼스(Perth)에서 시작되었다. 북쪽으로 2시간을 달려 피너클스(Pinnacles) 사막에 도착했다. 수천 개의 암석기둥이 솟아있는 풍경을 처음 마주했을 때의 충격은 대단했다. 마치 어느 외계행성에 와있는 듯한 착각에 빠졌다.

사막에 솟아 있는 암석기둥 하나하나를 피너클이라고 부른다. 석회암으로 이루어진 피너클은 큰 것은 높이가 3m에 이른다. 피너클이 어떻게 만

들어졌는지를 두고 의견이 분분하다. 가장 유력
한 이론은 이렇다. 먼저 수만 년에 걸쳐서 해
안선의 조개껍데기가 잘게 갈려 석회
가루로 변한다. 이 가루가 바닷바
람에 날려 내륙에 차곡차곡 쌓이면
서 두꺼운 퇴적층이 형성된다. 이 과정
은 암석기둥에 남아 있는 퇴적층의 층리
(bedding)에 잘 드러나 있다.

피너클 사막. 태양이 서쪽 하늘로 내려가면서
암석기둥이 긴 그림자를 만든다.

다음 단계로 퇴적층에 관목이 자라면서 뿌리를 내린다. 뿌리 주변은 토양 유기물에 의해 주변보다 약간 단단한 부위가 생긴다.

이런 상태에서 침식이 일어나면 단단한 부분이 모자암(cap rock)처럼 작용해서 그 아래의 석회암을 보호한다. 결국 모자암과 그 하부는 침식작용이 일어나더라도 잘 견뎌서 오래 남게 되고, 모자암 주변부는 더 쉽게 깎여나가면서 자연스럽게 기둥 모양을 만들어낸다.

피너클 석회암 기둥에 드러난 층리. 해안의 조개껍데기가 잘게 갈려서 석회가루가 되고 바람에 날려가다 다시 내려앉아 층층이 쌓였다.

이 지역의 피너클은 대체로 만들어진 지 수만 년밖에 안됐다. 일반적으로 지질학적 현상은 수천만 년에 걸쳐서 일어나지만, 이곳처럼 짧은 시간 동안 극적으로 변하는 경우도 있다.

피너클 암석기둥은 단단해 주변부보다 침식작용이 덜 일어난다.

사실 피너클스 사막이 제대로 모습을 드러낸 것은 1960년대다. 그 이전에는 피너클이 모래와 석회가루로 뒤덮여서 평범한 사막처럼 보였다. 더 흥미로운 사실은 피너클스 사막에서 6천 년 전 원주민이 사용하던 도구가 발견된 것이다. 아마도 이 지역은 여러 차례 모래에 뒤덮였다가 다시 드러나는 과정을 반복한 것으로 보인다.

지금처럼 비바람에 그대로 노출된 피너클은 시간이 흐르면 빗물에 녹고 바람에 깎여나갈 것이다. 하지만 너무 안타까워하지 않아도 된다. 땅속에 묻혀 있는 다른 피너클이 드러나면 우리 후손들은 더 멋진 광경을 볼 수 있을지도 모른다.

피너클처럼 특이한 모양의 석회암기둥은 조개껍데기와 식물 뿌리 덕분에 만들어질 수 있었다. 만약 생명 현상이 없었다면 이런 멋진 광경을 볼 수 없었을 것이다. 자연의 풍경은 생명과 함께 어우러지면서 서로 영향을 주고받는다. 자연과 생명의 밀접한 관계를 더 잘 이해한다면 우리 주변 풍경이 들려주는 이야기를 더 깊이 들을 수 있다.

피너클스 사막 서쪽 하늘로 태양이 나지막이 내려왔다. 붉게 물든 빛줄기가 피너클 하나하나에 닿았다. 수천 개의 피너클이 저마다의 모양으로 긴 그림자를 드리웠다. 그 풍경 속에 나의 그림자도 하나 보태졌다. 자연이 빚어낸 풍경 안으로 들어간 나 역시 자연의 일부가 되었다.

땅으로 향하는 생명의 발자국

피너클스 사막에서 멋진 탐험을 마무리하고 북쪽으로 4시간 정도 더 올라가 칼바리(Kalbarri) 국립공원에 도착했다. 이제부터 서호주에서만 경험할 수 있는 특별한 시간 여행이 시작되었다. 약 4억 년 전 고생대 실루리아(Silurian)기에 강 하구에서 퇴적된 사암층이 보란 듯이 모습을 드러냈다.

칼바리 국립공원 지역은 2천만 년 전부터 융기하고 있는데, 땅이 솟아나면서 물에 의한 침식작용이 활발히 일어났다. 강물이 갈라진 사암층을 깎아내면서 가파른 협곡이 만들어졌다. 강물이 만들어낸 협곡의 경사면과 바닥에는 4억 2천만 년 전 생명 현상이 생생하게 기록되어 있다. 그 가운데 몸집이 큰 동물이 최초로 육지에 올라온 사건은 가장 흥미롭다.

협곡이 내려다보이는 가장자리에 서서 주변을 둘러보았다. 잠시 생각을 가다듬고 먼 과거의 풍경을 떠올렸다. 지금부터 4억 2천만 년 전 내가 서 있는 이곳은 아마도 얕은 바다였을 것이다. 바닷물 속에는 '바다 전갈(sea scorpion)'이라고 부르는 에우립테리드(Eurypterid)가 살았다.

4억 2천만 년 전 에우립테리드가 남긴
발자국 화석(서호주 박물관).

에우립테리드는 아주 큰 것은 2m가 넘게 자랐으며, 바닷속 생태계 먹이 사슬의 가장 위쪽에 있었다. 그런데 에우립테리드 중 일부가 과감하게 육상 진출을 시도했다. 바다와 땅의 경계를 넘어서는 그들의 도전이 칼바리 국립 공원의 사암층에 발자국 화석을 남겼다.

새로운 환경을 찾아 나선 에우립테리드의 발걸음은 진화의 더 넓은 무대를 찾아냈다. 그 무대를 향한 생명의 도전은 계속되었고 수천만 년 후 데본 (Devonian)기에 우리의 직계 조상도 물을 벗어나 땅으로 올라올 수 있었다. 인류를 포함한 모든 사지동물(양서류, 조류, 파충류, 포유류)의 조상은 어류다. 2004년 캐나다 북부지역 엘즈미어 섬에서 어류와 육상동물의 중간으로 보이는 틱타알릭(Tiktaalik) 화석이 발견됐다. 이 화석을 통해 약 3억 8천만 년 전 데본기에 육상으로 올라온 동물의 진화 과정을 더 깊이 이해할 수 있을 것으로 보인다.

칼바리 국립공원의 협곡.
사암층이 깎여나가면서
가파른 협곡이 생겨났다.

실루리아기와 데본기에 걸쳐 이루어진 생명의 육상 진출 과정은 말 그대로 험난하고 위험한 도전이었다. 또한 지구의 생명체에 새로운 기회를 주었다. 이러한 과정에서 가장 중요한 역할을 한 것은 무엇일까? 그것은 바로 '산소'다.

지구 대기 중에 산소가 없었던 시기가 있었다. 이 시기에 태양에서 오는 강한 자외선은 지표면에 가차 없이 쏟아졌다. 자외선에 그대로 노출된 지구 표면은 생명이 살 수 없는 불모의 땅이었다. 하지만 바다는 예외였다. 자외선이 미치지 못하는 바닷속에서는 오래전부터 생명이 번성했다.

위쪽 틱타알릭 복원도
아래쪽 시카고 필드 박물관에 전시된 틱타알릭 화석

땅으로 쏟아지는 자외선의 위협으로부터 생명을 구해낸 주인공은 산소다. 대기 중의 산소 농도가 점점 높아지면서 오존(O_3)층이 생겨났다. 오존층은 산소 분자가 분리되었다가 다시 결합하는 과정에서 만들어진다. 오존이 성층권에 자리를 잡으면서 태양에서 오는 자외선을 막아줬다. 그리고 새로운 '진화의 문'이 열렸다. 자외선의 위협에서 벗어난 생명은 땅으로 발걸음을 내디뎠다. 단세포 생물, 식물, 동물의 순서로 육상 진출에 성공하면서 자신들의 터전을 만들어갔다.

웅장한 모습으로 굽이치는 협곡을 따라 잔잔히 흐르는 물에 눈길이 닿았다. 파란 하늘이 그 색감 그대로 내려와 있었다. 물길 따라 함께 흐르던 바람이 가볍게 얼굴을 스쳤다. 발걸음을 멈추고 심호흡을 했다. 깨끗한 산소가 몸 구석구석 퍼지는 느낌이 들면서 뜻깊은 생각이 떠올랐다.

'4억 2천만 년 전 이곳에서 에우립테리드가 땅을 향해 내디뎠던 첫걸음, 그 걸음에 정말 큰 도움을 준 것은 산소였어!'

아직 놓치지 말아야 할 질문이 있다. 앞서 말했듯이 원시 지구의 대기에는 산소가 전혀 없었다. 무엇이 산소를 만들어낸 것일까? 지구의 생명 진화 과정에 이토록 중요한 역할을 한 산소를 만들어낸 주인공은 누구일까? 우리는 다음 탐험지에서 가슴 벅찬 감동을 느끼며 그 주인공과 마주했다.

시아노박테리아와 스트로마톨라이트

칼바리에서 다시 북쪽으로 3시간을 달리면 세계자연유산으로 등재된 샤크베이(Shark bay)의 해멀린 풀(Hamelin Pool)에 다다른다. 이곳에는 살아 있는 스트로마톨라이트(Stromatolite) 군락이 있다. 스트로마톨라이트는 시아노박테리아(Cyanobacteria)라는 미생물이 만드는 암석이다. 시아노박테리아는 분비물로 주위에 생물막(biofilm)이라는 점액질의 보호막을 만든다. 주변 바닷물에 부유하는 작은 알갱이가 보호막에 퇴적되어 붙잡히고 탄산칼슘에 의해 접착된다. 이러한 과정을 통해 보호막은 석회암질의 얇고 딱딱한 구조물로 변한다. 이후에 새로 번식하는 시아노박테리아는 기존의 보호막 바깥에 자리를 잡는다. 결국 얇은 막 형태의 구조물이 층층이 쌓이면서 점차 두꺼워지고 암석화된 것이 스트로마톨라이트다.

해멀린 풀의 스트로마톨라이트는 주로 윗부분이 둥근 돔 형태다. 광합성

얇은 막 형태의 구조물이 층층이
쌓이면서 점차 두꺼워지고 암석
화된 것이 스트로마톨라이트다.

때문에 돔 형태가 됐다. 시아노박테리아는 물, 이산화탄소, 빛을 이용한 광
합성을 통해 생명 유지에 필요한 물질을 얻는다. 시아노박테리아가 만들어
내는 스트로마톨라이트는 바닷물 속에서 형성되면서 더 많은 빛을 얻기 위
해서는 위쪽으로 층을 만들어 가는 게 유리하다. 이 과정에서 스트로마톨라
이트는 자연스럽게 돔 형태를 이룬다.

자연을 이해하기 위해 무언가를 알아가는 과정에서 생각지도 못하게 깊
이 감동하는 경우가 있다. 알면 알수록 더 놀랍고 의미 있는 이야기를 들려
주는 생명체가 시아노박테리아다.

약 35억 년 전부터 존재한 것으로 보이는 시아노박테리아는 아름답고 정
교하게 작동하는 광합성을 통해 행성 지구에서 처음으로 산소를 만들어냈
다. 원시 지구에 많이 있었던 이산화탄소와 물 그리고 태양 빛을 이용해 지
구 생명체에 가장 중요한 산소를 만들어낸 것이다. 이렇게 등장한 산소는
먼저 바다에 축적됐다. 25억 년 전쯤에 이르러 바닷속 산소는 포화상태가
되었다. 다음 과정으로 산소가 바다 위로 새어 나오면서 대기 중의 산소 농
도는 서서히 높아졌다. 바로 이 현상 덕분에 자외선을 막아주는 오존층이

카나본

샤크베이

만의 입구

염도가 높은
해멀린 풀

샤크베이 지역의 염도가 높은 해멀린 풀에서는 스트로마톨라이트 군락을 볼 수 있다.

만들어졌고 산소는 지구 생태계 무대를 연출해 내는 데 있어서 정말 중요
한 역할을 해냈다.

시아노박테리아는 지금도 생물막을 만들어서 자신들의 보금자리를 꾸미
고 있다. 하지만 달팽이 같은 연체동물이 생물막을 먹이로 삼기 때문에 대
개 스트로마톨라이트까지 만들어내지 못한다. 그러나 염도가 높은 특수한

조건에서는 연체동물이 살기가 어려워 시아노박테리아가 만든 생물막이 잘 보호될 수 있다. 이런 환경에서는 스트로마톨라이트 역시 잘 만들어질 수 있다.

해멀린 풀은 현재 지구 상에서 스트로마톨라이트가 만들어지기에 가장 훌륭한 환경 조건을 갖추고 있다. 물론 다른 몇몇 곳에서도 스트로마톨라이트가 형성되고 있지만, 이곳만큼 대규모 군락이 자리 잡은 곳은 없다. 그 이유는 무엇일까?

1만 년 전 마지막 빙하기가 지나고 해수면이 조금씩 높아졌다. 5천 년 전 원래 육지였던 샤크베이로 바닷물이 차오르면서 만(bay)이 되었다. 그런데 신기하게도 만의 입구가 안쪽보다 지형이 조금 더 높았다. 다시 말해 만의 입구가 안쪽보다 수심이 더 낮았다. 추정컨대 5천 년 전 만의 입구는 수심이 2~3m에 불과했을 것이다. 이렇게 얕은 바다에는 햇빛이 잘 들어 광합성으로 살아가는 해초(sea grass)가 번성할 수 있다. 만의 입구에 해초가 빽빽이 들어차면서 바닷속에 숲이 만들어졌다. 해초 숲이 형성되면 그 일대에 모래가 점점 쌓인다. 현재는 쌓인 모래가 거의 해수면까지 닿아 있다. 여기까지의 과정을 이해하면 유독 해멀린 풀에서 스트로마톨라이트가 잘 자라는 이유를 알 수 있다.

만의 입구 쪽이 수심이 낮고 모래가 쌓여 둑 역할을 하면서 만의 안쪽으로 한 번 들어온 바닷물은 쉽게 빠져나가지 못했다. 게다가 이 지역의 낮은 강수량과 높은 일조량, 강한 바람은 바닷물을 점점 증발시켰다. 결국 해멀린 풀은 보통 바닷물보다 염도가 두 배나 높아졌다. 이런 특별한 환경 덕분에 1천 년 전부터 스트로마톨라이트가 해멀린 풀에서 자라나게 됐다.

3초의 호흡, 30억 년의 이야기

해멀린 풀에서 보는 스트로마톨라이트가 아주 오래된 것은 아니지만, 마음을 가다듬고 바라보면 30억 년 전 원시 지구의 풍경을 오롯이 느껴 볼 수 있다. 바닷가에 서서 몸을 살짝 비틀어 멀리 보이는 나무와 주변 사람들을 시야에서 사라지게 했다. 이제 눈에 보이는 것은 작렬하는 태양과 맑은 하늘, 푸른 바다 그리고 발아래 펼쳐져 있는 스트로마톨라이트가 전부다. 나의 시야에 들어온 정보에 온전히 몰입했다. 강한 햇살 때문이었을까. 잠깐 눈을 감았고 곧 시간을 잊었다. 아니 시간의 흐름을 거슬러 올라갔다.

다시 눈을 떴을 때 마치 타임머신을 탄 듯 나는 30억 년 전 원시 지구의 바닷가에 서 있었다. 길게 밀려오는 파도가 바닷가 스트로마톨라이트에 부딪히면서 하얗게 부서졌다. 그리고 단세포 생물인 시아노박테리아가 그려 내는 풍경과 마주했다. 강렬한 태양 빛은 바다에 쏟아지고 원시 지구의 풍부한 이산화탄소가 어우러졌다. 시아노박테리아는 그 빛과 물, 이산화탄소를 버무려 소중하고도 소중한 산소를 만들어냈다.

찰랑거리는 파도 소리를 들으면서 눈을 감고 깊고 긴 숨을 쉬었다. 얼마나 지났을까? 눈을 떴을 때 내 몸은 해멀린 풀의 바닷가로 다시 돌아와 있었다. 고요함 속에 묻혀 들릴 듯 말 듯한 내 숨소리에 가만히 귀를 기울였다. 숨 하나하나에 스며 있는 산소의 의미를 떠올렸다.

내가 들이마시고 내쉬는 숨 하나하나에 시아노박테리아가 만들어낸 수십억 년의 이야기가 담겨 있음을 새롭게 깨달았다. 내 몸의 모든 세포에 생명을 불어넣은 산소의 기원을 알아차린 순간이었다. 눈물이 났다. 살아오면서 얼마나 많은 숨을 쉬었던가. 이제 나를 존재하게 하는 가장 의미 있는 숨을 쉴 수

썰물에 해멀린 풀의 스트로마톨라이트 군락이
드러났다. 해멀린 풀에서 내 몸의 모든 세포에
생명을 불어넣은 산소의 기원을 알아차렸다.

있게 되었다. 3초의 호흡에 30억 년의 경이로운 산소 이야기가 담겨 있었다.

필바라에서 만난 시생대의 풍경

샤크베이에서 1000km 정도를 달리면 서호주 북부에 있는 '필바라 (Pilbara)'에 도착한다. 필바라 지역은 초기 지구의 대륙괴가 남아 있는 곳이며 30억 년 전의 시생대(Archean Eon : 40억~25억 년 전 지질시대) 지층이 잘 드러나 있다. 필바라에서 화산 활동과 관련이 있는 마블바(Marble Bar), 엄청난 압력을 견뎌낸 변성암 그린스톤(Greenstone) 등 여러 가지 흥미로운 시생대 지질 현상을 만났다.

그 가운데서도 가장 눈길을 끈 것은 스트로마톨라이트 화석이다. 일반적으로 물속에서 탄산염이 석회암으로 퇴적될 때는 편평하게 쌓인다. 하지만 앞서 살펴보았듯이 살아 있는 시아노박테리아는 햇빛을 더 잘 받기 위해 위쪽으로 층을 만들어가며 자라는 특성이 있으며, 이 과정에서 스트로마톨라이트는 둥그런 돔 모양을 이루거나 물결무늬를 띤다.

30억 년에 이르는 긴 역사를 지닌 필바라의 스트로마톨라이트 화석을 살펴보면서 당시 생명의 무대를 장식했던 먼 조상의 이야기를 들을 수 있었다. 스트로마톨라이트를 꾸며낸 시아노박테리아는 광합성을 하는 과정에서 산소를 만들어냈다. 그 산소는 행성 지구에서 새로운 생명 진화 과정의 문을 열었다. 그런데 여기서 눈여겨볼 것이 있다. 시아노박테리아가 만들어낸 산소 자체는 굉장히 강한 화학 반응력을 가지고 있다는 점이다. 당시 다른 생명체 입장에서 보면 산소는 아주 위험하고 다루기 힘든 기체였

1 35억 년 전 바닷속에서 화산가루가 켜켜이 쌓인 후 단단히 굳어 암석이 되었다. 그 후 측면의 압력에 의해 심하게 기울어진 지층이 되었다. 대리석(marble)처럼 보인다고 해 '마블바'라고 부른다. 이런 형태의 지층이 100km 이상 이어져 있다.

2 35억 년 전 편평하게 쌓인 현무암이 오랜 기간 사방에서 밀려드는 압력을 받아 수직 기둥 형태를 이루었다. 고온 고압의 영향으로 암석을 이루는 광물이 재배열된 것을 변성암이라고 한다. 시생대에서 녹색을 띠는 변성암대를 '그린스톤 벨트'라고 부른다. 지표로 드러난 후 공기 중의 산소에 의해 산화되어 외부가 붉은색을 띤다.

3 26억 년 전 소행성 충돌로 깨진 암석 조각이 쓰나미에 밀려와서 퇴적된 '각력암(Breccia)'이다.

4 33억 년 전 관입된 화강암이 전단력(shearing force : 물체 안에 양쪽 역방향으로 어긋나도록 작용하는 힘)에 의해 변성된 편마암(Gneiss)으로 줄무늬가 특징이다. 아주 오래된 대륙괴에서 흔히 보인다.

다. 산소의 강한 반응력을 적절히 제어하고 활용할 수 있는 방법을 찾아야 했다. 그리고 마침내 호기성세균(aerobic bacteria)이 등장하여 산소를 이용해서 생명 활동에 도움을 주는 에너지를 만드는 방법을 찾아냈다. 바로 '세포 호흡'이다. 이후 산소를 매개로 하여 시아노박테리아와 호기성세균은 서로 조화를 이루면서 지구의 생명 시스템이 꾸며지는 데 아주 중요한 역할을 했다. 시아노박테리아와 호기성세균의 어울림은 생명의 진화 과정에 영향을 주면서 지구의 풍경을 그려나갔다. 생명이 지구 환경을 바꾸고, 그 환경은 다시 생명의 진화에 영향을 끼친 셈이다. 산소를 통해 생명과 지구 환경의 관계를 새롭게 해석해 보는 것은 무척 흥미로운 일이다.

우리의 다음 탐험지는 25억 년 전 풍경을 간직하고 있는 곳이다. 그 풍경

속에서 시아노박테리아가 만들어낸 산소의 또 다른 흔적을 만날 수 있었다.

산소와 호상철광층

카리지니(Karijini) 국립공원은 필바라 지역 남쪽에 있다. 이곳에서 25억 년 전에 쌓인 호상철광층(BIF ; Banded Iron Formation)을 생생하게 볼 수 있었다. 카리지니의 호상철광층은 바닷속에서 3억 년에 걸쳐 쌓인 다음 20억여 년을 땅 밑에 있었다. 그런데 지질학적으로 보면 최근이라고 할 수 있는 2000만 년 전부터 이곳의 호상철광층이 융기하고 있다.

융기 현상으로 땅이 솟아나고 높아지면 물에 의한 침식작용이 잘 일어나기 마련이다. 호상철광층은 아주 단단하므로 위층부터 깎이지 않고 기존에 있던 좁은 균열이 물에 의해 조금씩 벌어지는 방식으로 깎여 나간다. 그 결과 좁고 깊은 협곡이 생긴다. 카리지니 국립공원의 협곡은 칼바리 국립공원의 협곡과는 비교도 안 되게 가파르다. 칼바리의 사암층보다 카리지니의 철광층이 훨씬 단단하기 때문이다.

호상철광층을 이루는 철은 어떻게 자리를 잡은 것일까? 25억 년 전에는 지금보다 바다가 훨씬 넓었고 해저 화산도 많았다. 해저 화산이 활발하게 활동하면서 지구 내부의 철이 바닷속으로 흘러나왔다. 바닷물에 산소가 없다면 철은 물에 녹은 상태로 있게 된다. 하지만 시아노박테리아가 광합성 작용으로 산소를 만들어냈고 철은 산소와 결합해서 산화철 형태로 바다 밑에 가라앉았다.

해저 화산 활동이 활발하면 더 많은 산화철이 퇴적되었고, 반대로 화산활동이 잠잠할 때는 규산염이 퇴적되었다. 해저 화산의 활동 정도에 따라 검붉은 산화철층과 밝은 규산염층이 시루떡처럼 번갈아 나타나는 호상철광층이 만들어진 것이다.

25억 년 전 바닷속에서 비롯된 서호주의 철광석은 순도가 높기로 유명하다. 여러 나라의 대규모 제철소는 서호주에서 채굴한 철광석을 용광로에 녹여 다양한 철강제품을 만들고 있다.

깎아지른 듯 가파른 카리지니 협곡은 깊이가 100m에 달한다. 호상철광층에 생긴 작은 균열이 물에 의해 넓어진 후, 아래쪽의 약한 부분이 먼저 깎여 나가면 위에 있던 암석이 떨어지는 과정을 반복하면서 균열이 넓어진다.

호상철광층. 검붉게 보이는 띠가 산화철로, 25억 년 전 바닷속에 산소가 많았다는 강력한 증거다.

이 글을 읽는 독자들이 앉아있는 의자의 쇠붙이, 밥을 먹을 때 사용한 숟가락, 오늘 탔던 차량의 강판은 대부분 서호주 철광석을 수입해서 만든 것이다. 철은 일상생활에 늘 쓰이는 물질이다. 그 철이 어디서 온 것인지 곰곰이 되짚어보면 25억 년 전 바닷속의 철광층과 만나게 된다. 그리고 그 철광층의 기원은 35억 년 전부터 산소를 만들어낸 시아노박테리아와 연결된다.

미토콘드리아와 엽록체

지구에 처음 출현한 생명체는 하나의 세포로 된 단세포 원핵생물이다. 시아노박테리아 역시 단세포 원핵생물이다. 원핵생물은 세포의 구조가 단순하다. 가장 큰 특징은 유전 물질인 DNA를 다른 세포질과 분리하는 핵막이 없다는 것이다. 또한 소포체, 골지체와 같은 내부 구조가 없으며 세포 골격을 갖추지 않아 세포의 형태를 바꾸기가 어렵다.

세포 공생과 관련해 지구 생명의 역사에서 가장 극적인 사건은 진핵생물의 출현이다. 지금으로부터 21억 년 전 단세포 진핵생물이 지구에 출현했다. 진핵생물은 원핵생물과 달리 세포의 형태를 자유롭게 바꿀 수 있고, 내부를 잘 지탱하는 세포 골격을 갖추었다. 이를 바탕으로 단세포 진핵생물은 정말 놀랍고 뛰어나고 혁신적인 진화의 방향을 선택했다. 단세포 진핵생물은 호기성세균(산소가 있어야만 살 수 있는 세균)과 시아노박테리아를 세포 안으로 삼킨 다음 분해하여 흡수하는 대신 서로 함께 살아가는 공생의 길을 선택하게 된다. 결국 새로운 진화의 길이 열렸다. 단세포 진행생물 내부에서 호기성세균은 세포 호흡을 하는 '미토콘드리아'로, 시아노박테리아는 광합성을 하는 '엽록체'로 진화하여 자리를 잡았다.

　단세포 진핵생물은 새롭게 펼쳐진 진화의 무대에서 섬세하게 조직된 변화의 춤을 보여주었다. 세포들은 서로 협력하고 역할을 나누는 방법을 배워 나갔다. 세포들의 조화로운 어울림이 지속되었고, 15억 년 전 마침내 다세포 생물의 출현을 이끌어냈다. 인간을 비롯한 모든 다세포 동물의 세포 속에는 미토콘드리아가 들어 있다. 산과 들을 녹색으로 물들이는 모든 식물의 세포 속에는 엽록체가 들어 있다. 식물의 엽록체가 만든 산소는 동물의 미토콘드리아에 생명의 호흡을 선물한다.

　현재 지구 상의 거의 모든 생명체는 산소를 이용한 세포 호흡을 통해 에너지를 얻고 있다. 행성 지구에서 이루어지는 생명 진화 과정에 산소가 얼마나 중요한 역할을 하는지 다시 한 번 느낄 수 있었다. 그 경이로운 과정의

시작점을 잘 추적해보면 결국 시아노박테리아와 만나게 된다.

　5000km 넘게 이어진 우리의 여정이 막바지에 이르렀다. 서호주의 광활한 대지 위로 끝없이 펼쳐진 길 위를 달리다가 무심코 차를 세웠다. 슬며시 자동차 문을 열고 나와 메마른 땅을 몇 걸음 걸었다. 키 작은 나무 서너 그루가 모여 있는 곳에 눈길이 갔다. 맑은 햇살 아래 푸른 나뭇잎이 살랑이는 바람에 맞춰 춤을 춘다.

　나뭇잎의 춤사위에서 30억 년보다 오래된 이야기가 흘러나오는 것 같다. 30억 년 전 시아노박테리아가 그랬듯이 푸른 나뭇잎 속 엽록체는 지금 이 순간에도 내 눈앞에서 광합성을 하며 산소를 만들어내고 있다. 가장 고마운 마음으로, 가장 깊은 감동을 느끼면서 큰 숨을 쉬었다. 나뭇잎이 전해주는 맑고 깨끗한 산소가 내 몸으로 들어왔다.

세상에서 가장 어두운 밤하늘을 만날 수 있는 곳,
문명의 불빛이 전혀 비치지 않는 곳.
절대 어둠의 공간에서 내 몸의 모든 감각이
오로지 별빛에 둘러싸인다면 어떤 생각이 흐를까?
단 한 번도 경험하지 못한 깊은 울림이
온몸에서 일어날지 모른다.

은하가 그려내는
우주의 구조

30억 년의 땅,
필바라에서 떠나는 우주 여행

필바라는 행성 지구에서 가장 깊은 우주 공간을 만날 수 있는 곳이다. 인도양과 마주하는 서호주 해안의 대표 도시 퍼스에서 북쪽으로 약 1500km 올라가면 필바라 지역이 나타난다. 이 지역은 30억 년 전 지층이 온전히 보존되어 있어서 지질학자들이 성지처럼 여기는 곳이다. 메마르고 황량해 보이는 낮 풍경 속에는 지구의 초기 역사를 생생하게 보여주는 흔적이 곳곳에 숨어 있다. 필바라의 낮이 지질학자의 천국이라면, 필바라의 밤은 별을 보는 이들의 오랜 꿈이 실현되는 무대다.

필바라의 5월은 우주를 탐험하기에 참 좋다. 남반구에 겨울이 찾아오기 전이며 깊은 밤에도 그리 춥지 않아 별을 관찰하기에 적당하다. 무엇보다 좋은 점은 은하수를 가장 짙게 볼 수 있다는 것이다. 우리은하의 중심 방향이 자정 무렵 머리 위 하늘 높은 곳에 걸린다. 그래서 우리은하를 가장 깊숙이, 또 가장 넓게 만날 수 있다. 그뿐만 아니라 저녁에는 우리은하의 북극(North Galactic Pole), 새벽에는 우리은하의 남극(South Galactic Pole)을 볼 수 있다. 우리은하의 북극과 남극은 은하수의 영향을 덜 받기 때문에 먼 우주를 바라볼 수 있는 '우주의 창문'과 같다.

별빛 내리는 밤을 기다리며 천체망원경을 설치하는 시간은 늘 설렌다. 필바라의 30억 년 된 지층 위에 망원경을 올려놓을 때는 설렘의 정도가 훨씬 강렬했다. 흥분된 마음을 가라앉히며 하늘을 바라보았다. 시선이 길게 내달린 후에야 지평선에 걸려있는 태양이 보였다. 가장 가까운 별, 우리의 태양이 서슴없이 지평선 아래로 뚝 떨어졌다. 기다렸다는 듯이 어둠이 내리고 여기저기 별이 깨어났다. 어둠이 깊어지면서 길게 이어지는 은하수가 조금씩 하늘로 올라왔다. 태양이 가라앉은 서쪽 지평선 가까운 곳에서는 여리디여린 빛의 기둥이 솟아났다. 바로 황도광이다.

황도광은 황도를 중심으로 흩어져 있는 작은 입자들이 태양 빛을 산란시키면서 생겨난다. 황도광의 스펙트럼을 조사해 보면 태양의 스펙트럼과 일치한다. 황도광을 만드는 입자는 소행성 충돌의 파편이거나 혜성 핵에서 떨어져 나온 고체 알갱이로 크기는 약 1mm 정도다. 그 알갱이들은 태양을 중심으로 하는 행성 궤도면에 넓게 퍼져 있다. 태양계 행성들을 만들고 남은 부스러기인 셈이다. 30억 년 전에 생겨난 지층을 밟고 서서 밤하늘에 흩뿌려진 태양계 46억 년의 희미한 흔적과 마주하고 있자니, 시간의 흐름이 아득하게 다가왔다.

황도광에 마음을 빼앗긴 사이에 은하수는 점점 화려해졌다. 은하수에 수놓아진 별을 따라 암흑성운의 검은 얼룩들이 드문드문 이어졌다. 은하수와 함께 흐르는 암흑성운들은 대개 수백 광년 떨어져 있으며 상대적으로 가까

칠레 파라날 천문대에서 촬영한 은하수와 황도광. 사진 오른쪽에 비스듬히 솟아오른 것이 황도광이다. 서호주 에서도 이와 비슷한 형태의 황도광을 볼 수 있다.

운 곳에 있다. 암흑성운이 검고 어둡게 보이는 것은 그 너머에서 오는 별빛을 가로막기 때문이다.

길게 하늘을 가로지르는 은하수를 바라보며, 지름 10만 광년의 우리은하 모습을 상상해 보았다. 사실 은하수는 둥근 원반 형태의 우리은하를 지구에서 바라본 모습이다. 우리은하에는 여러 개의 나선팔이 소용돌이 모양으로 휘감겨있다. 지구는 상대적으로 작은 규모의 오리온 팔 안에 자리를 잡고 있다. 밤하늘의 별자리를 이루는 별들은 대부분 오리온 팔에 속하는 별이다. 그리고 지구와 가까운 곳에 분포하는 오리온 팔의 암흑성운들은 더 멀리 있는 별들과 겹쳐져서 은하수에 나타난다.

수십억 년의 어울림

망원경을 천천히 움직이며 우리은하 이웃 풍경과 만났다. 첫 번째로 들른 곳은 대마젤란은하다. 은하의 중앙에 막대 구조가 있는 것으로 보아 과거에는 막대나선은하였을 가능성이 있다. 아마도 우리은하와 소마젤란은하의 중력 영향으로 모양이 불규칙하게 변한 것으로 보인다.

천체망원경의 배율을 높여가며 대마젤란은하 구석구석을 여행했다. 16만 광년 거리에 있다는 것이 무색할 만큼 은하 속의 성운, 성단들이 세세한 아름다움을 드러냈다. 놀랍도록 멋진 광경에 감탄을 거듭하다 보니 한 시간이 훌쩍 지났다. 흥분에 찬 탄성이 절로 나왔다. "와! 1시간 동안 지름이 1만 4천 광년이나 되는 은하를 모두 둘러보았어!"

사실 대마젤란은하와 소마젤란은하는 맨눈으로 보면 희미한 구름 덩

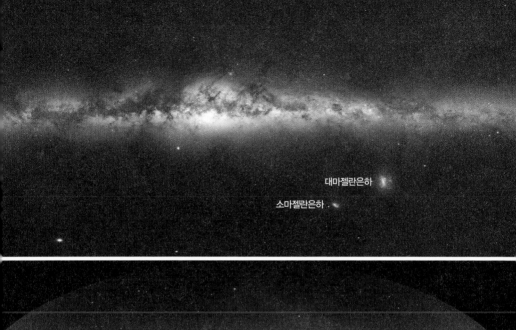

대마젤란은하
소마젤란은하

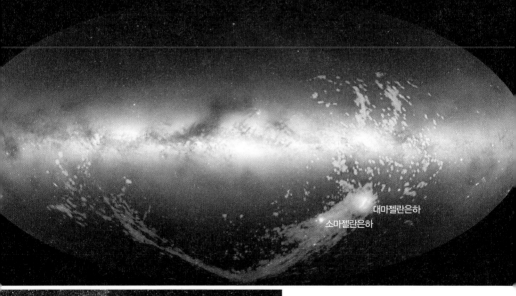

대마젤란은하
소마젤란은하

위쪽 은하수를 360도 촬영하여 펼쳐낸 모습이다. 오른쪽 아래에 대마젤란은하와 소마젤란은하가 보인다.

아래쪽 대마젤란은하와 소마젤란은하는 우리은하 주위를 돌면서 서로 간의 중력 영향으로 가스로 이루어진 긴 꼬리 구조를 만들었다.

왼쪽 대마젤란은하 속에 있는 성단과 붉은빛의 성운이 아름답게 보인다.

127

어리처럼 보인다. 만약 눈으로 보이지 않는 부분까지 떠올린다면 더 깊은 감동을 느낄 수 있다. 두 은하는 가스로 이루어진 마젤란 다리(Magellanic Bridge)로 연결되어 있다. 또한 소마젤란은하 뒤쪽으로 가스의 흐름(Magellanic Stream)이 길게 이어져 있다. 왜 이런 것이 생겨났을까? 그 기원은 25억 년 전으로 거슬러 올라간다. 당시 두 은하는 서로 충돌할 뻔했는데, 그 영향으로 가스의 흐름이 만들어졌다. 그 후에 두 은하가 우리은하에 다가오면서 중력의 영향을 받아 가스의 길이가 더 길어진 것으로 보인다. 대마젤란은하와 소마젤란은하는 지금도 아주 느린 속도지만 우리은하 주위를 천천히 돌고 있다. 앞으로 수십억 년 뒤에 우리은하와 충돌하고 합쳐질 가능성이 있다.

다시 하늘을 바라보았다. 우리은하와 대마젤란은하, 소마젤란은하를 새롭게 눈동자에 담았다. 과거 수십억 년 동안 이어져 온, 또 앞으로 수십억 년 동안 이어질 은하들의 어울림이 웅장하게 그려졌다.

우리 시각의 한계를 넘어서서 더 멀리 바라본다면, 우리은하와 주변 왜소은하들이 함께 참여하는 춤의 무대를 더 넓게 만날 수 있다. 지름 천만 광년의 공간을 살펴보면 우리은하, 안드로메다은하와 더불어 왜소은하 50여 개가 함께 어울린다.

이번 서호주 별빛 탐험에서 중요하게 생각한 목표는 우리은하 주변의 왜소은하를 가능한 한 많이 관찰하는 것이었다. 천문학자들은 최근 왜소은하 관측에 큰 관심과 노력을 기울이고 있다. 지금까지 밝혀진 내용을 보면 왜소은하는 초기우주에 등장한 것으로 보인다. 빅뱅 이후 처음 별이 생겨나고 얼마 지나지 않은 시기에 왜소은하가 먼저 만들어졌다. 그 후에 왜소은하들이 서로 충돌하고 합쳐지는 과정을 거치면서 좀 더 큰 규모의 은하가 나타났다. 우리은하도 이러한 과정을 통해 지금과 같은 덩치를 갖게 된 것으로 보인다. 아직 충돌하지 않고 살아남은 왜소은하들은 여전히 우리은하와 안드로메다은하 주위를 맴돌고 있다. 더 먼 우주로 시야를 넓혀 본다면 우리은하와 비슷한 형태의 은하들은 대부분 왜소은하를 여럿 거느리고 있을 것이다.

필바라의 어두운 밤하늘에서 여러 날 동안 천체망원경과 씨름해야 했다. 우리은하 주변 왜소은하들의 모습을 관측하기는 쉽지 않았다. 온몸을 집중해서 관찰해야 겨우 보이는 희미한 빛 뭉치였기 때문이다. 하지만 즐겁고 흥분되는 시간이기도 했다. 이들 왜소은하의 나이는 대부분 100억 년을 훌쩍 넘긴다. 그리고 초기우주 모습을 밝혀내는 비밀을 지니고 있다. 가장 가까이 있는 왜소은하들이, 가장 먼 과거의 우주 이야기를 들려줄 수 있다는 사실이 흥미롭기만 했다.

은하수를 지우고 은하단을 만나다

밤하늘을 길게 가로지르는 은하수가 화려한 별빛을 쏟아낼 때, 진정으로 우리은하의 거대함과 마주하게 된다. 그 풍경을 찬찬히 바라보노라면 예상치 못한 생각이 떠오른다. 그것은 바로 '우리은하라는 커다란 집에 나의 시야가 갇혀 있다'는 것이다. 더 멀리 펼쳐져 있는 우주 공간이 우리은하의 별들에 의해 가로막혀 있는 느낌이다. 우주적인 답답함이랄까? 반짝이는 별들에 시선을 빼앗기다 보면 우리은하 너머의 풍경을 제대로 볼 수 없다.

어찌해야 할까? 방법은 단 하나, 은하수 즉 우리은하를 시야에서 지워버

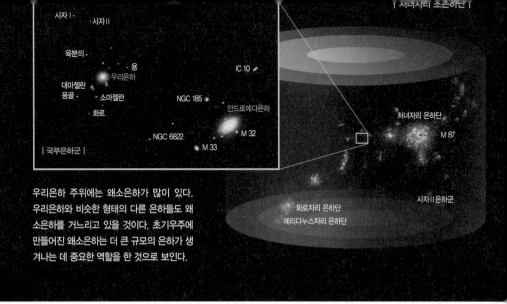

사자 I · ·사자 II

육분의·

·용
·우리은하   IC 10

대마젤란
용골·   ·소마젤란   NGC 185
·화로   ·안드로메다은하

                                              처녀자리 은하단
                                              · M 87
· NGC 6822   · M 32

| 국부은하군 | · M 33

                                                        사자 II 은하군

                              화로자리 은하단
                              에리다누스자리 은하단

우리은하 주위에는 왜소은하가 많이 있다.
우리은하와 비슷한 형태의 다른 은하들도 왜
소은하를 거느리고 있을 것이다. 초기우주에
만들어진 왜소은하는 더 큰 규모의 은하가 생
겨나는 데 중요한 역할을 한 것으로 보인다.

리는 것이다. 물론 실제로 사라지게 할 수는 없으니, 은하수의 별이 보이지
않고 투명하다고 여기는 것이다. 그런 식으로 밤하늘에서 우리은하의 별들
을 모두 없애고 나면 비로소 우리은하 너머의 풍경이 눈앞에 펼쳐진다. 더
거대하고 더 웅장한 우주의 풍경과 만나게 된다. 외부은하들이 꾸며내는 우
주의 구조가 보이기 시작하고 은하들이 서로 모여 있는 은하단이 그려진다.

먼저 눈길을 끄는 것은 처녀자리 초은하단이다. 우리은하가 속해 있
는 처녀자리 초은하단의 모양은 길고 넓적하다. 장축이 1억 광년, 단
축이 1000~2000광년, 두께는 300만 광년 정도다. 이러한 편평한 형태
(Supergalactic Plane) 안에 전체 은하의 2/3가 모여 있고, 나머지 1/3은 그 주
위에 구 모양으로 퍼져 있다. 실제로 밤하늘에서 처녀자리 초은하단을 바
라보면 처녀자리, 머리털자리, 큰곰자리 방향을 따라가며 수천 개의 은하가
길쭉하게 분포한다. 이 사실을 알고 밤하늘을 바라보면 수많은 은하가 모여

길게 이어지는 '진짜 은하수'를 그려 볼 수 있다.

우주의 거대 구조를 응시하다

처녀자리 초은하단의 중심부에 망원경을 맞추었다. 거대 타원은하 M 87의 웅장한 모습이 나타났다. 지름은 우리은하와 비슷하지만 구 모양을 하고 있어 질량이 훨씬 크다. 은하단 중심부에서는 중력에 이끌려 몰려든 은하들의 충돌 현상이 자주 일어난다. 은하가 충돌하고 합쳐지는 과정에서 질량이 큰 거대 타원은하들이 만들어지고 자연스럽게 은하단 중심에 자리를 잡는다. M 87도 그런 과정을 거친 거대 타원은하다.

M 87의 중심에는 태양 질량 30억 배에 이르는 블랙홀이 있다. 이 엄청난 블랙홀로 빨려 들어가던 물질 중 일부는 블랙홀 주변 자기장의 영향으로 생긴 제트(jet)를 통해 빠져나온다. 5000광년에 이르는 제트의 길이는 은하 중심에 있는 블랙홀의 규모를 짐작하게 한다. M 87을 관찰하면서 과거 수십억 년 동안 이 거대 타원은하를 만들어내기 위해 충돌하고 합쳐졌을 여러 은하의 모습을 상상해보았다.

망원경을 돌려가면서 처녀자리 초은하단과 함께 어우러져 있는 은하단들을 차례차례 관찰했다. 은하단을 이루는 수천 개 이상의 은하를 모두 볼 수는 없어서 초은하단 중심에 자리 잡은 거대 타원은하들을 주로 관찰했다. 이들 거대 타원은하는 대부분 아벨 목록(Abell Catalogue)에 속한다. 아벨 목록은 유명한 은하단 목록으로 4073개의 은하단이 포함되어 있다.

바다뱀자리 초은하단(Hydra Supercluster)의 중심은 약 1억 6천만 광년 거

M 87 타원은하. 지름 12만 광년의 거대 타원은
하다. 은하 중심에 있는 블랙홀 둘레의 원반에
서 5000광년 길이의 제트가 뻗어 나오고 있다.

리에 있는 Abell 1060이다. 켄타우루스자리 초은하단(Centaurus Supercluster)은 1억 4천만 광년 거리에 있는 Abell 3526을 중심으로 길게 이어진다. 수억 광년 떨어진 우주 공간에서 멀찍이 바라본다면 처녀자리 초은하단과 바다뱀자리 초은하단이 켄타우루스자리 초은하단에 부속물처럼 붙어 있는 것으로 보인다. 남반구 별자리 이름이 붙은 공작-인도인자리 초은하단(Pavo-Indus Supercluster)의 중심에는 Abell 3742가 있으며 거리는 2억 1천만 광년이다.

은하단을 나누는 기준은 일반적으로 우주 공간에 은하들이 분포하는 위치에 따라 정해진다. 최근에는 은하 관측 자료가 정교해지면서 은하단을 이루는 은하들의 상대적인 운동 속도를 더 정확하게 측정할 수 있게 되었다. 이를 바탕으로 초은하단의 움직임을 새롭게 분석할 수 있다.

천문학자들의 연구에 따르면 위에 열거한 초은하단들(처녀자리, 바다뱀자리, 켄타우루스자리, 공작-인도인자리 초은하단)이 모두 '거대한 끌개(Great Attractor)'라는 이름이 붙은 Abell 3627 방향으로 움직인다는 사실이 밝혀졌다. 이렇게 함께 움직이는 초은하단의 무리를 새롭게 묶어서 '라니아케아 초은하단(Laniakea Supercluster)'이라는 이름을 붙여주었다.

조심스럽게 천체망원경을 움직였다. 목표는 2억 2천만 광년 거리의 Abell 3627이다. 과연 보일까? 숨을 죽이고 찬찬히 망원경을 응시했다. 그 순간 2억 2천만 년을 여행해온 빛이 눈동자에 와 닿았다. 여리고 희미한 빛을 내

| 초은하단이 그려내는 우주의 거대 구조 |

공작-인도인자리 초은하단
켄타우루스자리 초은하단
처녀자리 초은하단
머리털자리 초은하단
바다뱀자리 초은하단

는 은하들이 모습을 드러냈다. 바로 이곳이 여러 개의 초은하단을 아우르고 있는 라니아케아 초은하단의 중심 지역이다. 우리은하가 속해 있는 처녀자리 초은하단도 이곳을 향해 달려가고 있다. 마침내 우리를 에워싸는 수억 광년 우주의 구조와 만났다.

　망원경에서 눈을 떼고 바닥에 누워 하늘을 바라보았다. 떨리는 마음을 가다듬으면서 밤사이 여행했던 은하들을 하나하나 되짚어보았다. 초은하단이 서로 연결되어 만들어내는 우주의 장엄한 모습이 눈앞에 펼쳐졌다. 빅뱅 이후 최초의 별이 생기고, 별로 이루어진 은하가 생겨나고, 우주가 팽창하는 중에도 은하들은 서로 연결되어 거대 구조를 만들었다. 생각하면 할수록 경이로웠다. 살며시 눈을 감고, 별과 은하가 어우러진 아름다운 우주를 그려낸 주인공들을 떠올려 보았다. 우주의 시공에 스며 있는 암흑물질과 암흑에

너지 그리고 중력이, 끝없이 펼쳐진 우주
의 무대에서 함께 춤을 추고 있었다.

서호주 필바라에서 시작한 탐험은 행성
지구를 출발하여 우리은하를 지나고, 처녀
자리 초은하단 너머 수억 광년의 시공간을
아우르며, 라니아케아 초은하단까지 만나
는 우주 대탐험이었다. 탐험의 마지막 순
간에 우리 눈동자에 담긴 것은 138억 년
우주의 역사가 그려내는 가장 아름다운 풍
경이었다. 그리고 그 풍경 속에 어우러져
있는 우리의 모습이었다.

1 Abell 1060은 1억 6천만 광년 떨어진 바다뱀자리 초은하
단의 중심에 있다.
2 Abell 3526. 켄타우루스자리 초은하단의 중심에 있으며
1억 4천만 광년 떨어져 있다.
3 Abell 3742. 공작-인도인자리 초은하단의 중심에 자리 잡
고 있다. 거리는 2억 1천만 광년이다.
4 Abell 3627. 라니아케아 초은하단의 중심에 있다. 우리은
하 면에 가려져 있기 때문에 관찰하기가 쉽지 않다.

2.

3.

4.

2부

Across the Universe

아름다운
우주의 풍경

새로운 탐험이 시작된다. 138억 년 우주 역사의 시공간을 아우르는 탐험이다. 아름다운 우주의 풍경 속에 담겨 있는 또 다른 나를 발견하는 여행이다. 우주가 그려내는 한 장면 한 장면이 흥미로운 이야기를 들려준다.

첫 풍경으로 '138억 년 우주의 역사'와 만난다. 우주의 시작은 물질, 에너지와 어우러진 시공간을 만들어냈다. 자연의 법칙이 연주되는 가운데 우주를 장식하는 풍경이 하나 둘 그려졌다. 태초의 별이 생겨나고, 은하의 소용돌이가 나타났다. 우리은하 변방의 나선팔에서 모습을 드러낸 지구는 생명 진화 과정에서 인류의 등장을 이끌어냈다. 우리가 밤하늘 풍경에 매료되는 것은 우리 몸을 이루는 원자 대부분이 별에서 잉태되었기 때문이다. 별 부스러기들이 모여 행성 지구를 이루고, 돌과 흙이 되고, 씨앗을 싹틔워 곡식이 되고, 우리 몸의 세포로 자리 잡는다. 우리 모두에게 138억 년 우주의 역사가 아로새겨져 있음을 알게 될 것이다.

이어지는 풍경들은 '별빛 헤아리는 밤하늘'로 꾸며진다. 별이 빛나는 밤에 하늘로 향하는 우리의 발걸음을 가볍게 해준다. 세상에서 가장 크고, 오래되고, 아름다운 우주 미술관으로 초대한다. 우리 눈동자는 별빛 가득한 작품들을 바라보게 된다. 우주를 이해하기 위해 인간이 발명한 가장 멋지고 훌륭한 도구, '천체망원경'으로 관찰하는 우주는 놀라운 풍경을 보여준다.

다음으로 가장 가까운 이웃 '태양계의 천체'를 하나하나 살펴본다. 8개의 행성과 위성이 펼쳐내는 다양한 환경은 우리의 상상력을 더 풍성하게 만든다. 46억 년 태양계 역사의 비밀을 숨기고 있는 소행성, 긴 꼬리를 드리우며 우주 공간을 방랑하는 혜성, 눈 깜짝할 사이에 화려한 빛줄기를 선사하는 별똥별, 그리고 생명을 보듬은 푸른 행성 지구와 만난다.

마지막으로 '팽창하는 우주가 만들어낸 풍경'과 함께한다. 은하 내부에서 별이 태어나 자라고 사라지며 다양한 성운과 성단, 블랙홀의 이야기가 펼쳐진다. 거미줄처럼 연결된 초은하단은 웅장하고 아름다운 작품이 되어 우주의 구조를 귀띔해 준다. 우주 탐험을 통해 만났던 수많은 풍경 속에서 가장 빛나는 존재를 비로소 알아차리게 될 것이다.

우주 일부로서 출현한 인류는 자연과학을 통해

138억 년 우주의 역사를 밝혀내고 있다.

한 걸음 한 걸음 우주를 이해하는 길을 걸어갈 때

나는 가장 기쁘고 행복하다.

시간과 공간을 가로지르며

아름다운 우주의 풍경에 스며들 수 있기 때문이다.

138억 년
우주의 역사

우주의 첫 풍경

플랑크 시간은 '10^{-43}초'다. 인간의 감각으로는 상상하기 어려울 만큼 짧다. 플랑크 시간은 광자가 빛의 속도로 플랑크 길이(1.616×10^{-35}m)를 지나간 시간 이다. 물리적으로 의미가 있는, 측정할 수 있는 최소 시간 단위다. 우주가 시 작되고 10^{-43}초에 이르기까지의 시간을 '플랑크 시대'라고 한다.

플랑크 시대에 우주의 크기는 말할 수 없이 작았다. 양자역학은 지극히 작은 공간에서 양자요동(Quantum Fluctuation : 물질 분포의 미세한 변이)이 일어 난다고 알려준다. 그리고 이러한 양자요동에 일반상대성 이론의 중력장을 적용하면 시공간은 무작위로 휘어지며 우리가 이해할 수 없는 상황이 벌어 진다. 결국 플랑크 시대에 우주가 어떤 상태였는지, 무슨 일이 있었는지는 지금 우리가 가진 물리학 이론으로는 제대로 설명할 수 없다.

플랑크 시대의 우주를 이해하는 데 도움을 줄 수 있는 물리학의 연구 분 야가 '양자중력(Quantum Gravity)'이다. 양자중력이론은 중력의 상호작용을

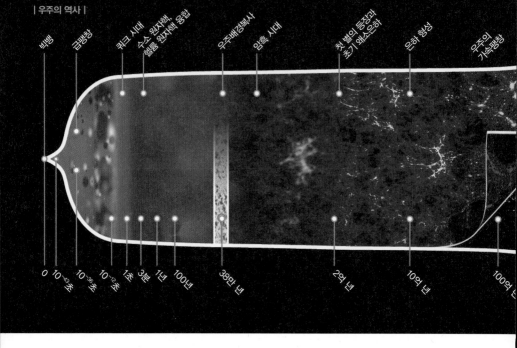

빅뱅 · 급팽창 · 쿼크 시대 · 수소 원자핵, 헬륨 원자핵 융합 · 우주배경복사 · 암흑 시대 · 첫 별의 등장과 초기 왜소은하 · 은하 형성 · 우주의 가속팽창

0 · 10^{-43}초 · 10^{-36}초 · 1초 · 3분 · 1년 · 100년 · 38만 년 · 2억 년 · 10억 년 · 100억 년

양자화해 해석하려고 하며, 양자 효과가 일어나는 규모에서 중력의 작용을 탐구한다. 양자중력 분야에서 주목받고 있는 것으로 끈이론, 루프 양자중력이론 등이 있다. 언젠가 양자중력이론이 완성된다면 플랑크 시대를 이해하는 새로운 길이 열릴 것이다. 우주가 시작되는 장면을 바라보면서 모든 것의 본질을 깨닫는 생각이 떠오를 수도 있다.

　가능한 범위 내에서 추정해 본다면 플랑크 시대에 우주 온도는 10^{32}K (K : 절대온도 단위. 섭씨 0도는 273.15K에 해당)보다 높았다. 이러한 상태에서는 하나의 힘이 우주를 지배했을 것으로 보인다. 하나의 힘이 작용하던 우주는 팽창하고 온도가 내려가면서 새로운 물리 환경을 만들었다. 그리고 달라진 환경에 발맞추어 힘의 분리가 일어났다. 10^{-43}초에 이르러 중력이 분리되면서 플랑크 시대는 막을 내렸고 GUT(Grand Unified Theory ; 대통일장이론) 시대

은하단   은하   태양계

가 열렸다. GUT 시대는 10^{-43}초에서 10^{-36}초까지 지속되었으며 중력을 제외하고 강력, 약력, 전자기력이 하나로 합쳐져 있었다.

급팽창하는 우주

GUT 시대는 강력이 분리되어 나오면서 끝나고 '전기약력 시대(중력과 강력은 분리되고 약력과 전자기력은 아직 합쳐져 있는 시대)'로 넘어간다. 그런데 이 시점에서 아주 중요한 상황이 벌어진다. 바로 '인플레이션(Inflation)'이라고 불리는 '급팽창'이 일어났다. 급팽창이론의 여러 모델에 따라 급팽창이 일어났다고 보는 시점에는 차이가 있다. 하지만 대체로 강력이 분리되는 시기에 급팽창이 생긴 것으로 보는 견해가 많다. 급팽창은 극히 짧은 시간 동안 우주를 급격히 팽창시키면서 실로 엄청난 에너지를 쏟아냈다.

급팽창은 폭탄이 터지듯 무언가 많이 모여 밀집해있던 것이 빠르게 퍼져나가는 팽창이 아니다. 급팽창은 크기가 작고 질량도 작았던 우주가 짧은 시간 동안 기하급수적으로 새로운 질량을 만들어내며 크기가 커지는 방식으로 작동한다. 오늘날 우주의 가속팽창을 일으키는 암흑에너지와 유사한 점도 있다. 어떤 의미에서 급팽창 과정은 일종의 암흑에너지가 극단적인 방식으로 전개되는 것이라고 볼 수 있다. 급팽창을 일으킨 물질에 대해서 아직 정확히 밝혀진 것은 없지만 '인플라톤(Inflaton)'이라고 부른다.

여기서 고개를 갸우뚱하게 된다. 급팽창 과정에서 새로 생겨나는 질량, 다시 말해 물질-에너지는 누가 준 것일까? 공짜로 얻을 수는 없기 때문이다. 놀랍게도 중력장이 빌려준 것으로 설명할 수 있다. 중력장은 음의 에너지로 해석된다. 반면에 우주를 이루는 물질-에너지는 양의 에너지로 볼 수 있다. 우주가 팽창하는 과정에서 물질-에너지가 더 많이 생겨나는 것에 비례해 중력장은 더 많은 음의 에너지를 축적한다. 이렇게 되면 양의 에너지와 음의 에너지가 일치하기 때문에 에너지 보존법칙을 위배하지 않는다. 아직 명확히 밝혀지지 않았지만, 우주는 무의 상태에서 시작되었다고 볼 수 있다.

흥미로운 급팽창 모델 가운데 하나를 소개한다. 급팽창이 일어날 때의 숨막히는 상황을 느껴 볼 수 있다. 먼저 지름이 1mm 정도인 좁쌀 알갱이를 떠올린다. 그리고 상상하기 어렵겠지만 그 좁쌀 알갱이 지름을 천만 등분한다. 그러면 좁쌀을 이루는 원자가 나타난다. 물론 우리 눈으로 볼 수 없는 작은 크기다. 이제 그 원자 지름을 다시 10만 등분한다. 그러면 원자 중심에 있는 양성자가 나타난다. 그 다음으로 머릿속의 다른 생각을 모두 지우고 천천히 집중하면서 양성자보다 10억 배 작은 크기를 떠올려본다. 사실 그것보다 더 작은 규모에서 우주의 급팽창이 일어났다. 급팽창이 있기 전 우주의 질량은 크지 않았다. 사과 하나보다 좀 더 작았을 것이다. 급팽창이 시작되면서 10^{-38}초당 2배 질량이 늘어나는 과정이 약 260번 거듭되었다. 결국 10^{-35}초보다 짧은 시간 동안에, 상상할 수 없을 만큼 작았던 우주는 사과 정도 크기로 팽창했다. 그리고 정말 놀랍게도 그 사과의 질량은 관측 가능한 우주의 모든 것을 만들 수 있을 만큼 무지막지하게 늘어났다. 정리하면, 질량은 사과 하나 정도였고 크기는 양성자보다 10억 배 작은 아니 그보다 더 작았던 우주가 급팽창을 겪은 후에는 사과 크기만큼 커졌는데, 질량은 우주의 모든 것을 만들어낼 만큼 늘어난 것이다. 급팽창 이후에도 우주는 여전히 팽창하지만, 팽창 속도는 급팽창 시기보다 훨씬 느리게 진행되었다.

급팽창을 겪으면서 우주의 온도는 낮아진다. 급팽창 종료 시기에 우주의 온도는 10^{27}K에서 10^{22}K까지 떨어진다. 10만 도나 떨어진 셈이다. 하지만 반전이 일어난다. 급팽창 물질 인플라톤의 포텐셜 에너지(Potential Energy)가 운동 에너지로 전환되면서 우주 온도는 급격히 상승해 재가열 된다. 이 과정에서 인플라톤의 에너지는 새로운 형태의 물질로 모습을 바꾼다. 우리는 이 상황을 주목해야 한다. 이때 등장한 물질이 급팽창 이후에 펼쳐지는 우주의 풍경을 꾸미게 되고, 별과 은하를 만드는 데 쓰이기 때문이다.

이쯤 해서 꼭 짚고 넘어가야 할 점이 있다. 10^{-43}초, 10^{-38}초 등의 극히 짧은 시간이나 10^{27}K에 이르는 극히 높은 온도에 대해 어떻게 받아들여야 하는지에 관한 것이다. 분명 우리의 감각 한계를 넘어서는 물리량이다. 이렇게 짧은 시간과 높은 온도에 대한 논의가 과연 과학적으로 의미가 있는지 의아해 할 수 있다. 심지어 뜬구름 잡는 공상이라고 여길 수도 있다. 인간의 감각, 인간의 관점에서 벗어나지 못한다면 다분히 떠오를 수 있는 생각이다. 그러나 분명히 말하자면, 자연은 인간이 편하게 바라볼 수 있는 틀 안에서 작동하지 않는다. 오로지 자연의 입장에서 자연의 법칙을 따를 뿐이다. 자연의 세계에서 10^{-43}초는 여유 있게 무언가를 만들기에 아주 넉넉한 시간일 수 있다. 자연의 무대에서 10^{27}K는 봄날의 따뜻함처럼 느껴지는 온도가 될 수 있다.

자연을 이해하는 데 가장 큰 걸림돌은 우리 인간의 익숙한 생각과 감각이다. 자연과 우주를 올바르게 바라보기 위해서는 익숙한 것과 끊임없이 작별해야 한다. 그리고 더 넓고 더 깊은 생각과 감각을 새롭게 키워내야 한다. 지금 이 순간 독자 여러분 뇌 속의 신경세포에서는 정지질량이 9.109×10^{-31}kg인 전자가 빠르게 가속하고 있다. 그 전자가 실어 나르는 정보는 바로 지금 여러분이 읽고 있는 이 문장이다.

시공간의 양자요동과 급팽창 급팽창은 극히 작은 규모의 양자요동을 넓은 주름으로 펼쳐낸다.

양자역학은 매우 작은 공간의 어느 점에서나 양자요동이 일어날 수 있다고 말한다. 양자요동은 에너지의 일시적인 변화를 불러일으킨다. 진공 상태에서도 마찬가지 상황이 생기며 공간의 에너지 분포는 불규칙해진다. 불규칙함을 만들어내는 양자요동의 크기는 서로 다른 파장으로 표현될 수 있다. 분명한 것은 양자요동의 파장이 극도로 작다는 사실이다.

우주가 시작될 때도 극히 작은 규모에서 양자요동이 있었다. 그리고 곧이어 발생한 급팽창이 아주 중요한 역할을 했다. 급팽창이 미시적 스케일의 양자요동을 극적으로 키워내면서 거시적 스케일로 펼쳐낸 것이다. 이러한 과정을 잘 추적하면 기존의 우주론에서 설명하기 어려웠던 문제를 풀어낼 수 있다.

첫 번째 문제는 우주의 거시적 균일함이다. 뒤에서 자세히 소개하겠지만, 급팽창이 키워낸 양자요동은 우주배경복사에 그 흔적을 남겼다. 빅뱅 이후 38만 년이 되었을 때 우주의 모습을 보여주는 우주배경복사에는 10만 분의 1 규모의 미세한 불균일이 있다. 하지만 넓은 관점에서 다시 바라보면 하늘의 모든 방향에서 오는 우주배경복사의 패턴은 놀라울 정도로 닮았고 균일하다. 어떻게 해서 이러한 균일함이 나타났을까?

급팽창이론은 오늘날 멀리 떨어진 두 영역이 초기우주에서는 에너지를 교환할 정도로 가까운 거리에 있었다고 가정함으로써 거시적 균일성을 설명한다. 지금은 멀리 떨어진 영역이지만 급팽창이 일어나기 전에는 서로 가까웠고 빛의 속도로 날아가는 복사파가 두 영역 사이를 왕복할 수 있었다. 이런 상황에서 에너지를 서로 교환했고 두 영역의 온도와 밀도는 비슷한 상태가 되었다. 이후 급팽창이 일어나며 두 영역을 매우 먼 거리로 떼어놓았다.

우주팽창은 원래 있던 공간이 단순히 넓게 펼쳐지는 것이 아니다. 어떤 두 지점 사이에 공간이 새롭게 생겨나며 이루어지는 팽창이라고 볼 수 있다. 특히 급팽창의 경우 빛의 속도보다 빠르게 팽창할 수 있다. 요점은 바로 이것이다! 서로 균일하고 가까웠던 두 영역이 급팽창을 겪으며 빛이 다다를 수 없는, 그래서 상호작용할 수 없는 거리로 분리되었지만, 서로의 균일함은 그대로 유지할 수 있었다. 이런 과정을 통해 우주의 거시적 균일성을 이해할 수 있다.

두 번째 문제는 우주의 기하학적 구조에 관한 것이다. 일반상대성 이론은 물질-에너지의 분포에 따른 시공간의 휘어짐을 알려준다. 그래서 우주의 전반적인 시공간 곡률은 우주가 지닌 물질-에너지의 밀도에 의해 결정된다. 우주를 형성하는 물질-에너지의 밀도가 임계밀도(열린 우주에서 닫힌 우주로 넘어가는 밀도의 경계값)라고 알려진 값과 같으면 우주 곡률은 평탄하다고 볼 수 있다. 만약 임계밀도보다 높으면 우주 곡률은 닫힌 우주가 되고, 임계밀도보다 낮으면 열린 우주가 된다.

급팽창이론은 우주의 곡률이 거의 평탄하다고 예측한다. 어떻게 이런 예측을 할 수 있을까? 급팽창은 극히 짧은 시간에 말 그대로 기하급수적인 팽창을 이끌어냈다. 이러한 극단적인 팽창은 시공간의 휘어짐을 순식간에 편평하게 펼쳐낼 수 있다. 예를 들면, 표면에 굴곡이 있는 풍선을 갑자기 부풀려 매우 크게 만드는 것과 비슷하다. 빠르게 부풀어 오른 풍선이 엄청나게 커졌다면 풍선 표면 위에 사는 개미는 주변을 둘러보면서 평평하다고 느낄 것이다. 우주는 급팽창을 겪으면서 전반적인 곡률을 평탄하게 만들었다. 오늘날 관측 가능한 우주의 범위 안에서 물질-에너지의 밀도는 임계밀도와 거의 같다.

쿼크가 만드는 세상

급팽창이 마무리되고 '전기약력의 시대'가 이어졌다. 강력은 분리되었지만, 약력과 전자기력은 아직 합쳐져 있는 상태다. 10^{-12}초에 이르면서 약력과 전자기력도 서로 분리된다. 자연에 작용하는 4개의 힘이 모두 모습을 드러낸 것이다. 비로소 '쿼크 시대'의 문이 열렸다. 여전히 우주의 온도가 높은 탓에 쿼크(입자 물리학의 표준 모형에서 다뤄지는 물질 구성의 기본 입자)와 글루온(쿼크끼리 결합시키는 입자)이 뒤섞여 있으면서 쿼크-글루온 플라스마 상태를 유지했다.

우주의 나이가 100만 분의 1초(10^{-6}초)를 넘어서자 우주 온도는 10^{12}K 아래로 내려갔다. 드디어 쿼크가 결합하면서 양성자, 반양성자, 중성자, 반중성자를 만들어냈다. 물질과 반물질, 광자가 서로 하나인 듯 섞여 있었다. 빛다시 말해 광자는 순간적으로 물질과 반물질로 변환되고 물질과 반물질은 충돌해 소멸하면서 다시 빛이 되었다. 강한 복사가 우주를 가득 채웠다. 유럽입자물리연구소(CERN)에서 스위스 제네바 근처에 만든 거대 강입자 가속기(Large Hadron Collider)는 입자 충돌 실험을 통해 이 시기 우주의 물리적 상태를 재현해낼 수 있다.

1만 분의 1초(10^{-3}초)가 되었을 때는 양성자와 반양성자가 서로 결합하여 빛을 내며 소멸했다. 중성자와 반중성자도 마찬가지 일을 겪었다. 양성자나

위쪽 거대 강입자 가속기. 스위스 제네바 근처 지하 175m 깊이에 둘레가 27km인 터널 안에서 입자 가속기가 작동한다. 빛의 속도에 가깝게 입자를 가속해 서로 충돌시키는 실험을 통해 초기우주의 물리적 상태를 재구성해낼 수 있다.

아래쪽 거대 강입자 가속기의 충돌 실험. 입자 가속기에서 이뤄지는 입자들의 충돌 상황을 다양한 방법으로 포착해 분석하면 입자의 물리적 특성을 밝혀낼 수 있다.

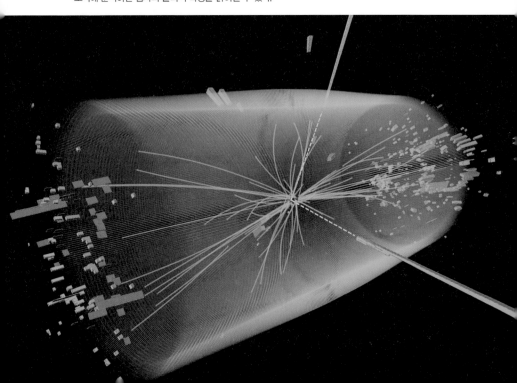

중성자가 소멸하는 것은 매우 걱정스러운 사태다. 양성자와 중성자가 모두 사라진다면 별도 행성도 만들 수 없고 인간의 출현도 꿈꿀 수 없다.

하지만 자연의 법칙은 새로운 상황을 보여주었다. 다행히 양성자의 개수가 반양성자의 개수보다 조금 더 많았다. 놀랍게도 반양성자가 10억 개라면 양성자는 10억 1개가 있었다. 10억 개의 양성자와 반양성자가 결합해 소멸하더라도 1개의 양성자는 살아남는 셈이다. 중성자도 마찬가지 방식으로 10억 개 당 1개씩 비율로 살아남았다. 왜 이런 현상이 일어났는지는 아직 정확히 밝혀지지 않았다. 답을 얻으려면 더 많은 연구가 필요하다.

우리 모두는 10억 대 1의 확률로 살아남은 양성자와 중성자에 대해 깊이 감사해야 한다. 그렇게 낮은 확률로 겨우 살아남은 입자들이 결국 빛나는 태양과 푸른 행성 지구 그리고 우리 몸을 만드는 재료가 되었기 때문이다.

태초의 3분 이후

우주의 나이가 3분쯤 되었을 때 온도와 밀도는 태양 중심부 환경과 비슷했다. 태양 중심에서 일어나는 핵융합 반응과 비슷한 현상이 우주 곳곳에서 일어났다. 양성자와 중성자는 결합해 헬륨 원자핵을 만들어냈다. 결합하지 않고 남은 양성자는 수소 원자핵이 되었다. 당시 비율은 수소 원자핵이 75%, 헬륨 원자핵이 25%였다. 그 비율은 오늘날 우주에서도 비슷하게 유지되고 있다.

이후 수십만 년 동안 우주는 계속 팽창하고 온도는 점점 내려갔다. 하지만 온전한 원자를 만들어내기에는 여전히 뜨거웠다. 이리저리 빠른 속도로 떠돌아다니는 전자는 수소 원자핵이나 헬륨 원자핵에 붙들리지 않았다. 우주에 가득 차있던 광자도 쉼 없이 전자와 부딪히는 바람에 똑바로 나가지 못하고 복잡하게 움직였다.

이때의 우주는 어떤 풍경으로 그려질까? 광자가 여러 방향으로 흩어져 움직이는 탓에 우주의 모습이 안개가 낀 듯 불투명하게 보였을 것이다. 그리고 뜨겁게 빛나는 가스 상태가 꾸미는 세상이었다. 그 가스 속에는 광자와 전자, 양성자가 서로 함께 뒤섞여 어울렸다.

빅뱅 이후 약 38만 년이 되었을 때 우주 온도는 3000K로 떨어졌다. 우주 곳곳이 붉은빛으로 물들었다. 이제 전자가 원자핵에 붙잡힐 수 있을 만큼 온도가 내려갔다. 드디어 수소 원자핵과 헬륨 원자핵은 전자와 결합하여 제대로 된 수소와 헬륨 원자가 되었다. 광자는 더 이상 다른 입자와 부딪히는 일 없이 다닐 수 있게 되었다. 광자가 물질과 분리되어 자유를 얻은 것이다. 마침내 우주가 투명한 상태로 보이기 시작했다. 이때의 빛(광자)은 138억 년을 달리게 되었고, 팽창하는 우주를 가로질러 오면서 파장이 늘어났으며 우주배경복사의 형태로 오늘날 우주에서도 만날 수 있게 되었다.

138억 년을 날아온 빛, 우주배경복사

지구에서 망원경을 사용하면 아주 멀리 있는 천체를 관찰할 수 있다. 예를 들어 망원경으로 1억 광년 거리의 은하를 관찰할 경우, 망원경을 통해 본 은하는 현재 모습이 아니라 1억 년 전 모습을 보여준다. 1억 년을 날아온 빛이기 때문이다. 그럼 10억 광년 거리의 은하를 본다면 어떨까? 마찬가지

과거를 담고 있는 우주의 풍경 멀리서 날아온 빛은 우주의 과거를 보여준다. 가운데에 지구와 태양계가 있다. 그리고 우리은하의 나선팔을 지나 외부은하들이 주변을 감싼다. 그 너머로 은하단이 만들어내는 우주의 거대 구조가 거미줄처럼 이어진다. 가장자리로 다가가면서 우주배경복사의 얼룩이 나타난다.

로 10억 년 전 모습을 보는 셈이다. 그러니까 큰 망원경으로 멀리 있는 천체를 관찰하는 것은 우주의 과거를 들여다보는 일이다.

멀리서 오랫동안 날아온 빛은 과거 풍경을 담고 있다. 더 멀리 볼수록 더 먼 과거와 만날 수 있다. 이런 식으로 따져보면 우주 나이가 38만 년 정도였을 때 모습도 볼 수 있다.

그때는 앞서 살펴보았듯이 빛이 물질과 분리된 시기다. 자유를 얻은 빛이 138억 년을 날아와서 지금 우리 하늘에 나타난다. 출발할 때는 우주 온도 3000K 해당하는 빛이었지만, 138억 년을 날아오는 동안 우주가 1000배 정도 팽창하면서 빛의 파장은 길게 늘어났다. 지금은 2.73K에 해당하는 빛으로 바뀌었다. 하늘의 모든 방향에서 날아오는 그 빛을 '우주배경복사'라고 부른다.

잠시 책을 덮고 창문 너머 하늘을 보길 바란다. 여유가 있다면 집을 나와 더 넓은 하늘과 만나면 좋겠다. 고개를 들어 찬찬히 바라본다면 어김없이 138억 년을 여행해온 빛이 눈동자에 와 닿을 것이다. 물론 이 빛은 우리 눈의 시신경이 느낄 수 있는 파장의 빛은 아니지만, 하늘의 모든 방향에서 분명히 날아오고 있다. 그 빛이 바로 먼 우주의 배경에서 오는 빛 '우주배경복사'다. 우리가 만날 수 있는 가장 먼 과거의 모습이 우주배경복사에 담겨 있다. 우주과학자들은 그 빛을 정밀하게 분석해 138억 년 전 우주의 풍경을 그려낸다.

우주배경복사를 자세히 관찰해보면 아주 미세한 양이지만 10만 분의 1 정도의 불균일함이 나타난다. 이 사실은 초기우주를 이해하는 중요한 단서가 된다. 불균일함은 어디서 온 것일까? 바로 태초의 양자요동이다.

미시적 스케일의 양자요동은 급팽창을 통해 거시적 스케일로 펼쳐지면서 10만 분의 1 정도의 불균일을 우주배경복사에 남겼다. 우주배경복사에서 찾아낸 10만 분의 1 규모의 불균일한 온도 차이는 급팽창을 통해 모습을 드러낸 양자요동의 흔적이라고 볼 수 있다.

우주배경복사에 불균일함이 있는 것은 우주 나이가 38만 년이었을 때 우주를 이루는 물질 분포가 불균일했다는 것을 뜻한다. 서로 다른 물질 분포에 따라 중력이 작용하면서 여기저기 물질이 뭉쳐 있는 불균일한 덩어리

플랑크(Planck) 위성이 관측한 우주배경복사 우주배경복사에는 10만 분의 1 범위에서 미세한 온도 차이가 나타난다. 이것은 우주의 나이가 38만 년이었을 때 물질의 밀도 분포에 차이가 있었음을 의미한다. 밀도가 높은 곳에서 훗날 별과 은하가 생겨났다.

구조가 자리 잡은 것이다. 이러한 덩어리 구조의 틀을 먼저 만들어낸 주인 공은 암흑물질이다. 우주가 만들어낸 암흑물질의 양은 광자나 전자, 양성자와 같은 보통물질보다 많았다. 암흑물질의 중요한 특징은 보통물질과 오로지 중력을 통해 서로 영향을 주고받을 뿐 다른 상호작용을 하지 않는다는 점이다. 쉽게 말해 암흑물질과 보통물질은 서로 부딪히거나 충돌하지 않는다. 빛(광자)과 상호작용이 없으므로 보이지도 않는다. 이러한 특성 때문에 암흑물질은 별다른 방해를 받지 않고 일찍이 우주 공간을 아우르는 물질 구조의 틀을 꾸밀 수 있었다.

암흑물질이 만들어 놓은 물질 구조의 틀 안에서 보통물질은 어떤 움직임을 보일까? 역시 중력이 답을 알려준다. 보통물질은 중력에 이끌려 암흑물질 덩어리의 중심부로 모여들었다가 보통물질끼리 부딪치는 압력에 의해 다시 흩어진다. 그리고 다시 암흑물질 덩어리의 중력에 이끌려 모여든다. 이런 식으로 모였다가 흩어짐을 반복한다. 보통물질의 반복된 움직임에 맞추어 물질이 진동하는 음파(압력파)가 울려 퍼졌다. 보통물질을 중력으로 붙잡고 있는 암흑물질 덩어리의 크기에 따라 서로 다른 음이 흘러나왔다. 보통물질의 구성을 보면 양성자나 전자에 비해 광자의 수가 훨씬 많았기 때문에 물질 진동이 만들어내는 음파의 속도는 광속의 60% 정도로 매우 빨랐다. 우주배경복사를 잘 분석해보면 그 음파가 만들어내는 소리를 재현해낼 수 있고, 또한 이 소리를 통해 우주의 여러 가지 물리적 특성을 밝혀낼 수 있다.

플랑크 위성이 관측해낸 우주배경복사 이미지를 다시 눈여겨 바라본다. 그리고 귀 기울여 본다. 38만 년 된 어린 우주가 빛과 물질이 어우러진 천상의 음악을 들려주는 것 같다. 그 음악과 함께 흐르는 리듬 속에는 우주가 그려내는 이야기가 담겨 있다.

우주에 첫 별이 빛나다

　우주의 나이가 38만 년을 넘어서면서 광자와 물질의 분리가 일어나자 천상의 음악은 연주를 멈추게 된다. 우주배경복사에 새겨진 물질 분포의 패턴은 이후 138억 년에 걸쳐 우주 풍경을 만들어내는 설계도가 되었다. 우주 팽창이 계속되는 와중에도 수소와 헬륨 같은 보통물질은 중력에 이끌려 암흑물질로 형성된 구조 속으로 모여들었다. 밀도가 높아진 부분은 점점 많은 물질을 주변에서 끌어모아 태초의 별을 만들 준비를 서둘렀다. 이 시기를 우주의 '암흑 시대(Dark Ages)'라고 부른다. 우주 온도가 3000K 아래로 내려가면서 사람의 눈으로 볼 수 있는 파장의 빛은 찾아볼 수 없었기 때문이다.

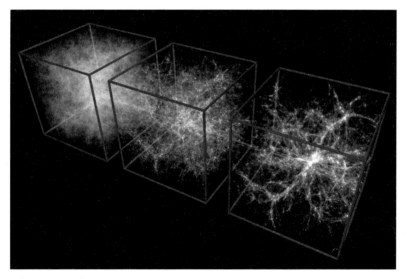

암흑물질이 만드는 우주의 구조　우주가 팽창하는 중에도 암흑물질은 우주의 구조를 만들어간다. 암흑물질이 형성한 구조 안에서 중력에 이끌려 모여든 보통물질은 별을 탄생시킨다. 노란 점들은 은하다. 사각형 한 변의 길이는 약 3.2억 광년이다.

어둠에 묻힌 우주에서 밝은 부분이 다시 나타나려면 최초의 별이 태어날 때까지 기다려야 했다.

빅뱅 이후 2억 년이 되었을 때 드디어 최초의 별이 태어났다. 처음 모습을 드러낸 별은 대부분 질량이 큰 별이었다. 태양 질량의 100배가 넘는 별도 많았다. 질량이 큰 별은 강한 빛을 내뿜으며 빨리 일생을 마쳤다. 수십만에서 수백만 년 정도의 짧은 삶을 살다가 최후의 순간에 초신성 폭발을 일으키며 일생을 마쳤다. 이 과정에서 별 내부의 핵융합 반응으로 만들어진 새로운 원소들이 흩뿌려졌다. 별의 탄생과 죽음이 빈번하게 일어나면서 다양한 원소들이 우주 공간을 채워나갔다. 만약 타임머신을 타고 이 시기 우주로 가본다면 환상적인 경험이 될 것이다. 여기저기 새로 태어나는 별의 아름다운 모습을 볼 수 있을 뿐만 아니라 초신성이 선사하는 태초의 '별빛 불꽃놀이'를 감상할 수 있다.

은하단과 우주의 풍경

우주 나이 10억 년을 전후로 하여 은하가 형성되었다. 크기가 작은 왜소은하가 먼저 만들어졌으며 은하끼리의 충돌도 자주 일어났다. 은하들이 부딪힐 때 생기는 충격파는 가스를 뭉치게 하면서 많은 별의 탄생을 이끌었다. 왜소은하는 서로 충돌하고 합쳐지면서 더 큰 규모의 은하로 성장했다.

우주의 나이가 90억 년이 되었을 때 멋진 나선팔을 두른 우리은하의 모습이 나타났다. 곧이어 우리은하의 나선팔 한쪽 귀퉁이에서 태양계가 만들어졌다. 이 시기에 우주를 구성하는 은하들은 서서히 모습을 갖춰가면서 무

허블 울트라 딥 필드 허블우주망원경으로 화로자리의 아주 좁은 영역을 촬영했다. 영상에 나타난 크고 작은 천체는 대부분 은하다. 빅뱅 이후 4~7억 년 사이에 만들어진 왜소은하도 포착되었다. 허블 울트라 딥 필드를 잘 분석하면 초기우주에서 별과 은하의 형성 과정을 더 명확히 밝혀낼 수 있다.

리를 지어 은하단을 이루었다. 우주 곳곳에서 형성된 은하단은 더 큰 규모로 서로 연결되어 마치 거미줄 같은 구조를 차츰차츰 만들어갔다. 우리은하는 주변 은하들과 함께 국부은하군을 형성한다. 국부은하군은 처녀자리 초은하단의 한쪽 가장자리 방향에 놓여 있다. 처녀자리 초은하단은 수억 광년크기의 라니아케아 초은하단에 속해 있다.

우주가 은하단으로 꾸며진 거대한 구조를 갖추게 된 과정은 우주배경복사에 나타난 물질 분포의 불균일함과 관계가 있다. 밀도가 높은 곳은 별이 생

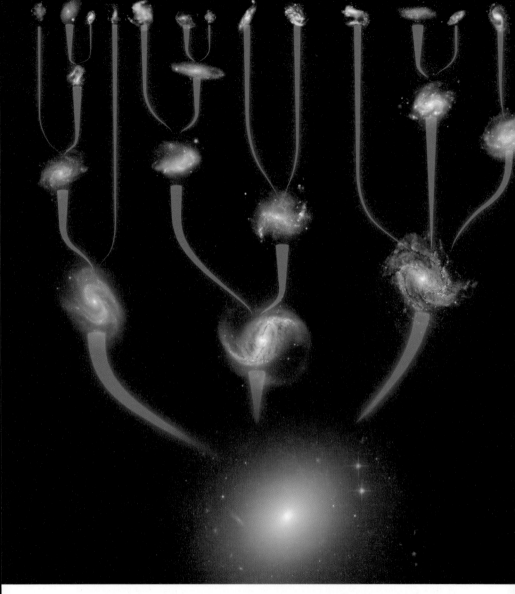

은하의 진화 위에서 아래 방향으로 은하의 진화 과정을 나타낸다. 왜소은하는 충돌하고 합쳐지면서 규모를 키우고, 멋진 소용돌이 형태의 나선은하를 만들어낸다. 나선은하가 서로 충돌하면 거대 타원은하를 형성하게 된다.

겨나고 그 별들이 모여 은하가 되고 초은하단으로 성장했다. 반면에 밀도가 낮은 곳은 초은하단 사이의 상대적으로 물질이 적은 빈공간 '보이드'가 되었다. 우주의 나이가 38만 년이었을 때의 불균일함이 그 패턴을 유지하면서 자라나 결국에는 초은하단으로 꾸며진 우주의 거대 구조를 만들어낸 것이다.

우주를 이해하기 위해 가장 중요하게 다뤄져야 할 주제는 '급팽창'이라고 생각한다. 급팽창은 138억 년 우주의 역사에서 '양자요동'과 '우주의 거대 구조'를 서로 이어준다. 급팽창은 우리가 이해할 수 있는 가장 작은 세상과 우리가 관찰할 수 있는 가장 큰 세상을 서로 연결한다. 더 놀라운 사실은 급팽창에 관한 중요한 정보들이 우주배경복사에 담겨 있다는 것이다. 우주배경복사를 더 자세히 살펴볼수록 급팽창 과정을 더 깊이 들여다볼 수 있다.

앞으로 우주의 미래는 어떻게 펼쳐질까? 암흑에너지가 중요한 역할을 할 것이다. 암흑에너지의 정체는 아직 명확히 밝혀지지 않았다. 추측하건대 진공과 관련이 있는 에너지로, 우주를 팽창시키는 힘을 지니고 있다. 현재 우주는 암흑에너지에 의해 팽창이 빨라지고 있다. 시간이 흐를수록 팽창은 가속될 것으로 보인다. 만약 암흑에너지의 특성이 그대로 유지된다면 우주의 미래는 어떻게 될까? 은하들은 서로 빠른 속도로 멀어질 것이다. 팽창 속도가 점점 빨라져서 은하들이 멀어지는 속도가 빛의 속도를 넘어서면, 주변 은하들은 우리의 시야에서 사라지고 더 이상 보이지 않게 될 것이다.

천억 년 뒤에, 만약 그때까지 우리의 후손이 살고 있다면 아주 외로울 것이다. 가까이 있는 별만 겨우 볼 수 있을 테니까. 우리 모두는 지금 이 시기의 우주에 사는 것을 행복하게 여겨야 할 것이다. 드넓은 우주의 아름다운 풍경을 만날 수 있고, 먼 거리를 여행해온 빛을 보면서 광대한 우주의 역사를 들여다볼 수 있기 때문이다.

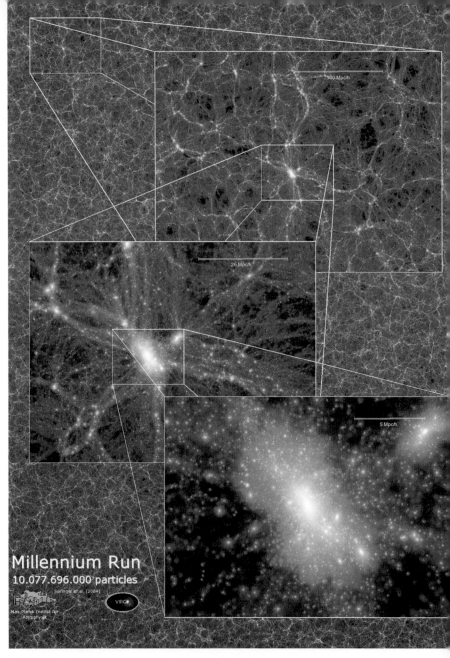

Millennium Run
10.077.696.000 particles
Springel et al. (2004)
VIRGO
Max-Planck Institut für Astrophysik

우주의 구조 슈퍼컴퓨터를 이용하여 우주의 구조를 시뮬레이션한 영상이다. 작은 알갱이 하나하나가 모두 은하다. 은하들이 모여 은하단을 이루고, 은하단이 서로 연결되어 초은하단을 형성한다. 초은하단은 우주의 거대 구조를 만들어낸다. 은하와 은하단을 에워싸면서 거대 구조를 형성하고 있는 것은 암흑물질이다.

우주의 역사와 함께하는 우리

138억 년 우주 역사는 아름답고 경이롭고 흥미로운 일로 가득하다. 우주 역사는 바로 우리 자신의 역사이기도 하다. 태초의 별이 빛나고 은하가 만들어지고 행성 지구가 나타났다. 푸른 행성 지구가 꾸며낸 환경에서 원자들이 새롭게 배열되어 생명의 기본이 되는 분자 구조를 만들어냈다. 우리가 밤하늘의 별을 보며 아름다움을 느끼는 것은 우리 몸을 이루는 원자 대부분이 별에서 비롯되었기 때문이다. 별이 빛나는 과정에서 만들어진 여러 종류의 원자가 우리 몸의 세포 하나하나에 자리 잡고 있다. 우리 모두에게 138억 년 우주의 역사가 고스란히 담겨 있는 것이다.

우주 역사와 함께한 이 장을 마무리하면서 별빛 이야기를 담은 작품이 있는, 세상에서 하나뿐인 '우주미술관'으로 독자 여러분을 안내한다. 우주미술관의 작품을 감상하는 동안 여러분의 눈동자는 더 맑게 더 밝게 빛날 것이다.

다음 장부터는 드넓은 우주를 장식하는 천체를 하나하나 살펴볼 것이다. 별과 별자리, 태양과 행성, 성운과 성단, 은하와 은하단까지 모두가 아름다운 우주 풍경을 그려내는 주인공이다. 그 풍경 속을 여행하다가 잠시 눈길을 돌려보면 또 다른 우주미술관을 발견할 수 있다. 그곳에는 경이로운 우주 이야기를 담은 작품들이 여러분의 발걸음을 기다리고 있다.

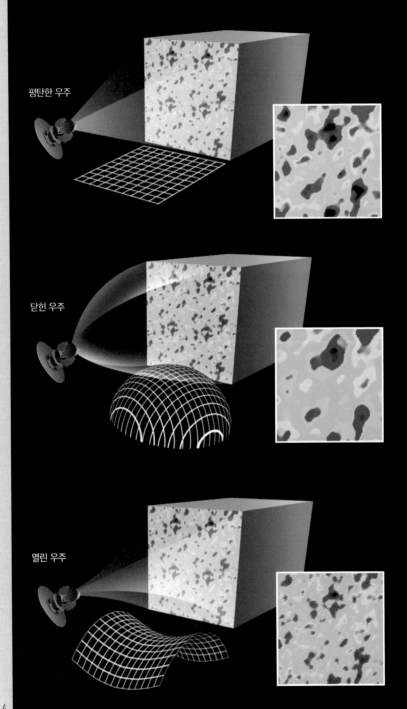

평탄한 우주

닫힌 우주

열린 우주

보이지 않는 것이 보이는 것을 그린다

급팽창이 키워낸 양자요동은 우주배경복사에 그 흔적을 남기면서 10만 분의 1 규모의 불균일함을 보여준다. WMAP 위성이 관측한 우주배경복사에는 그러한 불균일이 크고 작은 얼룩 덩어리 모양으로 나타난다. 가장 뚜렷하면서도 흔하게 분포하는 얼룩 덩어리를 찾아내 크기를 측정해보면 우주의 곡률(휜 정도를 나타내는 변화율)을 알아낼 수 있다. 바로 그 얼룩 덩어리는 빅뱅 이후 38만 년 동안 존재하면서 약 38만 광년 크기로 자라난 덩어리다. 우주의 곡률이 평탄하다고 가정하면 38만 광년 크기의 얼룩 덩어리는 138억 년이 지난 후, 오늘날의 우주배경복사에서 각도 크기 1도로 측정될 것이다. 만약 얼룩 덩어리가 1도보다 크게 나타나면 우주의 곡률은 닫힌 우주가 되고, 1도보다 작으면 열린 우주가 된다.

놀랍게도 WMAP의 측정 결과는 얼룩 덩어리의 크기가 1도라는 것을 보여준다. 우리 우주의 곡률이 평탄함을 확인한 것이다. 이러한 사실은 더 깊은 의미를 담고 있다. 우주의 곡률이 평탄하다는 것은 우주의 물질-에너지 밀도가 임계밀도와 같다는 뜻이다. 이를 통해 우주 전체를 아우르는 물질-에너지의 양이 밝혀졌다. 그 값은 충격적이고 경이롭다. 우주에 보통물질은 4.9%, 암흑물질은 26.8%, 암흑에너지는 68.3% 존재한다.

앞으로는 별이 빛나는 밤하늘 아래에 서 있을 때, 새로운 생각으로 우주를 바라보아야 할 것 같다. 우리 눈동자에 와 닿는 별의 세계는 단지 4.9%의 보통물질로 이루어져 있다. 그 별들을 아우르는 은하 세계는 보통물질보다 5배나 많은 암흑물질로 형성된 우주의 거대 구조 안에 갇혀 있다. 그리고 더 넓게 바라보면, 가장 많이 존재하는 암흑에너지에 의해 우주는 점점 빠른 속도로 팽창하고 있다.

보이는 것이 다가 아니다! 보이지 않는 것이 보이는 것을 그린다!

서쪽 하늘로 붉은 태양이 내려가고 어둠이 몰려오면

하나둘 떠오르는 별이 마음을 설레게 한다.

고개를 들어 밤하늘을 바라본다.

반짝이는 별이 보석을 흩뿌려놓은 듯 빛난다.

눈동자가 닿는 곳마다 소곤소곤 별빛 이야기가 들려온다.

별과 별 사이에 스며든 검푸른 어둠은

더 멀고 더 깊은 우주의 풍경을 숨기고 있다.

별과 함께하는
밤하늘 산책

별은 반짝이지 않는다!

"반짝반짝 작은 별. 아름답게 비추네." 어린 시절 불렀던 동요처럼 밤하늘의 별은 아름답게 빛난다. 실제로 별의 밝기가 재빨리 변하면서 반짝이는 걸까?

투명한 유리잔에 물을 절반 정도 채우고 동전을 하나 떨어뜨린 뒤 잔잔해질 때까지 기다린다. 젓가락으로 물을 살며시 저으면서 동전을 관찰한다. 동전이 어떻게 보일까? 물이 잔잔할 때는 뚜렷하게 잘 보이지만, 물을 저어 흔들면 일그러진다.

이와 비슷하게 우주에서 날아오는 별빛은 지구 대기권을 통과하면서 흐릿하게 보이거나 반짝이는 것처럼 보인다. 지구 대기권을 벗어나 우주 공간에서 본다면 별은 반짝이지 않는다.

'시상(seeing)'은 망원경을 통해 보이는 별의 이미지가 지구 대기의 영향으로 흐릿하게 보이는 정도를 나타내는 값이다. 시상이 좋은 날에는 대

인공위성으로 찍은 지구의 밤이다. 도시가 발달한 지역은 밝게 보인다. 도시 불빛이 많아질수록 밤하늘에서 별이 사라질 것이다.

기가 안정하여 별이 덜 반짝인다. 더 선명한 별을 관찰할 수 있다. '투명도 (transparency)'는 하늘의 상태를 판단하는 또 다른 기준이다. 하늘이 맑고 깨끗한 정도를 말한다. 먼지나 구름, 습기 등이 투명도에 영향을 미친다.

시상은 대기가 얼마나 안정돼 있는지를 보여주고, 투명도는 대기가 얼마나 깨끗한지를 나타낸다. 겨울밤에 대기가 안정하여 시상이 좋을 때는 별이 더 또렷하게 보인다. 한여름 장마가 물러간 뒤 투명도가 좋은 날은 산골 마을 밤하늘에 별이 쏟아지고 은하수가 펼쳐진다.

별을 잘 관찰하려면 시상과 투명도가 좋은 하늘을 찾아가야 한다. 그래서 천문대는 주로 높은 산에 있다. 우주 공간에 설치한 허블우주망원경은 천문학 발전에 크게 기여했다. 허블우주망원경이 눈부신 활약을 할 수 있었던 이유는 대기의 영향을 받지 않는 우주 공간에 떠 있기 때문이다. 허블우주망원경은 지상에서 별을 관측할 때 방해가 되는 시상과 투명도 문제를 한

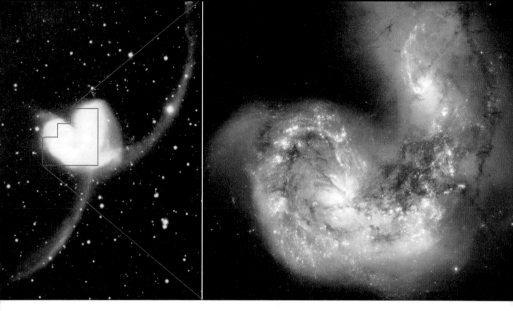

왼쪽 지상에서 찍은 하트 모양의 충돌하는 두 은하 NGC 4038과 NGC 4039. **오른쪽** 왼쪽 사진에 표시된 부분을 허블우주망원경으로 찍은 사진이다.

번에 해결하고 아름다운 우주 풍경을 담아냈다.

도시 밤하늘에 별이 사라지는 이유

도시 밤하늘에서는 별빛이 힘을 잃는다. 몇몇 밝은 별만 살아남아 여리게 빛을 낸다. '헤아릴 수 없이 많은 별'이라는 표현은 희뿌연 도시 밤하늘만 보아온 사람에겐 낯설다.

별이 잘 안 보이는 것은 '광공해' 때문이다. 광공해는 대기 중에 떠 있는 먼지 입자와 도심의 인공 불빛이 만들어내는 현상이다. 지상에서 하늘로 퍼져나간 빛은 먼지 입자에 산란되어 두터운 산란막을 형성한다. 이 때문에 하늘 전체가 밝아져 그 너머에 있는 별빛이 잘 보이지 않는다. 도시 밤하늘

강원도 산속에서 찍은 별의 궤적 사진(왼쪽)과 비교해 보면, 서울 강남 한복판(오른쪽)에서는 공해와 불빛 때문에 별의 궤적이 희미하고 훨씬 적게 찍힌 것을 볼 수 있다.

에서 별을 되살려내는 방법이 하나 있다. 가로등에 갓을 씌워서 빛이 하늘로 덜 올라가게 하면 더 많은 별이 나타난다. 갓이 있는 가로등과 갓이 없는 가로등 근처에서 밤하늘에 보이는 별의 수를 헤아려보면 광공해의 위력을 쉽게 확인할 수 있다.

별의 밝기 나누기

별의 밝기를 이야기할 때 빼놓을 수 없는 인물이 고대 천문학자 히파르코스Hipparchos, BC 190~120년경다. 히파르코스는 기원전 190년경 에게 해에 있는 로도스 섬에서 태어났다. 그의 연구 내용은 후에 프톨레마이오스Klaudios Ptolemaios,

^{100~170년경}가 쓴《알마게스트》에 수록되어 천문학 발전에 기초가 되었다.

기원전 134년, 히파르코스는 놀라운 현상을 관찰했다. 하늘에 난데없이 새로운 별이 등장한 것이다. 하늘을 영원불변한 존재로 보는 아리스토텔레스 자연관을 철저히 따르던 시기에, 새로운 별의 등장은 큰 충격이었다. 이 사건을 계기로 히파르코스는 별의 위치를 정확히 측정하는 일의 중요성을 알아차렸다.

그는 로도스 섬에 천문대를 세우고 850여 개의 별을 관측했다. 별의 위치를 정밀하게 표시한 '성도(星圖)'를 제작하고, 별의 밝기는 겉보기에 따라 여섯 등급으로 나누었다. 가장 밝은 별을 1등급, 그다음 밝은 별을 2등급, 3등급 하는 식으로 어두울수록 등급이 낮아졌다. 맨눈으로 겨우 볼 수 있는 희미한 별은 6등급으로 정했다. 히파르코스가 정한 별의 밝기 체계는 2000년이 지난 지금도 일부만 수정해 널리 쓰인다.

별의 밝기를 나타내는 명확한 기준은 19세기에 이르러 새롭게 정의됐다. 1830년 영국 천문학자 허셜^{Friedrich William Herschel, 1738~1822}(208쪽 참조)은 가장 밝은 1등급과 가장 어두운 6등급 별의 밝기 차이가 100배 정도라는 사실을 알아냈다. 이 경우 한 등급의 밝기 차이는 2.5배가 되므로 1등성은 2등성보다 2.5배 밝으며 2등성은 3등성보다 2.5배 밝다. 같은 방식으로 1등성보다 2.5배 밝은 별은 0등성, 0등성보다 2.5배 밝은 별은 −1등성이다. 등급 사이의 밝기 차이가 수학적으로 정해지자 태양이나 달과 같이 아주 밝거나, 큰 망원경으로만 보이는 희미한 천체도 등급을 정확히 결정할 수 있게 되었다.

북극성이 있는 작은곰자리는 일 년 내내 보이는 별자리다. 2등급의 북극성에서부터 5등급까지 다양한 밝기의 일곱별이 모여 있다. 지금 사는 곳이나 밤하늘 여행을 떠난 곳의 하늘이 얼마나 어두운지 알고 싶다면 작은곰

고대 그리스의 천문학자 히파르코스는 별의 밝기 분류 체계를 만들었다.

아래쪽 다양한 밝기의 별이 모여 있는 작은곰자리 별을 살펴보면 밤하늘에 몇 등급 별까지 보이는지 알 수 있다. 작은곰자리의 7개 별을 모두 찾을 수 있다면 5등성까지 보이는 밤하늘이다. 6개까지는 4등성. 3개까지는 3등성. 2개까지는 2등성까지 보이는 밤하늘이다.

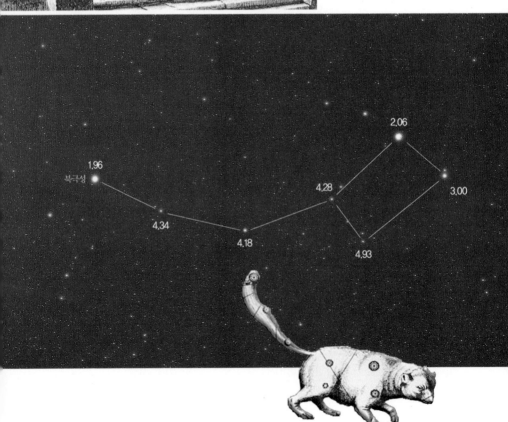

자리를 찾아보자. 일곱 별 가운데 어느 별까지 보이는가에 따라 하늘의 상태를 판단할 수 있다. 만약 일곱별이 모두 보였다면 밤하늘 여행을 즐기기에 더없이 좋은 곳이다. 작은곰자리의 머리 쪽 3등급 별까지만 찾았다면 그런대로 별자리 여행의 첫걸음을 내딛을만한 곳이다.

별은 모두 비슷하게 빛나는 것 같지만, 주의 깊게 살펴보면 나름대로 여러 색을 띠고 있다. 별의 색이 달라 보이는 것은 온도 때문이다. 뜨거운 별일수록 파란색을 띠며 온도가 낮은 별은 붉은색을 낸다. 전갈자리의 심장에 해당하는 붉은 별 안타레스의 표면온도는 약 3500도다. 태양은 노란색으로 빛나며 표면온도는 약 6000도다. 겨울밤 오리온자리 리겔은 약 12000도이며 청백색을 뿜낸다.

밤하늘의 별을 모두 헤아리는 데 걸리는 시간

정말 맑고 깨끗한 밤하늘에는 별이 가득 차서 쏟아질 듯 빛난다. 그런 하늘 아래에 서서 별을 마주하면 차마 헤아려 볼 엄두가 나지 않는다. 실제로 얼마나 많은 별이 보이는 걸까? 우리가 맨눈으로 볼 수 있는 별은 과연 몇 개나 될까?

정상 시력을 가진 사람은 6등급 별까지 볼 수 있다. 온 하늘에서 6등급보다 밝게 빛나는 별은 약 4800개다. 그중 지평선 아래에 놓인 절반을 빼면 2400개쯤이다. "별 하나, 별 둘, 별 셋……" 하면서 일 초에 하나씩 센다면, 밤하늘의 별을 모두 헤아리는 데 한 시간이 안 걸린다. 물론 실제로 해보면 쉽지 않은 일임이 분명하다.

어두운 곳으로 갈수록 더 많은 별이 보인다. 망원경의 힘을 빌리거나 장시간 노출한 사진에서는 맨눈으로 볼 수 없는 더 어두운 별도 나타난다. 사진은 서호주의 밤하늘.

길잡이 별

길잡이를 정해 두지 않으면 한 번 익힌 별자리를 쉽게 놓치기 마련이다. 밤하늘의 별이 계속 위치를 바꾸기 때문이다. 시간이 흐르면 동쪽에서 새로 떠오르는 별이 있는 만큼 서쪽 하늘 아래로 사라지는 별이 있다. 더구나 북쪽 하늘의 별은 밤사이 둥글게 원을 그린다. 이러한 별의 움직임을 제대로 쫓아가려면 북극성을 길잡이 삼아 하늘의 방향을 먼저 알아내야 한다.

우선 북극성 찾는 방법을 알아보자. 북두칠성과 카시오페이아자리가 도움된다. 사계절 내내 둘 중 하나는 반드시 북쪽 하늘에 떠 있다. 북두칠성은 일곱별이 국자 모양인데, 끝 부분 두 별을 이은 선을 다섯 배가량 늘리면 북극성과 만난다. 카시오페이아자리는 다섯별이 더블유(W) 모양이다. W의 양

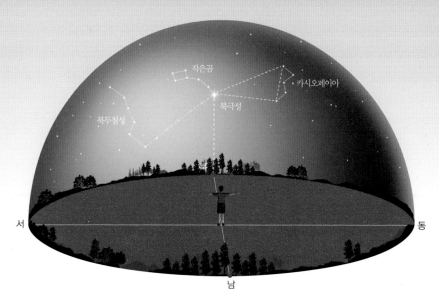

북극성을 마주 <u>보고서서</u> 양팔을 벌리며 방향을 알 수 있다. 북극성이 있는 쪽이 북쪽, 머리 뒤가 남쪽, 오른
팔이 가리키는 쪽이 동쪽, 왼팔이 가리키는 쪽이 서쪽이다.

끝별과 북극성이 만드는 삼각형을 떠올려 찾을 수 있다. 북극성을 가운데
두고 카시오페이아자리와 북두칠성은 서로 맞은편에 놓여 있다.

　북극성은 방향을 알려주는 '길잡이 별'이라는 유명세 덕에 밤하늘에서 가
장 밝은 별로 여기는 사람이 많지만, 사실은 2등성이다. 이제 북극성을 바라
보며 선 다음 양팔을 수평으로 들어 쭉 편다. 이때 북극성이 있는 방향이 북
쪽이고 머리 뒤는 남쪽이다. 오른팔은 동쪽, 왼팔은 서쪽을 가리킨다. 북극
성을 찾아내 방향까지 정하고 나면 별자리 익히기가 훨씬 수월하다. 시간에
따라 달라지는 별의 움직임을 잘 쫓아갈 수 있다.

　또 하나 알아 둘 것으로 계절 별자리가 있다. 우리가 흔히 봄 별자리, 여
름 별자리라고 부르는 것들은 그 계절의 저녁 동남쪽 하늘에서 잘 보이는
별자리를 말한다. 만약 지금이 가을이고 가을 별자리를 찾으려면 저녁 시간
에 동남쪽 하늘을 살펴보아야 한다.

오리온과 하늘우물별자리

겨울밤이 깊어지면 동남쪽 하늘로 밝은 별이 여럿 떠오른다. 그 가운데 눈에 띄는 별자리가 오리온자리다. 밝은 별 넷이 사각형을 만들고 가운데 별 셋이 나란히 빛난다. 언뜻 보면 방패연을 닮았고 고개를 옆으로 눕혀서 보면 장구 모양이 떠오르기도 한다. 오리온자리는 겨울 밤하늘을 화려하게 꾸미면서 다른 별자리를 찾는 길잡이 역할을 한다. 도시 하늘에서도 어렵지 않게 찾을 수 있다.

우리 전통별자리에서는 오리온자리를 '하늘장군별자리'라고 부른다. 일곱 개의 밝은 별이 하늘나라를 지키는 장군들이다. 밤하늘이 맑고 깨끗한 시골이라면 하늘장군별자리 왼쪽으로 여린 별빛이 총총히 흘러가는 것을 볼 수 있다. 겨울밤에 나타나는 은하수다. 그 아래로 하늘우물별자리도 보인다. 하늘장군별자리의 오른쪽 아래를 사각형으로 감싸는 별 넷이 하늘우물별자리 '옥정(玉井)'이다. 옥처럼 맑은 물

이 담겨 있는 하늘나라 우물이라는 뜻이다. 전통별자리를 소개한 옛 문헌을 보면 옥정의 물을 길어 하늘나라 부엌에서 사용했다는 이야기가 전해온다.

어린 시절 고향집 마당에 있던 우물이 아련히 떠오른다. 할머니는 새해가 되면 아직 별빛이 남아 있는 이른 새벽에 우물가로 가셨다. 처음 길은 정화수를 장독대에 올려놓고 한 해 동안 가족의 평안을 기원하셨다. 어머니는 맑디맑은 우물물로 지은 밥으로 아침을 준비하셨다. 그때 먹은 음식에는 어머니의 정성과 함께 하늘의 별빛 기운이 담겨 있었다.

처음 가는 곳을 여행할 때 미리 지도를 익혀두면
도움이 되듯이 밤하늘 여행도 마찬가지다.
성도에 그려진 별과 별자리를 알고 나면
밤하늘은 금세 친근하게 다가온다.
별자리 구역을 나누는 경계선은
다양한 모양의 조각보가 되어 온 하늘을 장식한다.
밝게 수놓은 별을 하나하나 선으로 이어가면
눈에 익은 별자리가 반갑게 그려진다.

밤하늘의 길잡이,
하늘지도

깊은 밤 홀로 깨어 있던
외로운 양치기의 별자리

우리의 시각은 무작위로 흩어진 것에서 어떤 규칙성을 찾아내려는 경향이 있다. 밤하늘의 별을 볼 때도 그렇다. 눈에 띄는 별을 가상의 선으로 연결하면 어떤 모양을 그려낼 수 있다. 약 5000년 전 메소포타미아 지방에 살던 양치기도 이러한 시도를 했다. 풀을 찾아 이동하는 양치기는 늦은 밤 양떼를 지키며 하늘에 가득한 별을 보았을 터이다. 흩뿌려진 별 가운데 더 밝은 별들이 양치기의 눈동자에 닿자 여러 가지 동물의 모습이 떠올랐을 것이다. 메소포타미아 지역에서 번창했던 바빌로니아 왕국의 유물을 살펴보면 점토판이나 비석에 태양, 달, 행성과 더불어 염소, 양 등의 별자리가 그려져 있다.

바빌로니아의 별자리는 페니키아 상인에 의해 그리스로 전해졌다. 그리스인은 '헤라클레스자리'나 '페르세우스자리'처럼 신화에 등장하는 영웅

179

독일의 셀라리우스(Andreas Cellarius, 1596~1665)가
제작한 《천구도보(天球圖譜, Atlas Coelestis, 1660년)》
의 북반구 천체도. 17세기의 가장 유명한 천체도다.

의 이름이 붙은 별자리를 새롭게 만들어냈다. 이제 밤하늘은 전설과 신화가 펼쳐지는 웅장한 무대가 되었다. 기원후 2세기에 이르자 고대 천문학을 집대성한 프톨레마이오스가 《알마게스트(Almagest)》에서 그때까지 알려진 별자리를 48개로 정리했다. 아랍어로 '가장 위대한 책'이라는 뜻의 《알마게스트》는 천동설에 의한 천체 운동을 기술한 책으로, 코페르니쿠스Nicolaus Copernicus, 1473~1543가 등장하기 전까지 서양의 우주관을 지배했다.

독일의 천문학자 아피안Peter Apian, 1495~1552은 1533년 처음으로 북반구 성도를 완성했다. 성도는 별과 별자리를 더 정확하게 그려낸 지도라고 볼 수 있다. 15세기 이후 범선을 타고 남반구로 진출한 유럽인은 남반구 하늘의 낯선 별을 보며 새로운 별자리를 만들었다. 망원경자리, 현미경자리, 나침반자리, 돛자리 등 항해에 사용되는 도구나, 황새치자리, 날치자리 같은 물고기 이름을 별자리에 붙였다. 프랑스의 라카유Nicolas Louis de Lacaille, 1713~1762는 남반구 하늘의 별자리를 정리해 발표했다.

1930년 국제천문연맹(IAU)은 나라마다 별자리 이름이 다르고 별자리를 정하는 기준도 불분명해서 생기는 혼란을 피하고자, 그때까지 만들어진 별자리를 새롭게 정리해 총 88개로 확정했다.

오랜 시간 동안 수많은 사람이 밤하늘을 바라보았고, 수많은 이야기가 전해져서 하나하나의 별자리가 완성될 수 있었다. 오늘 밤 우리의 눈동자와 만나는 별자리 가운데 하나는 지금부터 5000년 전, 어느 깊은 밤에 홀로 깨어 있던 양치기가 처음 그려낸 것일지도 모른다.

밤하늘 여행자를 위한 지도

별을 찾아가는 여행에서 성도는 필수품이다. 별의 위치와 밝기를 알려 줄 뿐만 아니라 밤하늘 구석구석에 숨은 아름다운 천체를 찾게 해준다. 특히 망원경을 이용해 천체를 관측할 때는 성도가 꼭 필요하다.

성도는 용도에 맞게 고르는 것이 좋다. 별과 별자리를 익히는 데 쓰는 성도는 주로 6등급 별까지 표시하며 가볍게 들고 다닐 수 있다. 성운이나 성단, 은하를 찾는 데 쓰는 성도는 훨씬 두툼하다. 스마트폰으로 성도 애플리케이션을 내려받아 편리하게 사용할 수 있다.

성도를 잘 살펴보면 별자리 영역을 나타내는 '별자리 경계선'이 보인다. 별자리 경계선은 다양한 모양으로 빈틈없이 온 하늘을 조각보처럼 나눈다. 별자리 경계선 영역 안에서 주로 밝은 별을 이어 '별자리 모양선'이 그려진다.

여기서 놓치지 말아야 할 사실이 있다. 조각보 모양의 별자리 경계선은 그 별자리를 아우르는 마당이 된다는 것이다. 별자리 모양선에 연결된 별뿐만 아니라 별자리 경계선 안에 있는 별 모두가 그 별자리에 속한다는 뜻이다.

성도에 나타난 별의 밝기는 점의 크기와 같다. 보통 밝은 별은 고유한 이름을 갖는다. 또한 별자리 내에서 밝은 순서대로 그리스 알파벳 알파(α), 베타(β), 감마(χ) 순으로 이름을 붙인다. 더 어두운 별을 표시할 수 있는 방법으로는 적경값이 증가하는 순서대로 번호를 부여하는 '플램스티드 명명법'이 있다.

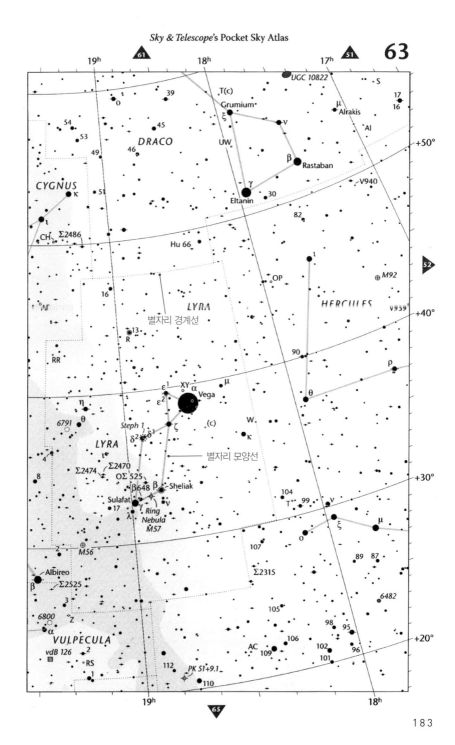

별자리 경계선

별자리 모양선

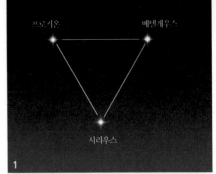

별자리 여행의 첫걸음은 도시에서

우리나라에서 볼 수 있는 별자리는 몇 개일까? 북반구에 있는 우리나라에서는 88개 별자리 중 50여 개의 별자리를 볼 수 있다. 너무 많다고 미리 겁먹을 필요는 없다. 이제 막 별 보기를 시작한 사람이라면 사계절 주요 별자리를 차근차근 알아가면서 밤하늘 여행을 충분히 즐길 수 있다.

별자리를 쉽게 익히려면 먼저 길잡이가 되는 밝은 별부터 찾아야 한다. 다음으로 길잡이 별이 포함된 별자리를 익힌다. 그리고 주변 별자리를 하나씩 찾아간다. 예를 들어 오리온자리에서 가장 눈에 띄는 별은 붉은색의 베텔게우스다.

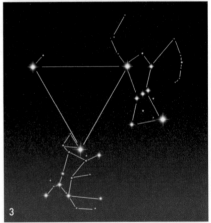

겨울철 길잡이 별로 별자리 찾기

1·2 베텔게우스, 시리우스, 프로키온이 만드는 삼각형을 찾아본다. **3** 베텔게우스를 시작으로 방패연 모양의 오리온자리가 그려진다. **4** 삼각형을 길잡이 삼아 프로키온이 있는 작은개자리, 시리우스가 있는 큰개자리를 찾아본다.

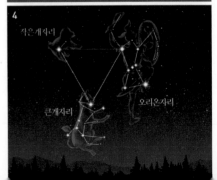

이제 베텔게우스 왼쪽으로 밝은 두 별을 골라내면 '겨울의 대삼각형'이 그려진다. 삼각형을 이루는 세 별을 길잡이로 삼으면 큰개자리와 작은개자리를 쉽게 찾을 수 있다. 길잡이 별의 상대적인 위치를 잘 기억하고 있으면 시간이 지나 별자리 위치가 바뀌어도 어렵지 않게 다시 찾아낼 수 있다.

사계절의 별자리를 모두 보려면 일 년 동안 밤하늘을 올려다보아야 할까? 그럴 필요는 없다. 마음먹고 하룻밤을 새우면 세 계절의 별자리를 웬만큼 볼 수 있다. 만약 지금이 겨울이라면 저녁 동남쪽 하늘에 겨울을 대표하는 오리온자리가 보인다. 이때 서쪽 하늘에는 아직 가을 별자리가 남아 있다. 자정을 지나 새벽으로 가면 겨울 별자리가 서쪽 하늘로 넘어가고 동쪽 하늘에는 봄 별자리가 고개를 내민다.

밤하늘이 어두워 별이 잘 보이는 시골에 가면 별자리를 더 쉽게 익힐 수 있을 것 같지만, 사실은 그렇지 않을 때가 많다. 하늘 가득 별이 빛나면 초보자는 어느 별이 어느 별인지 구분하기 어렵다. 오히려 별자리를 익히는 첫걸음 떼기는 도시 하늘이 더 유리할 수 있다. 희미한 별은 광공해에 가려 보이지 않고, 밝은 길잡이 별만 쏙쏙 드러나기 때문이다.

어떤 이름을 지어줄까?

조선시대에 만들어진 '천상열차분야지도'는 우리나라의 훌륭한 과학문화유산이다. 커다란 돌에 1467여 개의 별과 283개의 별자리가 새겨져 있다. 온 하늘의 별자리를 88개로 나눈 서양별자리와는 여러 점에서 다르다. 예를 들어 서양의 오리온자리는 우리나라에서 '하늘장군별자리'로 보았다. 백조

天象列次分野之圖

자리의 날개 부분은 '하늘나루터자리'로 불렀다.

국제적으로 널리 사용하는 성도는 서양별자리 체계를 기준으로 하여 별자리 공식 이름을 라틴어로 표기한다. 문화권이나 나라마다 별자리 이름을 서로 다르게 부르면서 생기는 혼란을 피하기 위해서다.

한 별자리 안에서 밝은 별은 고유한 이름이 있다. 봄 하늘을 환하게 비추는 목동자리 아르크투루스(Arcturus), 여름밤 남쪽 하늘에 붉은색을 뿌리는 전갈자리 안타레스(Antares), 가을 별자리에 하나뿐인 1등성 남쪽물고기자리 포말하우트(Fomalhaut), 겨울밤을 화려하게 꾸미는 큰개자리 시리우스(Sirius) 등이다. 하지만 눈으로 볼 수 있는 수천 개의 별 모두에게 이런 식으로 이름을 붙이기는 어렵다.

17세기 요한 바이어Johann Bayer, 1572~1625는 좀 더 어두운 별까지 이름을 붙이는 방법을 고안해냈다. 한 별자리 영역 안에서 밝은 별부터 그리스 문자를 차례대로 붙인다. 가장 밝은 별이 알파(α) 별, 그 다음이 베타(β) 별, 다음은 감마(γ) 별 순이다(183쪽 그림 참조).

따지고 보면 바이어의 방법도 한계가 있다. 그리스 문자의 개수가 정해져 있기 때문이다. 영국의 천문학자 플램스티드John Flamsteed, 1646~1719는 이런 한계를 넘어서는 새로운 방법을 생각해냈다. 성도에 나와 있는 적도좌표계에서 별의 적경값이 커지는 순서를 알아내고, 그 순서대로 숫자를 붙여 별의 이름을 정하는 방법이다.

조선시대의 천문도인 '천상열차분야지도(天象列次分野之圖, 1395년, 국보 228호)'. 천상열차분야지도는 태조가 1394년 수도를 개성에서 한양으로 옮긴 것을 기념해 그 이듬해 돌에 새겨 만든 천문도다. 중국의 '순우천문도(1247년)'에 이어 세계에서 두 번째로 오래된 천문도로 꼽힌다.

쉽게 말하면, 어떤 별자리 영역 안에서 가장 서쪽에 있는 별을 1번으로 정하고 점차 동쪽으로 이동하며 2번 별, 3번 별…… 하는 식으로 이름을 붙인다.

별빛 보석 목록

맑고 깨끗한 시골 밤하늘에 총총히 빛나는 별을 눈여겨 살피다 보면 우리는 마음을 쉽게 빼앗긴다. 눈에 익은 별자리를 하나둘 찾아가면서 별빛으로 가득한 우주 정원을 산책하는 느낌이 든다. 별과 별자리에 익숙해지면 천체 망원경에 눈을 맡겨도 좋다. 밤하늘에 숨어 있는 별빛 보석을 만날 수 있기 때문이다.

별이 무리를 지어 신기한 모양의 성단이 되고, 화려한 색감의 성운이 펼쳐지기도 하며, 때때로 수천억 개의 별을 지닌 여린 빛의 은하를 찾을 수 있다. 이렇게 아름다운 별빛 보석을 담고 있는 목록 중에 '메시에 목록'과 'NGC 목록'이 널리 알려져 있다.

메시에 목록은 1774년 프랑스의 '혜성 탐색가' 메시에(Charles Messier, 1730~1817)가 만들었다. 18세기는 불현듯 하늘에 등장하는 혜성을 전쟁이나 기근을 예고하는 불길한 신호로 여기던 시대다. 당시에는 새로운 혜성 발견을 큰 영예로 생각했다. 메시에는 혜성으로 착각하기 쉬워서 혜성을 찾는 데 방해가 되는 천체를 따로 모아 정리했다. 이것이 성운, 성단, 은하와 같은 밤하늘 천체에 대한 최초의 목록이다. 메시에의 첫 글자 'M' 뒤에 번호를 붙여 천체의 이름을 정했다. 안드로메다은하는 M 31이고 황소자리의 플레이아데스 성

천체망원경으로 밤하늘을 보
면 광활한 우주를 캔버스 삼
아 그려진 수많은 그림을 만
날 수 있다. 메시에 목록과
NGC 목록은 밤하늘에 보석
처럼 빛나는 성운, 성단, 은
하를 정리한 목록이다. 사진
은 허블우주망원경으로 촬영
한 독수리 성운(M 16)이다.

밤하늘을 아름답게 장식하는 성운, 성단, 은하들.

단은 M 45다. 메시에 목록에는 모두 110개의 천체가 들어 있다.

NGC 목록은 1888년 드레이어John Louis Emil Dreyer, 1852~1926가 만들었다. 'New General Catalogue'의 약자다. 드레이어는 7800여 개의 성운, 성단, 은하를 정리하면서 적경값이 커지는 순으로 천체에 번호를 붙였다. 일부는 메시에 목록과 겹치기도 한다. 메시에 목록에서 'M 31' 안드로메다은하는 NGC 목록에서 'NGC 224'다. 또 하나 IC 목록이 있다. NGC 목록에 없는 5300여 개의 천체를 추가해 만들었다. 'Index Catalogue(색인 목록)'의 약자이며 'IC' 다음에 숫자를 붙인다. 큰개자리의 시리우스별 가까이 있는 갈매기 성운은 'IC 2177'이다.

조선시대의 별밤지기 '홍대용'

천상열차분야지도는 조선시대 우리 조상이 별과 별자리를 어떻게 바라보았는지를 잘 알려준다. 또한 우주를 어떻게 이해했는지에 관한 흥미로운 이야기가 담겨 있다.

조선시대에 우주를 연구한 이들 가운데 눈여겨볼 인물이 홍대용이다. 1731년 양반 집안에서 태어난 홍대용은 대다수 선비가 과거시험에 매진하던 시기에 일찍이 시험을 포기하고, 순수하게 학문을 연구하기로 마음먹었다. 제일 먼저 수학을 탐구한 그는 《주해수용》이라는 책을 써서 당시 수학을 집대성했다. 스물아홉 살에 호남의 학자 나경적을 만난 후로 천문학에 깊은 관심을 두게 됐다. 그는 혼상의, 측관의, 통천의 등 여러 관측 도구를 만들고, '농수각'이라는 관측소를 지어 직접 밤하늘을 관찰했다. 혼상의는 별과 별자리, 황도와 적도 등을 표시한 일종의 천구의다.

코페르니쿠스의 지동설이 나오고 한참 후의 일이지만, 홍대용은 천문 관측을 통해 지구가 둥글며 태양 주위를 회전한다는 사실을 알아냈다. 또한 지구 자전설을 받아들여 낮과 밤이 생기는 원리를 설명했다.

18세기 조선의 밤하늘을 바라보았던 홍대용의 눈동자에 별과 우주는 어떤 모습으로 다가왔을까? 그의 생각을 엿볼 수 있는 책이 《의산문답》이다. 가공의 인물들이 자연, 우주, 세상사에 관한 이야기를 주고받는 문답집이다.

홍대용이 발명했다고 전해지는 톱니바퀴식 혼천의 일부분.

스물다섯, 생일별과 만나다

산들바람이 부는 여름밤 희미하게 피어오른 은하수가 하늘을 가로지르며 산 아래로 흐른다. 은하수 주위로 흩뿌려진 별은 밤하늘을 더 아름답게 꾸민다. 하늘 높은 곳에서 일등성 세 개가 커다란 삼각형을 이룬다. '여름의 대삼각형'이라 불리는 세 별은 별자리를 찾는 길잡이 역할을 한다. 천정 근처에서 가장 밝게 보이는 별이 거문고자리 직녀별(베가)이고 남쪽에 있는 별이 독수리자리 견우별(알타이르)이다. 나머지 하나는 백조자리 꼬리별 데네브다. 백조자리는 구름처럼 연기처럼 흐르는 은하수 위를 아름답게 날고 있다. 백조의 머리별 알비레오는 하나의 별로 보이지만 천체망원경으로 관찰하면 파란색과 황금색 별이 붙어 있는 멋진 쌍성이다.

직녀와 견우 별에는 잘 알려진 이야기가 전해온다. 베를 짜고 옷감을 만들어 하늘나라를 아름답게 꾸미는 일을 하던 직녀와 소를 몰고 농사를 짓던 견우는 서로 첫눈에 반해 좋아하게 되었다. 둘은 깊은 사랑에 빠진 나머지 일을 게을리했다. 이를 보고 화가 난 옥황상제가 둘을 떼어놓고 일 년에 딱 한 번, 칠월 칠석에 은하수를 건너 만나게 했다.

칠월 칠석 날에 직녀별과 견우별을 바라보면 그날만큼은 두 별이 서로 가까워지길 바라는 마음이 든다. 바람과는 달리 두 별 사이의 거리는 가까이하기에 너무나 멀다. 지구와의 거리도 상당한데 직녀별은 25광년, 견우별은 17광년 떨어져 있다. 오늘 밤하늘에서 반짝이는 직녀별을 본다면 그 빛은 25년 전 직녀별을 떠나 긴 여행 끝에 우리 눈에 도착한 빛이다. 올해 나이가 스물다섯이거나 열일곱인 사람은 생일날 직녀와 견우별을 꼭 찾아보길 바란다. 그 별이 생일별이 될 테니까. 내가 태어난 날 출발한 별빛이 광대한 우주 공간을 내 나이만큼 날아와서 눈동자에 담기는 것이다.

안드로메다은하는 약 250만 광년 떨어져 있다.

천체망원경으로 보는 희미한 은하의 모습은

250만 년 전 안드로메다은하에서 출발한 빛이 만들어냈다.

그 긴 시간 동안 차가운 우주 공간을 지나 지구 대기권을 뚫고,

망원경 렌즈를 통과한 다음 우리 눈동자에 들어왔다.

장대한 시공간을 여행해 우리와 만나게 된 과정을 살펴보면

그 모습이 얼마나 아름다운 것인지 새삼 느낄 수 있다.

더 멀리 더 깊이
바라보는 천체망원경

250만 년을 달려온 빛

찬바람이 심하게 부는 가을밤, 흔들리는 망원경을 조심스럽게 다루면서 찾아낸 안드로메다은하를 친구에게 보여주었다.

"애개, 무슨 은하가 이렇지? 그냥 희뿌연 구름 조각 같잖아."

친구는 책에서 보았던 은하와는 전혀 다르다며 실망한다. 이런 상황은 아마추어 천문가들이 종종 경험하는 일이다.

우리가 책에서 보는 천체사진은 대부분 긴 시간 노출을 주어 촬영한다. 사진은 노출된 시간만큼 희미한 천체에서 오는 빛을 모아서 또렷하게 보여준다. 이와 달리 사람의 눈은 그때그때 들어온 빛을 바로 시각화한다. 천체사진과 비교하면 더 어둡고 희미하게 보일 수밖에 없다. 그러나 그 빛은 그냥 희미한, 가볍게 지나칠 수 있는 빛이 아니다.

가냘픈 솜뭉치 같아 보이는 안드로메다은하는 250만 년 전의 모습을 지금 우리에게 보여주고 있다. 우리 눈에 들어오기까지 무려 250만 년을 달려

밤하늘 어딘가에 희미하게 보이는 별빛이라
도 당신이 태어나기도 훨씬 전인 수백 년 또는
수천 년 전에 우주 어느 곳에서 출발한 빛이다.

온 빛이기 때문이다. 그 긴 시간을 여행해온 빛을 눈동자에 담는다고 생각하면 은하의 모습이 얼마나 아름다운지 마음 깊이 느낄 수 있다.

우리 눈은 별빛을 어떻게 맞이할까? 이 과정을 자세히 알아보는 것은 의미 있고 흥미로운 일이다. 눈에 들어온 빛은 먼저 각막을 지난다. 투명한 세포로 이루어진 부드러운 막이다. 각막을 통과한 뒤 젤리처럼 투명한 물질로 된 수양액을 지난다. 다음에는 수정체를 통과한다. 수정체는 빛을 굴절시켜 상을 만드는 렌즈 역할을 한다. '모양근'이라는 근육은 수정체 두께에 변화를 주어 초점을 조절할 수 있다. 수정체를 에워싸고 있는 홍채는 오므라들거나 넓어지면서 수정체에 들어오는 빛의 양을 조절한다. 카메라 조리개가 하는 일과 비슷하다.

수정체를 떠난 별빛은 초자액 속을 25mm 정도 지나간다. 초자액은 젤리처럼 투명한 물질로 눈의 내부를 채우고 있으며 눈의 모양을 유지하는 역할을 한다. 드디어 별빛은 매우 섬세하고 민감한 감각세포로 뒤덮인 망막에 도착한다. 망막은 감각세포가 여러 층으로 복잡하게 구성돼 있다. 놀랍게도 그 두께는 고작 종이 한 장정도다.

빛이 망막에 닿으면 감광성 색소들이 빛 에너지를 흡수하여 광화학 반응을 일으킨다. 이 과정에서 전기 에너지가 생기고, 이 전기 에너지는 신경 물질을 흥분시킨다. 들뜬 상태의 신경 물질이 만든 신호는 신경섬유를 따라 뒤통수 쪽 뇌의 후두엽에 전달되고 곧

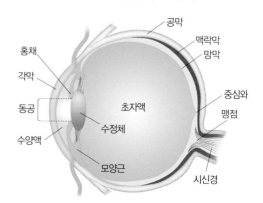

우리 눈의 구조 까마득한 과거에 우주에서 출발한 빛은 각막-수양액-수정체-초자액-망막을 거쳐 비로소 '별빛'으로 인식된다.

바로 정보 처리 과정을 거친다. 후두엽은 방금 자기가 처리한 정보가 안드로메다은하라고 알려 줄 것이다. 250만 년 전 안드로메다은하를 떠난 별빛의 기나긴 종착역은 바로 우리의 눈이고, 우리의 뇌가 만들어낸 의식이다.

눈에 보이는 것이 다가 아니다

　초보자가 망원경으로 천체를 관찰할 때 느끼는 실망감이 하나 더 있다. 성운을 보고 난 뒤에, 성운 특유의 화려한 색감이 전혀 없는 흑백 사진을 본 것 같다며 불평한다. 이러한 상황 역시 망원경 탓이 아니다. 우리 눈에 원인이 있다.

　어두울 때 우리 눈의 망막에서 주로 작동하는 감각세포는 '간상체(rod)'다. 망막 주변부에 1억 2천만~1억 3천만 개가 고루 분포한다. 간상체는 밝고 어두운 것만 알아낼 뿐 색깔은 구별하지 못한다. 어두운 밤에 저만치서 걸어오는 사람을 보면 무슨 색의 옷을 입었는지 잘 알 수 없지만 어슴푸레한 형체는 눈에 띈다. 간상체가 만들어낸 현상이다. 깜깜한 밤에 망원경으로 희미한 성운을 관찰할 때 그 색깔을 볼 수 없는 것은 간상체의 작용 때문이다.

사진으로 보면 컬러로 화려하게 보이는 성운(왼쪽)도 망원경을 통해 맨눈으로 관찰하면 흑백(오른쪽)으로 보인다. 사람의 눈이 희미한 빛을 볼 때 색을 잘 분간하지 못하기 때문이다. 사진은 타란툴라 성운.

예외는 있다. 매우 밝은 천체라면 어느 정도 색깔을 느낄 수 있다. 오리온 대성운의 중심부는 하늘이 아주 맑고 깨끗한 곳에서 구경 300mm 정도 망원경으로 보면 불그스름한 색감이 드러난다. 이 경우는 밝은 것을 볼 때 작동하는 감각세포 '추상체(cone)'가 깨어난 것이다. 추상체는 색깔을 잘 구분한다. 망막의 '중심와(fovea)'에 추상체 6~7백만 개가 조밀하게 모여 있다.

체코의 생리학자 푸르키네Jan Evangelista Purkyne, 1787~1869는 꽃의 색을 관찰하다가 흥미로운 사실을 알아냈다. 낮에는 빨간색 꽃이 파란색 꽃보다 더 밝게 보였는데, 해 질 녘이 되자 파란색 꽃이 더 밝아 보였다. 왜 그럴까? 밝은 곳에서 활동하는 추상체는 파장이 긴 붉은빛에 더 민감하고, 어두울 때 활동하는 간상체는 파상이 짧은 파란빛에 더 민감하다. 그래서 해 질 무렵 파란색 꽃이 더 밝게 보이는 현상이 나타난다. 이처럼 색채에 따라서 눈의 민감도가 영향을 받는 것을 '푸르키네 효과'라고 부른다.

푸르키네 효과는 색깔이 다른 별의 밝기를 측정하거나 비교할 때 잘 알고 있어야 한다. 밝기 측정 기구를 썼을 때는 더 어둡다고 확인된 별이지만 눈으로 관찰할 때는 더 밝게 보일 수 있기 때문이다. 눈에 보이는 것을 모두 믿어서는 안 된다. 보이는 것이 다가 아니다.

주변을 응시할 때 비로소 선명해지는 것

영화관에 들어섰을 때 처음 얼마 동안은 잘 보이지 않으나 시간이 좀 지나면 괜찮아진다. 갑자기 밝은 곳에서 어두운 곳으로 환경이 변하면 우리 눈의 감각세포인 간상체가 깨어나는데, 그 속도가 느린 편이다. 시간이 흘러 간상체가 잘 작동하면 비로소 주변이 제대로 보이기 시작한다. 이러한 과정을 '암적응'이라고 부른다. 보통 30분 정도 걸리며 그 이후에도 1시간 가량 암적응 과정이 계속된다.

어두운 곳에서 별을 관찰하는 도중에 밝은 불빛을 보게 되면 암적응이 순식간에 깨진다. 이런 일이 생기면 시간이 한참 지난 다음에야 희미한 천체를 관측할 수 있다. 별을 관측할 때는 암적응 상태를 잘 유지할 수 있게 항상 주의해야 한다. 성도를 볼 때 붉은색 손전등을 사용하면 눈에 주는 자극을 줄일 수 있다.

눈이 어둠에 충분히 적응한 상태에서 망원경으로 아주 희미한 천체를 관찰할 때는 '주변시(averted vision)'라는 방법을 쓰면 도움이 된다. 주변시는 보려는 대상을 똑바로 바라보지 않고 그 주변을 슬쩍 바라보는 '흘겨보기'를 말한다. 빛에 민감한 간상체는 망막의 중심와 부분을 벗어난 주변부에 많이 분포한다. 그래서 중심와보다 주변부가 40배 정도 빛에 더 민감하다. 똑바로 바라보았을 때는 안 보이던 천체가 그 주변을 비껴보면 모습을 드러내는 경우가 많다.

가장 뛰어난 맨눈의 천체 관측가

1572년 11월 11일 밤하늘을 올려다보던 티코 브라헤Tycho Brahe, 1546~1601는 깜짝 놀랐다. 카시오페이아자리에서 갑자기 나타난 초신성(supernova)을 찾아낸 것이다. 당시 사람들은 별이 영원불멸한 존재로 변함없이 빛나며, 죽거나 새로 만들어질 수 없다고 여겼다. 티코 브라헤의 발견은 동시대 사람들의 생각에 변화를 불러일으켰다.

　명성을 얻은 티코 브라헤는 1576년 덴마크 왕의 후원으로 덴마크와 스웨덴 사이 해협에 있는 벤(Hven) 섬에 '우라니보르(Uraniborg, 하늘의 성)'와 '스티에르네보르(Stjerneborg, 별의 성)'라는 이름의 천문대를 세웠다. 물론 천체망원경이 없는 천문대였다. 몇 종류 관측 기구의 도움을 받아 오로지 자신의 눈으로 천체를 관찰했으며 25년에 걸쳐 방대한 기록을 남겼다.

　천체망원경은 티코 브라헤 사후에 발명되어 널리 쓰이기 시작했다. 그런 까닭에 티코 브라헤는 망원경이 발명되기 전, 가장 뛰어난 천체 관측가로 손꼽힌다. 그가 남긴 정밀한 관측 자료는 훗날 케플러 Johannes Kepler, 1571~1630가 이룩한 천문학 업적에 중요한 밑거름이 되었다.

　티코 브라헤와 함께 일했던 케플러는 어릴 때 앓은 천연두의 후유증으로 관측을 거의 할 수 없을 정도로 시력이 나빴다. 케플러는 티코 브라헤의 관측 기록을 바탕으로 행성 운동을 수학으로 규명했다. 그것이 바로 유명한 '케플러의 법칙'이다.

　당시 학자들은 모든 행성이 원을 그리며 공전한다고 생각했다. 원이야말로 가장 완벽한 형태이기 때문이다. 케플러는 티코 브라헤의 화성 관측 자료를 살펴보다가 이상한 점을 발견한다. 화성이 원을 그리며 공전한다고 가정했을 때의 예상 위치와 관측 자료에 기록된 위치 사이에 오차가 있었다. 티코 브라헤의 관측 기록을 더 신뢰했던 케플러는 기록을 깊이 분석하고 연구한 끝에 마침내 화성의 공전 궤도

프라하에 있는 티코 브라헤(왼쪽)와
요하네스 케플러(오른쪽) 동상.

TYCHO BRAHE
JOHANNES KEPLER

우라니보르 천문대의 대형 벽면 사분의(망원경 이전의 천체 관측 기구)

가 완벽한 원이 아니라 타원이라는 것을 밝혀냈다. 이를 바탕으로 다른 행성들의 공전 궤도도 타원인 것을 알아냈다(케플러 제1법칙).

또한 행성의 공전 속도가 늘 일정하지 않고 태양에 가까워지면 빨리 움직이고 멀어지면 천천히 움직인다는 사실(케플러 제2법칙)과, 태양과 행성 사이 거리와 공전 주기의 관계(케플러 제3법칙)를 밝혀냈다.

티코 브라헤의 눈동자는 천체의 움직임을 기록했고, 케플러는 그 기록을 읽어 행성 운동의 비밀을 풀어냈다. 과학의 눈으로 우주의 풍경을 이해하려는 위대한 시도였다.

우주 풍경을 그려내다

사람의 눈은 망원경이 발명되기 전 밤하늘을 관찰하는 유일한 수단이었다. 보통 동공은 어두운 곳에서 지름이 약 7mm까지 커진다. 작은 동공에 모이는 빛으로 먼 우주의 여러 현상을 살피는 데는 한계가 있다.

17세기 초 망원경이 등장하자, 눈의 한계를 넘어서는 길이 열렸다. 우리의 눈동자가 커다란 렌즈로 모은 별빛을 보게 되면서 밤하늘 구석구석을 더 자세히 관찰하게 되었다.

망원경을 처음 발명한 사람은 안경점을 운영하던 네덜란드의 한스 리퍼세이Hans Lippershey, 1570~1619로 알려졌다. 1608년, 그는 안경 렌즈를 조합해 이리저리 살펴보다가 우연히 놀라운 점을 발견했다. 먼 곳의 물체가 크게 확대돼 보였다. 그는 이 점에 착안하여 길쭉한 통 안에 적당한 거리를 두고 렌즈를 끼운 도구를 만들었다. 망원경이 발명된 것이다.

멀리 있는 것을 크게 보여주는 도구, 망원경의 등장에 가장 먼저 관심을 보인 곳은 군대였다. 당시 해상 전투에서는 적군의 배를 먼저 발견하는 것이 중요했다. 망원경은 군대의 전술에 도움이 됐다.

망원경을 천체 관찰에 본격적으로 사용하기 시작한 사람은 갈릴레오 갈릴레이(Galileo Galilei, 1564~1642)다. 1609년 망원경 발명 소식을 전해 들은 갈릴레이는 스스로 그 원리를 연구해 망원경을 만들었다. 직접 만든 망원경으로 달의 크레이터, 목성의 4대 위성(이오, 유로파, 가니메데, 칼리스토), 토성의 고리, 태양의 흑점 등을 관찰했다.

갈릴레이 이후 새로운 형식의 망원경이 등장하면서 더 멀고 더 깊은 우주의 모습을 자세히 관찰하게 되었다. 케플러는 갈릴레이식 망원경의 단점이었던 좁은 시야와 낮은 배율을 개선해 케플러식 굴절망원경을 만들어냈다. 1668년 뉴턴(Sir Isaac Newton, 1642~1727)은 청동으로 만든 오목거울을 써서 뉴턴식 반사망원경을 만들었다. 이후 망원경은 다양한 방식으로 발전을 거듭했다. 천체망원경의 크기가 커지고 성능이 좋아지면서 우주를 바라보는 우리의 시야는 더 넓어졌다. 오늘날에는 반사경 지름이 25m가 넘는 거대한 망원경을 건설하기에 이르렀다.

위쪽 뉴턴 망원경. 오목거울을 이용한 반사식 망원경이다. **아래쪽** 이탈리아 우표. 갈릴레이 초상화 오른쪽에 그가 만든 망원경이 보인다.

우주를 더 가까이

천체망원경은 정말 뛰어난 장치임이 틀림없다. 드넓은 우주의 모습을 담아서 우리에게 펼쳐 보여주니 말이다. 400여 년 전에 발명되어 지금까지도 잘 쓰이는 과학 기구는 보기 드물다. 망원경의 원리를 알면 먼 우주의 풍경과 더 가까워질 수 있다.

굴절식 망원경의 경통 앞쪽에 있는 렌즈는 관찰하려는 물체를 향하고 있어서 '대물(對物)렌즈'라고 부른다. 경통 뒤에 끼우는 렌즈는 눈을 가까이 대고 들여다본다는 의미에서 '접안(接眼)렌즈'라고 한다. 대물렌즈나 접안렌즈는 쉽게 말해서 돋보기와 같은 볼록렌즈다. 볼록렌즈는 가까이 있는 물체를 확대해 볼 수 있으며(확대 기능), 멀리 있는 것을 그대로 축소해 상을 맺을 수 있다(결상 기능). 예를 들어 돋보기는 확대 기능을 이용하는 것이고, 사진기의 렌즈는 결상 기능을 이용한다.

여기서 생각을 한 단계 넓혀보자. 돋보기는 아주 가까이 있는 물체만 크게 보여주는데, 멀리 있는 것을 확대해서 보려면 어떻게 해야 할까? 방안에서 간단한 실험을 통해 그 원리를 알아볼 수 있다. 테이블 바닥에 흰 종이를 펴고 돋보기를 위아래로 움직여 천장 전등의 상이 종이에 맺히게 한다. 전등 모양이 또렷해지는 위치에서 종이와 돋보기 사이의 거리가 초점거리가 된다. 이 상태에서 다른 한 손으로 두 번째 돋보기를 들고 흰 종이에 나타난 전등 모양을 본다. 두 번째 돋보기를 잘 조절하여 살펴보면 흰 종이에 맺힌 전등 모양이 확대돼 보이는 것을 관찰할 수 있다.

첫 번째 돋보기는 흰 종이에 전등의 상을 맺게 했다. 이것은 대물렌즈의 결상 기능이다. 망원경의 대물렌즈가 하는 역할과 같다. 두 번째 돋보기는 흰 종이에 맺힌 전등의 상을 확대해서 보여주었다. 확대 기능으로 망원경의 접안렌즈가 하는 역할이다. 망원경의 대물렌즈가 상을 맺으면, 그 상을 접안렌즈로 확대해서 보는 것이 망원경의 원리다.

망원경의 성능은 '집광력'과 '분해능'으로 나타낼 수 있다. 집광력은 빛을 모으는 능력이다. 집광력이 100이라고 한다면, 지름이 7mm인 사람의 동공보다 100배 더 많은 양의 빛을 모을 수 있다는 뜻이다. 집광력이 크면 더 어두운 천체를 잘 볼 수 있다.

분해능은 가까이 붙어 있는 두 물체를 분리해서 보는 능력을 말한다. 먼 곳에 있는 두 물체와 망원경이 이루는 각도가 '분해각'이다. 두 물체가 분리되어 보이는 최소의 분해각을 그 망원경의 분해능으로 삼는다. 분해능이 클수록 더 세밀한 관찰이 가능하다.

| 여러 가지 방식의 망원경광학계 |

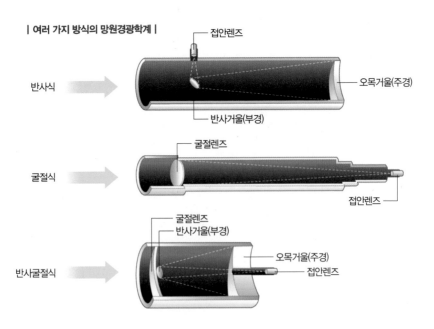

망원경의 집광력과 분해능을 높이는 가장 좋은 방법은 굴절식 망원경이라
면 '대물렌즈의 지름', 반사식 망원경이라면 '반사경의 지름'을 키우는 것이다.

우주 탐험의 동반자, 천체망원경

망원경은 크게 세 부분으로 나뉜다. 광학계가 들어 있는 경통과 장치대
그리고 다리다. 경통은 빛을 모으는 방법에 따라 여러 가지 형식이 있다. 장
치대는 경통 부분을 움직이거나 정지시켜 안정적으로 관찰할 수 있게 해준
다. 적도의 방식 장치대는 지구 자전에 따른 별의 움직임을 잘 추적할 수 있
어 편리하다. 경위대 방식 장치대는 단순한 형태로 방위각과 고도를 조절한
다. 망원경의 다리는 휴대용이면서 안정된 지지가 가능한 삼각대 방식과 한

| 망원경의 구조 |

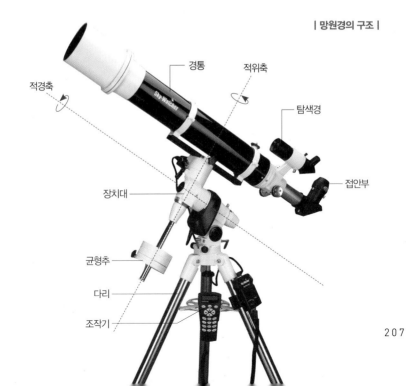

곳에 고정해 사용하는 기둥 방식이 있다.

천체망원경은 빛을 모으는 광학계의 형식에 따라 몇 종류로 나뉜다. 굴절망원경은 빛을 굴절시켜 초점에 상을 맺게 하는 볼록렌즈의 원리를 이용한 망원경이다. 역사적으로 '갈릴레이식'과 '케플러식' 두 종류가 있는데 일반적으로 굴절망원경이라고 하면 케플러식을 말한다. 케플러식은 상하좌우가 뒤집힌 '도립상'으로 보이지만 시야가 넓고 배율이 높다.

반사망원경은 빛이 반사하는 성질을 이용한다. 오목하게 패인 반사경은 굴절망원경의 대물렌즈와 같은 역할을 하며 초점에 상을 맺는다. 주경(주반사경)과 부경(부반사경)이 있는데, 부경은 주경에 모이는 빛의 진행 방향을 바꾸는 역할을 한다. 아마추어 천문가들이 널리 쓰는 반사망원경은 뉴턴식 반사망원경이다. 평면경을 부경으로 사용하여 빛의 경로를 경통 앞쪽 측면으로 내보낸다.

반사식과 굴절식의 장점을 살려서 만든 망원경이 반사굴절식 망원경이다. 반사굴절식 망원경 가운데 슈미트 카세그레인식이 널리 쓰인다. 이 방식은 구경에 비해 경통의 크기가 작아서 휴대성이 뛰어나다.

더 넓은 우주로

천체망원경의 발달사에서 거대 망원경이 등장하는 데 중요한 역할을 한 인물은 허셜이다. 그는 스스로 만든 망원경으로 천왕성을 발견해 태양계의 영역을 넓히는 데 큰 공을 세웠다.

허셜은 음악가인 아버지의 영향으로 독일 하노버 수비대 음악단에서 연주가로 사회에 첫발을 내디뎠다. 1757년 프랑스가 하노버를 점령하자 그는 영국으로 건너갔다. 영국 이민 초기에는 악보를 베끼는 일을 하며 힘들게 생활했지만, 몇 년 후 예배당 오르간 연주자로 큰 성공을 거뒀다. 이 시기에 허셜은 교향곡을 포함해 수백 곡을 작곡하고, 수십 차례의 연주회를 여는 등 음악인으로서 유명세와 부를 동시에 얻었다.

음악 이론을 연구하던 중 수학에 흥미를 느낀 허셜은 차츰 천문학에도 관심을 두게 되었다. 1774년 초점거리 5.5피트인 반사망원경을 직접 제작한 것을 시작으로, 1789년에는 초점거리 40피트에 구경 4피트 망원경을 완성했다. 이 망원경의 구조는 뉴턴식을 개량한 '허셜식'으로 경통 길이가 무려 10m나 되었다. 그는 거대한 망원경을 조작하기 위해 망루식 지지대를 설치했고 긴 사다리를 타고 올라가 관찰했다.

1781년 허셜은 자신의 이름을 천문학 역사에 길이 남길 천체와 만난다. 평소처럼 망원경으로 하늘을 관측하던 중 다른 별과 달리 초록색이며 약간 퍼진 듯 둥글게 보이는 천체를 발견했다. 궤도를 계산해 본 결과 행성의 움직임과 비슷했다. 허셜이 찾아낸 천체는 새로운 행성 '천왕성(Uranus)'이었다. 천왕성의 발견으로 태양계의 무대가 토성 너머로 더 넓게 펼쳐져 있음을 알게 되었다.

허셜은 망원경이 클수록 많은 양의 빛을 받아들여 어두운 대상을 더 상세하게 관측할 수 있다고 생각했다. 사진은 허셜이 천왕성을 발견했을 때 사용했던 망원경의 복제품(윌리엄 허셜 박물관 소장).

켄타우루스자리 알파별 B

켄타우루스자리 알파별 A

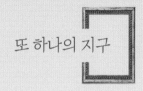

또 하나의 지구

태양

행성

스스로 빛을 내는 태양이 행성 지구에 줄 수 있는 선물은 몇 가지나 될까? 봄날 나뭇가지의 파릇한 잎, 여름밤의 산들바람, 맑은 가을 하늘의 무지개, 한겨울을 녹이는 포근한 햇살……. 생각해보니 일 년 내내 태양의 소중한 선물을 받고 있다. 태양이 보내주는 에너지가 지구의 환경과 조화롭게 어울린다. 드넓은 우주에 지구와 같은 행성이 또 있을까? 가까운 별부터 찾아보아야겠다.

켄타우루스자리 알파별은 4.3광년 떨어진 곳에 있다. 밝은 별이라 남반구에서는 맨눈으로 잘 보인다. 천체망원경으로 보면 알파별이 A, B 별로 나뉜다. 그리고 조금 더 떨어진 곳에 '프록시마'라는 별이 있다. 이렇게 세 개의 별이 한 무리를 이루는데, 태양으로부터 가장 가까운 곳에 있는 별들이다.

최근 켄타우루스 알파 B별 주위를 도는 행성이 발견되었다. 놀랍게도 그 행성의 질량이 지구와 비슷하다고 한다. 가장 가까운 곳에 있는 또 하나의 지구를 찾아낸 셈이다. 반가운 마음이 든다. 이웃집에 친구가 사는 걸 뒤늦게 알게 된 기분이다.

두 행성은 덩치는 비슷하지만, 성격은 많이 다른 것 같다. 켄타우루스 알파 B별을 도는 행성은 너무 가까운 거리(지구-태양 거리의 0.04배)에서 B별 주위를 3.2일에 한 번씩 돌고 있다. B별의 강한 빛이 쏟아지기 때문에 생명체가 살기는 힘들 것이다.

아주 가까운 곳에서 또 하나의 지구를 찾았지만, 환경이 지구와는 많이 다르다. 우리 지구처럼 멋진 선물을 받고 있는 행성을 만나려면 더 큰 천체망원경으로 더 먼 우주를 살펴보아야 할 것 같다.

언제 어디서든 별과 만나는 우리의 눈동자는 아름답다.

해 질 무렵 어스름한 빛에서 시작해

다음 날 새벽에 이르기까지 수많은 별이 밤하늘을 장식한다.

별빛에 매료된 사람들은 망원경과 카메라를 이용해 천체사진을 촬영한다.

천체사진은 우리 눈이 지닌 한계를 뛰어넘어

더 깊고 화려한 우주를 만나게 해준다.

천체사진으로 담아내는
우주

빛을 모아 더 깊은 우주를 그리다

우리 눈은 아주 정교하게 설계된 카메라와 같다. 밝은 것과 어두운 것을 잘 구별하고, 미세하게 떨어진 두 물체를 분리해서 볼 수 있다. 하지만 결정적으로 카메라에 뒤지는 점이 있다. 빛을 모아서 보지 못하는 것이다. 매 순간 눈동자로 들어오는 빛을 인지할 수는 있지만, 그 빛을 시간이 흐르는 동안 축적해 더 밝게 보여주지는 못한다. 카메라라면 가능하다. 카메라는 희미하게 보이는 것이라도 긴 시간 노출을 주어 빛을 모으면 더 밝게 표현해낸다.

별이 잘 보이는 곳을 기준으로 사람의 눈은 6등급 별까지 볼 수 있다. 그보다 어두운 별을 관찰하려면 망원경의 도움을 받아야 한다. 여기에 더해 망원경에 카메라를 연결해 천체사진을 찍으면 훨씬 더 어두운 별도 담아낼 수 있다. 천체사진은 눈으로 보이지 않는 우주의 풍경을 그려낸다. 더 많은 빛을 모을수록 더 깊은 우주를 들여다볼 수 있다.

위쪽 백조자리와 은하수. 하늘의 넓은 영역을 담을 수 있는 광각렌즈를 사용해 백조자리와 여름의 대삼각형을 이루는 별 셋을 촬영했다. 은하수가 사진 오른쪽 위에서 왼쪽 아래로 흐른다.
오른쪽 1840년 존 윌리엄 드레이퍼가 촬영한 달 사진.

우주의 풍경을 기록하다

1826년 사진 기술이 처음 발명된 후 14년이 지났을 때, 미국의 존 윌리엄 드레이퍼John William Draper, 1811~1882는 달을 촬영했다. 기록으로 남아 있는 최초의 천체사진이다. 그 뒤로 천체사진은 천문학 연구에 널리 쓰였고 우주를 이해하는 데 중요한 역할을 하고 있다.

천체사진으로 별의 위치를 측정하고 밝기를 알아낼 수 있다. 거대한 초은하단의 구조를 밝혀내고 초기우주의 모습을 이해하는 연구에도 천체사진이 활용된다. 최근 세워진 세계 각국의 대형망원경은 이제껏 인류가 알지 못했던 우주의 풍경을 보여주고 있다. 천체망원경의 크기와 성능이 향상됨에 따라 천체사진 기술도 크게 발전하고 있으며 천문학자들의 관측 활동에 큰 도움을 주고 있다.

요즘은 천문학자뿐만 아니라 일반인도 조금 노력하면 어렵지 않게 천체사진을 찍을 수 있다. 디지털카메라를 이용해 어두운 천체를 촬영하고 이미지를 처리하는 기술이 널리 알려져 있다.

천체사진의 종류를 알고 보면 더 멋진 장면을 얻을 수 있다. 천체사진은 넓은 공간을 담아내거나, 좁은 공간을 확대해서 찍는 것으로 나눌 수 있다. 별자리나 은하수 사진은 전자에 속하고 행성, 성운, 성단 등의 사진은 후자에 속한다.

별자리나 은하수는 천체망원경 없이 카메라 렌즈만 사용해서 찍을 수 있다. 광각렌즈, 표준렌즈, 준망원렌즈를 주로 사용한다. 별과 함께 산과 들의 지상 풍경이 어우러지게 구도를 잡으면 더 멋진 장면이 연출된다. 노출시간을 짧게 하면 별이 흐르지 않아 점상으로 찍힌다. 노출시간을 길게 하면 별

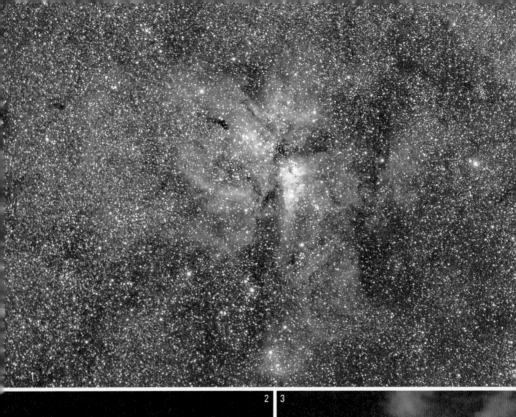

1 카리나 성운. 남반구 하늘에서 잘 보이는 성운이다. 별 추적 장치가 있는 망원경에 카메라를 연결해 촬영했다. 5분간 노출을 준 사진 4장을 합성했다. 붉은 성운의 모습이 잘 드러난다.
2 목성. 망원경에 천체사진용 비디오카메라를 연결해 2분 동안 3000장을 찍은 다음 이미지를 합성했다. 지구 대기의 요동이 목성의 이미지를 왜곡하기 때문에, 짧은 시간 동안 많은 사진을 찍어 괜찮은 이미지를 골라내 합성하는 기법을 사용했다.
3 오로라. 하늘 높은 곳에서 내려오는 듯한 모습을 담기 위해 넓은 범위를 찍을 수 있는 광각렌즈를 사용하였다. 희미한 빛까지 놓치지 않으려면 감도(ISO)를 올려준다.

이 움직인 궤적을 표현할 수 있다.

별도의 추적 장치를 이용해 별의 움직임을 쫓아가면 좀 더 희미한 별까지 또렷하게 담을 수 있다. 밤하늘 풍경 사진을 한 장 한 장 연결해 동영상을 만드는 타임랩스 기법도 있는데, 도전해 볼만하다. 긴 시간에 걸쳐 일어나는 밤하늘의 변화를 단 몇 분 동안 생동감 있는 영상으로 표현할 수 있다.

천체망원경을 사용하면 작고 희미한 천체를 찍을 수 있다. 보통 '딥 스카이 천체(Deep Sky Object)'라고 하는 성운, 성단, 은하 등을 찍을 때 이 방법을 쓴다. 천체를 확대해 촬영하기 때문에 추적 장치는 반드시 필요하다. 추적 장치의 오차를 바로잡는 별도의 가이드 망원경과 카메라를 사용하기도 한다.

천체사진 즐겨찾기

천체사진을 찍지 않더라도 누구나 천체사진의 매력에 푹 빠질 수 있다. 인터넷 천체사진 동호회나 천체사진 작가의 SNS를 즐겨찾기 해놓으면 수시로 올라오는 천체사진을 감상할 수 있다.

Astronomy Picture of the Day

Discover the cosmos! Each day a different image or photograph of our fascinating universe is featured, along with a brief explanation written by a professional astronomer.

2018 December 25

NASA, ESA, Hubble

M100: A Grand Design Spiral Galaxy
Image Credit: NASA, ESA, Hubble

APOD 홈페이지 화면. 세계 여러 나라에서 촬영된 천체사진 가운데 가장 눈에 띄는 것을 골라 매일 소개한다. 천체사진가는 이곳에 사진이 실리는 것을 대단한 영광으로 생각한다. 지난 날짜의 사진도 볼 수 있으며 주제별 키워드로 검색할 수 있다.

미국항공우주국(NASA : National Aeronautics & Space Administration)에서 운영하는 '오늘의 천체사진(APOD)'은 매일 세계 각국에서 보내온 사진 중 가장 의미 있는 것을 골라 소개한다. 우리나라의 천문연구원에서는 매년 천체사진 공모전을 여는데, 홈페이지에서 수준 높은 천체사진을 접할 수 있다. 세계를 대표하는 천문대 홈페이지를 둘러보는 것도 아름다운 우주의 풍경과 만나는 멋진 여행이 된다. 열정적인 천문학자들의 노력과 최첨단 장비가 곁들여져, 상상의 한계를 뛰어넘는 천체사진들을 만나볼 수 있다.

내 손으로 우주를 촬영하다

별이 빛나는 밤하늘의 아름다움에 마음을 빼앗겼다면 그 멋진 풍경을 오래도록 간직하고 싶은 생각이 든다. 그리고 내가 경험한 것을 다른 사람과 나누고 싶어진다. 이럴 때는 천체사진을 직접 찍어보자. 천문학 책에 등장하는 빼어난 사진까지는 아니지만, 내가 직접 찍어서 더 의미 있는 사신이 탄생할 수 있다. 집에서 쓰는 디지털카메라를 사용하거나 스마트폰으로도 간단히 천체사진을 찍을 수 있다.

• 천체사진의 배경은 어둠이다

태양을 제외하고 우리가 찍으려는 모든 천체는 밤에 나타난다. 그래서 어둡다. 보통 밤에 사진을 찍을 경우 카메라 플래시를 쓴다. 하지만 밤하늘에 떠 있는 천체를 찍을 때 플래시는 무용지물이다. 카메라 플래시가 어둠 속에서 자동으로 작동하지 않게 하는 것이 천체사진을 찍는 기본이다. 천체사진은 어두운 밤에 희미한 천체의 빛을 담아내는 과정이다. 빛을 적절히 잘 모아야 멋진 사진을 얻을 수 있다.

• 홍채와 조리개

카메라는 우리 눈의 기능을 모방한다. 홍채는 어두운 곳에서는 크게 벌어져 빛을 많이 받아들이고, 밝은 곳에서는 작게 오므라들어 빛이 적게 들어오게 한다. 카메라의 조리개가 같은 역할을 한다. 조리개 크기는 숫자 앞에 'F'를 써서 표시한다. 조리개가 열릴수록 F 수치는 작아진다. 예를 들어 F2는 F8 보다 빛을 더 많이 받아들인다.

• 노출시간

카메라는 조리개에 더해 노출시간을 바꾸어 들어오는 빛의 양을 조절한다. 카메라 이미지 센서 앞에 셔터막이 있는데 이 막을 여닫는 시간 간격을 제어하면 된다. 셔터스피드가 1/125초라면 셔터막이 1/125초 동안만 열려서 빛을 받아들인다. 1/250초는 1/125초의 절반만 빛을 통과시킨다.

• ISO

카메라 이미지 센서가 빛에 민감한 정도를 ISO로 나타낸다. ISO400은 ISO100에 비해 4배 민감하다. 카메라마다 ISO의 한계치가 정해져 있는데 ISO를 무조건 높인다고 좋은 것은 아니다. ISO가 높아지면 이미지 센서의 노이즈가 증가해 촬영한 이미지가 거칠어지기 때문이다.

• 3가지 맞추기

조리개, 노출시간(셔터스피드), 감도(ISO) 세 가지를 적절히 조절하면 더 멋진 천체사진을 얻을 수 있다. 렌즈 전체를 쓸 수 있도록 조리개는 최대한 열고(F 수치가 작아지는 방향) 빛을 받아들이는 노출시간은 늘인다(셔터스피드의 수치가 커지는 방향). 마지막으로 이미지 센서의 감도를 높인다(ISO 수치가 커지는 방향).

예를 들어 맑은 날 낮에 일반 풍경 사진을 촬영할 때는 보통 조리개 F8, 셔터스피드 1/125초, 감도 ISO100으로 설정한다. 하지만 밤하늘이 아주 어두운 곳에서 은하수를 촬영할 때는 조리개 F1.4, 셔터스피드 30초, 감도 ISO800과 같이 설정하면 좋다.

• 스마트폰으로 천체사진 찍기

스마트폰으로 천체사진 촬영이 정말 가능한 걸까? 그렇다! 스마트폰에 수동 조절모드가 있으면 조리개, 셔터스피드, 감도를 조절해 천체사진을 찍을 수 있다. 무엇보다 먼저 해야 할 일은 플래시를 끄는 것이다. 다음으로 조리개 F 수치를 가장 낮게 하고, 감도 ISO 수치는 최대로 올리며 노출시간은 길게 한다. 3가지 중에 1~2개의 기능만 바꿀 수 있어도 천체사진에 도전해 볼 수 있다.

여기서 주의해야 할 사항이 있다. 노출시간을 길게 할 경우 스마트폰이 움직이지 않게 고정해야 한다.

간단한 방법은 주변 물체에 스마트폰을 기대놓고 노출시간 동안 건드리지

스마트폰으로 촬영한 은하수 **왼쪽** 스마트폰 카메라의 수동 조절모드에서 조리개는 F1.8 노출시간은 30초 감도는 ISO3200으로 맞추고 촬영했다. **오른쪽** 같은 조건으로 찍은 19장의 사진을 합성한 것인데, 은하수가 더욱 잘 드러났다.

스마트폰으로 찍은 일주사진 30초 노출을 준 19장의 사진을 연결해 일주사진을 만들었다. 중간에 별 흐름이 끊긴 곳은 실수로 사진을 찍지 못한 부분이다.

망원경에 스마트폰을 대고 찍은 달 사진 왼쪽 스마트폰으로 찍은 달 사진이다. **오른쪽** 왼쪽 사진을 스마트폰용 사진 애플리케이션으로 이미지 처리를 한 것이다. 달의 여러 지형이 선명하게 보인다.

않는 것이다. 이렇게 하더라도 사진 찍는 버튼을 누를 때 흔들릴 수 있다. 이것을 방지하려면 타이머를 설정해서 찍는 것이 좋다. 삼각대와 스마트폰 거치대가 있으면 사진 구도를 정하기가 훨씬 쉬워진다.

• 별빛 흐르는 일주사진 찍기

천체사진을 찍어보면 별이 아주 작은 점으로만 표현되어 조금 밋밋한 느낌이 들기도 한다. 이럴 때는 새로운 시도를 해볼 수 있다. 별이 길게 궤적을 그리는 일주사진에 도전해본다. 스마트폰을 잘 고정하고 한번 촬영이 끝나면, 바로 다시 촬영해 이미지를 모아간다. 그런 다음 촬영한 이미지를 모두 합쳐 연결하면 별빛이 길게 흐르는 일주사진이 된다. 여러 사진을 합치는 작업을 해주는 무료 소프트웨어는 인터넷에서 쉽게 구할 수 있다.

• 달과 행성 찍기

천체망원경을 사용하면 스마트폰으로 간단하게 달이나 행성을 찍을 수 있다. 망원경 접안렌즈 가까이 스마트폰 카메라를 대고 촬영하면 된다. 이럴 경우 스마트폰 카메라의 모든 설정은 자동으로 하면 좋다. 그래도 플래시는 꺼두어야 한다. 초점은 촬영 대상에 맞춘다. 스마트폰 카메라는 접안렌즈와 평행하게 놓아야 하고, 접안렌즈와의 간격을 잘 맞추는 것이 중요하다. 특히 달을 찍어보면 예상보다 훨씬 멋진 모습에 깜짝 놀라게 된다. 꼭 시도해 보길 바란다.

밤하늘을 사랑한 별밤지기

자연과학에서 천문학은 아마추어의 기여도가 다른 어떤 분야보다 크다. 역사적으로 천문학의 여러 의미 있는 발견이 아마추어 천문가의 도움을 받아 이루어졌다. 박승철1964~2000은 우리나라에서 아마추어 천문학이 뿌리내리는 데 중요한 역할을 한 인물로 손꼽힌다. 그는 너 먼 우주를 보기 위해 전체망원경 세작에 공을 들였고, 밤하늘의 아름다움을 알리기 위해 열정적으로 활동한 천체사진가였다. 또한 국립소백산천문대 연구원으로 있으면서 신천체 탐색을 위한 기반 기술을 연구하기도 했다.

1987년 박승철이 만든 서강대학교 천문동아리 일기장에는 이렇게 적혀 있다.

"열 살이 되던 해 여름날 어느 저녁, 그때까지 살아오면서 처음으로 굉장한 눈요기를 했는데, 혜성이었다. 초저녁 서쪽 하늘에 걸린 거대한 혜성이 나의 삶을 결정지어버렸다."

그 표현대로 박승철의 삶은 늘 별빛을 향하고 있었다. 1988년, 대학생 시절 당시로는 큰 망원경에 속하는 10인치 반사망원경을 만들어 사람들을 깜짝 놀라게 했다. 2년 후에는 한발 더 나아가 14인치 반사망원경을 완성했다. 도전은 계속되어 누구도 감히 엄두를 내지 못했던 20인치 망원경 제작을 시도하기도 했다.

© 박승철

225

박승철에게 망원경은 광활한 우주의 모습을 보여주는 눈동자였다. 그는 열정을 다해 만든 망원경, 그 눈동자로 밤하늘을 샅샅이 살피며 우주를 여행하는 일에 온 힘을 쏟았다.

1993년 박승철은 국립소백산천문대에 자리를 잡았다. 이때부터 천체사진 촬영에 몰두했다. 다른 천체사진가들에 비해서 시작은 늦은 편이었지만 그의 사진은 일취월장했다. 1997년 촬영한 헤일-밥 혜성 사진(224쪽)은 박승철의 열정을 보여주는 결과물이었다. 소백산천문대의 맑은 하늘과 좋은 장비들이 뒷받침해주었지만, 별빛을 담아내기 위해서라면 무모하리만큼 적극적이었던 의지와 높은 산의 추위를 견디며 밤을 지새우는 노력이 있었기에 가능한 작품이었다.

박승철은 늘 새로운 도전을 꿈꾸었다. 더 생생한 별빛을 만나기 위해 우리나라에서 가장 깨끗한 밤하늘을 찾아다녔다. 그는 행성 지구를 무대로 우주의 풍경을 담아내는 일에도 첫걸음을 내디뎠다. 호주, 뉴질랜드 등을 탐험하며 모두의 눈을 번쩍 뜨이게 할 환상적인 별빛 사진을 찍었다. 새로운 시도였고 대담한 도전이었다. 이 책의 첫 장에 소개된 쿠나바라브란 탐사는 그가 걸었던 탐험길을 뒤따라간 여정이다.

그는 자신의 경험을 다른 사람과 나누는 데 아낌이 없었다. 천체사진과 글, 공개 관측회와 강연을 통해 별과 우주 이야기를 더 많은 이들에게 들려주었다. 박승철을 기억할 때 자주 회자되는 말이 있다. "한 번 보았는데 평생 기억에 남는 사람." 그는 정말 그러했다. 그와 잠깐이라도 만나보면 누구나 오랫동안 마음에 남을 별빛 에너지를 선물 받았다.

고향 창녕의 화왕산 정상에 천문대를 만드는 일은 그의 소중한 꿈이었다. 그리고 화왕산천문대를 발판삼아 드넓은 우주를 여행하는 더 큰 꿈을 그려내려고 했다. 그의 꿈은 곧 현실이 되려고 했다.

그러나 거기까지가 그의 마지막 발걸음이었다. 2000년이 저물어 가는 어느 추운 겨울날, 청소년들에게 별빛 이야기를 들려주는 프로그램에 참여하려고 집을 나섰던 그는 불의의 교통사고로 영면했다. 생전에 그토록 사랑했던 밤하늘의 별이 되었다. 그는 세상을 떠나기 불과 20일 전, 개인 홈페이지를 개설하고 주옥같은 사진과 천체사진 촬영 방법에 대한 글을 올렸다. 오랜 시간이 흘렀지만, 박승철의 밤하늘 풍경은 여전히 빛나고 있다. 지금은 블로그(https://blog.naver.com/star_party)에서 그의 글과 사진을 만날 수 있다.

2015년 2월 우정사업본부에서 박승철의 별자리 사진 16개를 담아 우리나라 최초의 별자리 우표를 발행했다. 160만 장이나 되는 우표는 전량 매진되었다. 별이 새겨진 우표는 별빛처럼 맑고 밝은 이야기를 담은 편지에 붙여져서 우리의 마음을 연결해 줄 것이다. 2018년에 나온 중학교 과학 교과서에도 그의 사진과 이야기가 실렸다. 많은 학생이 아름다운 별을 생각하며 꿈을 키울 것이다.

돌이켜보면 박승철은 별과 우주에 대해 끊임없는 탐구심으로 매 순간 열정을 불태운 인물이었다. 그렇지만 별을 바라볼 때 그의 눈동자는 어린 시절 멋진 혜성에 마음을 빼앗겼던 아이의 맑은 눈빛 그대로였다. 그는 별이 되어 떠났지만, 그가 담아낸 아름다운 밤하늘 풍경을 이 책에 남길 수 있게 되어 가슴 깊이 감사하다.

2015년 2월 우정사업본부에서 박승철의 별자리 사진 16개를 담아 발행한 우리나라 최초의 별자리 우표.

지금부터 약 46억 년 전

원시 태양이 모습을 드러냈다.

태양 주변의 가스와 먼지 원반에서

크고 작은 덩어리가 합쳐지면서 새로운 행성들이 만들어졌다.

충돌과 합체가 쉴 틈 없이 일어나는 혼돈의 시간을 거치면서

행성은 조금씩 덩치를 키워갔다.

8개의 행성은 태양 주위에 안정된 자리를 잡으면서

자신의 궤도를 돌게 되었다.

여덟 행성을 품은
태양계

태양을 중심으로 도는 천체들

　우리은하에는 태양처럼 스스로 빛을 내는 별이 2천억 개가량 모여 있다. 최근 연구에 따르면 대다수 별 주위에 행성이 있는 것으로 여겨진다. 태양 주위를 8개 행성이 돌고 있는데, 다른 별 역시 여러 개의 행성을 거느리고 있을 것이다. 밤하늘을 가득 메운 별과 그 별이 거느리고 있을 더 많은 행성을 상상해본다. 이제 우리 태양계를 열심히 탐험해야 할 이유가 분명해졌다. 태양계를 잘 이해하는 것은 우주의 또 다른 별과 행성의 어울림을 밝혀내는 첫걸음이 되기 때문이다.

　태양계는 약 10만 광년 크기의 우리은하 중심에서 2만 7000광년 정도 떨어진 곳에 자리 잡고 있다. 태양 주위에 있는 8개의 행성과 소행성, 왜소행성, 혜성, 유성 등이 모여 태양계 가족을 이룬다.

　태양계 행성 중에서 지구보다 안쪽 궤도를 도는 것을 '내행성'이라고 부른다. 수성, 금성이 내행성에 해당한다. 지구 바깥쪽 궤도를 도는 화성, 목

성, 토성, 천왕성, 해왕성은 '외행성'이다. 또 다르
게 분류하면 수성, 금성, 지구, 화성과 같이 표면이
딱딱한 것은 '지구형 행성'이라고 하며 목성, 토성,
천왕성, 해왕성처럼 표면이 두꺼운 가스로 이루어진
것은 '목성형 행성'이라고 한다.

화성과 목성 궤도 사이에는 많은 소행성이 돌고 있다.
작게는 집채만 한 것부터 크게는 한반도만 한 것도 있다. 혜
성의 핵은 얼음과 암석이 섞여 있으며, 태양과 가까워지면 멋진 꼬
리를 보여준다.

행성을 쉽게 찾는 비결

금성, 화성, 목성, 토성은 방법을 알고 있으면 맨눈으로 어렵지 않게 찾을
수 있다. 하늘에서 행성이 놓이는 곳은 태양이나 달이 지나는 길을 크게 벗
어나지 않는다. 행성을 쉽게 찾는 비결은 바로 이 길을 아는 것이다. 밤하늘
을 바라보며 태양이나 달이 지나는 길을 미리 그려본 다음, 알고 있는 별자
리와 비교해 무언가 낯선 별이 눈에 뛴다면 행성일 가능성이 높다.

목성　　　　토성　　　　　　　천왕성　　　해왕성

금성은 태양과 가까이 있기 때문에 해진 뒤 서쪽 하늘 또는 아침 해뜨기 전 동쪽 하늘에서 찾을 수 있다. 목성, 토성은 태양과 비슷한 방향에 놓이는 서너 달을 제외하고는 일 년 내내 밤하늘에 나타난다.

하루에 생일이 두 번 찾아오는 수성

수성을 뜻하는 '머큐리(Mercury)'는 '전령의 신' 헤르메스(Hermes)의 로마식 이름인 메르쿠리우스(Mercurius)의 영어식 표현이다. 헤르메스는 그리스 신화에서 신들의 소식을 전해 주는 발 빠른 심부름꾼이다. 수성이 다른 행성들보다 공전 궤도가 작아 빠르게 움직이는 걸 떠올리면 잘 어울리는 이름이다.

수성은 태양과 가까운 거리에서 공전하는 탓에 늘 태양과 함께 뜨고 지기 때문에 쉽게 모습을 드러내지 않는다. 지동설을 주장했던 코페르니쿠스 조차 일생에 한 번도 수성을 보지 못했다고 한다.

어떻게 하면 수성을 볼 수 있을까? 지구에서 바라보면 수성은 태양의 동쪽 또는 서쪽에 놓인다. 시간으로 따지면 2시간 20분 정도의 범위 안에서 태양을 앞서거나 뒤따르게 된다. 하늘에서 태양과 수성 사이의 거리가 가장

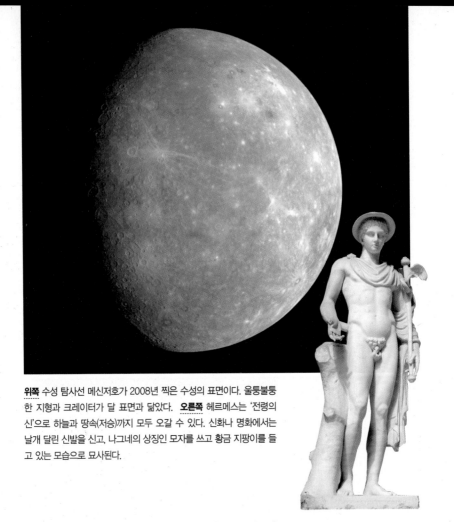

위쪽 수성 탐사선 메신저호가 2008년 찍은 수성의 표면이다. 울퉁불퉁한 지형과 크레이터가 달 표면과 닮았다. **오른쪽** 헤르메스는 '전령의 신'으로 하늘과 땅속(저승)까지 모두 오갈 수 있다. 신화나 명화에서는 날개 달린 신발을 신고, 나그네의 상징인 모자를 쓰고 황금 지팡이를 들고 있는 모습으로 묘사된다.

멀어진 날을 전후로 며칠 동안이 수성을 볼 수 있는 가장 좋은 때다. 이때에는 해뜨기 전 동쪽 하늘 또는 해진 후 서쪽 하늘에서 희미한 별처럼 보이는 수성을 찾을 수 있다.

수성 표면은 달 표면과 비슷해 크레이터가 많이 있다. 질량은 지구의 18분의 1, 반지름은 지구의 5분의 2 정도 된다. 반면에 태양으로부터 받는

수성(Mercury)

적도 지름	4878km (지구의 0.382배)
질량	3.3×10²³kg (지구의 0.056배)
평균 밀도	5.42g/cm³
겉보기 등급	−2.4~7.2
시지름	4.5~13″
자전 주기	58.646일
공전 주기	87.969일

에너지는 지구의 6.7배에 달한다. 수성 표면은 낮 동안 적도 부근의 온도가 최고 약 430도까지 올라가며 밤에는 약 -170도까지 내려가 차갑게 식는다.

수성이 태양을 한 바퀴 도는 데 지구 시간으로 88일 걸린다. 공전 주기를 기준으로 수성의 일 년은 88일인 셈이다. 수성의 자전 주기는 58일이며 지구에 비해 훨씬 길다. 그래서 아주 흥미로운 현상이 생긴다. 수성 표면에서 태양이 떠오르고 하늘을 가로질러 땅으로 진 다음 다시 떠오를 때까지 무려 176일이나 걸린다. 만약 태양이 뜨는 것을 기준으로 하루를 정한다면, 수성에서 하루는 176일이며 하루가 일 년보다 두 배나 길다. 결국 수성에서는 하루 동안에 생일을 두 번 맞을 수 있다.

차고 기우는 수성과 금성

내행성인 수성과 금성을 망원경으로 관찰하면 달과 유사한 모양 변화를 볼 수 있다. 망원경을 통해 보이는 두 행성은 달에 비해 크기는 매우 작지만 초승달이나 반달, 또는 보름달 모양으로 보일 때가 있다. 이런 현상은 왜 일어날까? 행성들의 궤도 운동과 상대적인 위치를 따져보면 해답을 얻을 수 있다.

태양과 내행성(수성, 금성) 그리고 지구의 상대적인 위치는 '이각'과 '합'으로 표현할 수 있다. 이각은 지구에서 보았을 때 태양과 내행성이 떨어진 각도를 말한다. 동 · 서 방향에 따라 이각이 최대인 경우를 '동방 최대 이각'과 '서방 최대 이각'이라 부른다. 합은 내행성과 태양, 지구가 직선으로 나란히 늘어선 경우다. '외합'은 내행성, 태양, 지구 순으로 늘어서고, '내합'은 태양, 내행성, 지구 순으로 늘어선다.

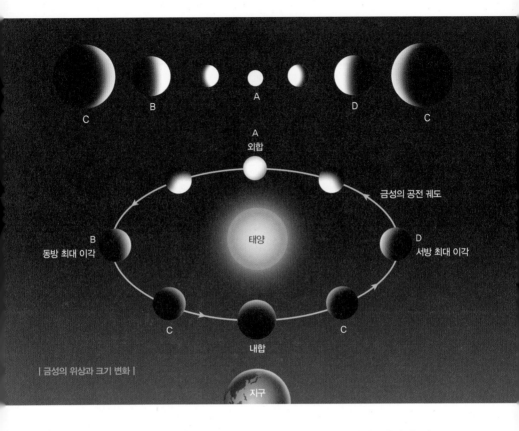

| 금성의 위상과 크기 변화 |

    내행성 운동을 순차적으로 보면 동방 최대 이각을 지나 내합에 이르고, 다시 서방 최대 이각을 지나 외합이 되는 과정을 되풀이한다. 이렇게 상대적인 위치가 바뀌면서 지구에서 관찰하는 내행성의 모습은 수시로 변한다.

    금성을 예로 들어보자. 금성이 태양을 중심에 두고 지구의 반대쪽으로 왔을 때(외합), 지구에서 관찰하면 금성의 낮 부분이 둥글게 나타나 보름달처럼 보인다. 동방 최대 이각이나 서방 최대 이각일 때는 금성의 낮 부분과 밤 부분이 나뉘면서 반달 모양에 가깝게 보인다. 내합과 가까워지는 시기에는 초승달이나 그믐달 모양이 되는데, 이때는 금성의 지름이 더 크게 보인다.

내합일 때 지구와 금성이 더 가까워지기 때문이다.

가장 뜨거운 행성, 금성

'샛별'이라 불리는 금성은 지구에서 볼 때 8개 행성 중 가장 밝게 빛난다. 어슴푸레 어둠이 밀려오는 서쪽 하늘에서 또는 동이 트기 전 동쪽 하늘에서 홀로 밝게 빛나는 별을 보았다면, 금성이라고 추측해도 크게 틀리지 않다.

금성은 지구와 가장 가까운 행성으로 크기는 지구보다 조금 작다. 금성이 가장 밝아지는 시기는 동방 최대 이각 이후 약 5주 동안과 서방 최대 이각 이전 5주 동안이다. 이 시기에는 태양과 달 다음으로 하늘에서 가장 밝게 빛난다. 금성이 밝게 보이는 이유는 표면을 덮고 있는 대기의 상층부가 반사율이 높은 황산을 포함하고 있기 때문이다.

금성의 표면온도는 약 460도로 납덩이를 녹일 만큼 매우 뜨겁다. 금성 대기의 주성분인 이산화탄소가 만들어내는 '온실효과' 때문이다. 지구에도 온실효과가 나타나지만, 금성은 이산화탄소의 양이 훨씬 많아 온실효과가

금성은 8개 행성 중 가장 밝게 빛난다. 천문학자 댄 올슨 교수의 연구에 따르면 고흐의 작품 〈한밤의 하얀 집〉에서 오른쪽 하늘에 밝고 노랗게 빛나는 것은, 달이 아니라 1890년 6월 16일에 뜬 금성이라고 한다.

위쪽 나사의 마젤란 탐사선이 레이더를 이용해 1990~1994년까지 작성한 금성의 지표면 모습이다. 두터운 대기와 온실효과로 지표면은 기압이 90기압, 온도는 섭씨 460도에 이른다.
왼쪽 서양에서는 가장 아름다운 별이라는 의미로 금성에 '미(美)의 여신'인 '비너스(Venus)'의 이름을 붙였다.

금성(Venus)

적도 지름	1만 2104km (지구의 0.950배)
질량	4.87×10²⁴kg (지구의 0.815배)
평균 밀도	5.24g/cm³
겉보기 등급	−4.9~−2.9
시지름	9.7~66.0″
자전 주기	243.01일
공전 주기	224.70일

더 강하게 나타난다. 태양에서 오는 빛이 행성 대기를 통과한 후 표면을 뜨겁게 만들고, 달궈진 행성 표면은 적외선을 내보낸다. 이때 대기 중 이산화탄소는 적외선 에너지가 우주 공간으로 나가는 것을 방해한다. 이산화탄소가 가두어버린 에너지는 행성 표면온도를 높이면서 온실효과를 일으킨다.

화성인과의 조우를 꿈꾼 몽상가들

1877년 화성은 지구와 아주 가까워져 밤하늘에서 매우 붉게 빛났다. 많은 사람이 천체망원경으로 화성을 관찰했고, 이탈리아의 천문학자 스키아파렐리Giovanni Virginio Schiaparelli, 1835~1910도 그 가운데 한 명이었다. 그는 구경 22cm의 굴절망원경으로 화성을 자세히 관측해 바다와 대륙 지형으로 나뉜 화성 지도를 만들었다. 화성 표면에 가느다란 선이 교차하는 것을 본 스키아파렐리는 '카날리(canali)'라고 기록했다.

카날리는 영어의 '채널(channel)'에 해당하는 이탈리아어로 '수로' 또는 '물길'을 뜻한다. 하지만 스키아파렐리의 연구 결과를 영어로 옮긴 번역자가 카날리를 '커낼(canal)'로 표현했다. 채널과 커낼의 뜻은 비슷하면서도 커다란 차이가 있다. 커낼은 사람이 인공적으로 만든 물길, 운하를 뜻하기도 한다. 작은 번역 실수로 화성에 화성인이 만든 운하가 있을지 모른다는 이야기가 널리 퍼지게 됐다.

스키아파렐리의 연구 활동에 자극을 받은 미국인 사업가 퍼시벌 로웰

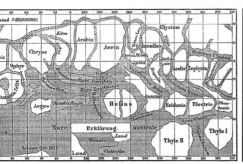 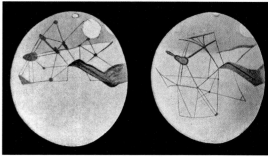

왼쪽 이탈리아 천문학자 스키아파렐리가 1877년 9월에 지름이 22cm인 망원경으로 작성한 화성 지도.
오른쪽 스키아파렐리의 영향을 받은 로웰이 지름 30cm, 45cm의 망원경을 갖춘 천문대를 세워 작성한 화성 지도(1914년 이전).

Percival Lowell, 1855~1916도 화성 관찰에 본격적으로 나섰다. 그는 천체 관측 조건이 좋은 애리조나주의 플래그스태프(Flagstaff)에 로웰 천문대를 세우고 거대한 망원경을 설치해 화성 운하의 정체를 밝히는 데 전념했다.

로웰이 화성을 세밀하게 관측한 후 그린 스케치를 보면 운하가 거미줄처럼 연결돼 있다. 그의 스케치를 본 사람들은 화성 운하가 인공적으로 만든 관개용 수로이며 화성에 고도의 문명을 이룬 생명체가 있다고 생각했다.

그 후 오랫동안 화성인과 운하가 실제로 있는지에 대한 논쟁은 계속됐다. 그러나 1965년 최초로 화성 탐사에 성공한 우주선 매리너 4호는 화성인과 그들이 파놓은 운하가 존재하지 않는다는 사실을 확인시켜줬다. 화성인과 운하에 대한 이야기는 이렇게 막을 내렸다. 하지만 외계 생명체에 대한 사람들의 관심은 여전히 높다.

2년마다 지구와 가까워지는 화성

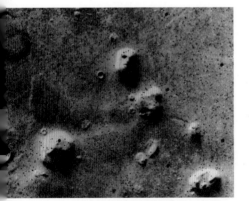

1976년 바이킹 1호가 찍은 화성 표면.

1976년 탐사선 바이킹 1호가 찍은 한 장의 사진은 화성 생명체설에 다시금 불을 지폈다. 사진 속 화성 표면에는 사람 얼굴과 흡사한 지형이 있었다. 이 사진을 두고 다양한 해석이 나왔다. 과거 화성에 존재했던 문명인이 어떤 메시지를 전하려고 만든 조형물이라는 주장도 그 가운데 하나였다. 그러나 과학자들이 정밀 분

위쪽 화성은 표면 토양이 산화철을 많이 포함하고 있어 붉은빛을 띤다. 크기는 지구의 절반 정도이고 극지방에는 흰색의 극관이 있다.
오른쪽 화성의 영어 이름은 '마르스(Mars)'다. 화성은 호전적인 붉은 빛깔 때문에 로마 신화 속 '전쟁의 신'인 마르스(그리스 신화에서 아레스)의 이름을 선물받았다.

석한 결과, 얼굴 지형은 화성의 독특한 지형에 태양 빛이 적당한 각도로 비칠 때 우연히 나타난 현상일 뿐이었다. 빛의 각도가 달라지면 얼굴과 전혀 다른 모습이 나타났다. 화성 얼굴 지형 이야기는 해프닝으로 막을 내렸지만, 화성에 대한 사람들의 높은 관심을 다시 한 번 확인시켜줬다.

화성이 여러모로 주목을 받는 이유는 지구와 닮은 점이 많기 때문이다. 화성의 지름은 지구의 절반 정도

화성(Mars)

적도 지름	6792km (지구의 0.533배)
질량	6.42×10^{23}kg (지구의 0.107배)
평균 밀도	3.93g/cm³
겉보기 등급	−2.9~1.8
시지름	3.5~25.1″
자전 주기	24시간 37분 22초
공전 주기	686.97일(1.88년)

이며, 자전축은 공전 궤도면에 대해 25.2도 기울어져 있어 지구(23.5도)와 비슷하다. 사계절의 변화는 행성 자전축이 기울어져 생기는 현상이므로 화성에도 지구와 유사한 계절 변화가 나타난다. 화성 표면은 전체적으로 적갈색을 띠는 밝은 지역과 검게 보이는 어두운 지역으로 나뉜다. 극 지역에는 흰색의 '극관'이 있다. 지구 극지방에 얼음이 있는 것처럼 화성 극관에도 얼음이 있다. 물이 언 얼음과 이산화탄소가 언 '드라이아이스'로 이루어져 있으며 양쪽 극 지역에 생긴다. 화성 극관은 계절에 따라 모양이 변한다. 극관 지역에 겨울이 찾아오면 커지고 여름이 되면 작아진다. 때때로 화성 표면에는 거대한 먼지 폭풍이 일어나며 넓은 지역을 휩쓸고 지나간다.

화성과 지구의 공전 속도가 다른 까닭에 두 행성은 약 780일 주기로 가까워진다. 대략 2년에 한 번꼴로 지구 밤하늘에서 더 밝게 빛나는 화성을 볼 수 있다. 이때에도 지구와 화성 간의 거리는 5400만km에서 1억 300만km 범위에서 달라진다. 화성의 타원 궤도로 인해 생기는 현상이다. 약 2년마다 지구와 화성이 만나지만 둘 사이 거리는 좀 더 가까울 수도, 멀 수도 있다는 뜻이다.

화성이 가까워지는 시기에는 망원경으로 표면 모습을 더 자세히 관찰할 수 있다. 100배 정도 배율에서 화성 표면은 적갈색으로 밝게 보이는 지역과 상대적으로 어둡게 보이는 지역이 드러난다. 적갈색으로 보이는 지역은 전체 표면의 약 70%를 차지한다. 덕분에 화성은 붉은색으로 보인다.

화성이 붉게 보이는 이유는 1976년 잇달아 화성에 착륙한 바이킹 1호와 2호가 어느 정도 밝혀냈다. 화성 표면을 조사한 결과 표면에서 철의 산화물이 많이 발견됐다. 결국 화성은 철이 녹슬어 붉은색을 띠게 된 것이다.

화성에 내리쬐는 태양의 강한 자외선은 물 분자를 수소와 산소로 분리할 수 있다. 이때 생긴 산소가 철과 결합해 산화철을 만들어낸다. 이러한 사실을 바탕으로 과거 화성에 철을 산화시킬 정도의 물이 있었음을 유추할 수 있다. 실제로 탐사선이 보내온 사진에는 과거 화성 표면에 물이 흘러 침식된 지형이 있다. 가끔 발생하는 거대한 먼지 폭풍도 화성을 붉게 만드는 요인이 된다. 먼지 폭풍이 지속되는 동안 지구 밤하늘에 나타나는 화성은 더 붉게 보인다.

두 개의 달이 비추는 화성

화성을 뜻하는 '마르스(Mars)'는 로마 신화에서 '전쟁의 신'이다. 화성 주위를 도는 두 위성에는 '포보스(Phobos)'와 '데이모스(Deimos)'라는 이름이 붙었는데, 각각 '공포'와 '패배'라는 의미가 있다. 두 위성은 미국의 천문학자 아사프 홀Asaph Hall, 1829~1907이 1877년 발견했다.

홀이 위성을 발견하기 한참 전인, 1726년 영국인 작가 조너선 스위프트Jonathan Swift, 1667~1745가 쓴 유명한 소설 《걸리버 여행기》에는 화성에 두 개의 위성이 있다는 이야기가 나온다. 작가의 상상력이 놀라울 따름이다.

포보스는 화성 표면으로부터 약 6000km, 데이모스는 약 2만 3천km 거리를 두고 화성 주위를 공전한다. 두 위성은 크고 작은 크레이터로 뒤덮여 있으며, 불규칙한 형태로 울퉁불퉁 찌그러진 모양이다. 포보스의 긴 쪽 지름은 27km이고 데이모스는 15km 정도다. 크기가 작아 소형 망원경으로 관찰하기는 어렵다.

화성이 두 위성을 거느리게 된 원인은 아직 정확히 밝혀지지 않았다. 화성과 목성 사이 '소행성대'를 돌고 있는 작은 천체가 화성의 중력에 이끌려 그 주위를 공전하게 되었다는 설이 있다.

가장 빨리, 가장 멀리

구소련이 1957년 최초의 인공위성 스푸트니크 1호를 쏘아 올린 후 20년이 지났을 때, 태양계 행성 탐사에 뜻밖의 행운이 찾아왔다. 목성, 토성, 천왕성, 해왕성이 비슷한 방향에 놓이면서 4개 행성을 한 번에 탐사할 기회가 생겼다. 177년 만에 나타난 드문 현상이었다.

NASA는 서둘러 행성 탐사 계획을 세우고 1977년 보이저 1호와 2호를 발사했다. 12년 후 1989년 보이저 2호는 해왕성에 도착하면서 4개 행성에 대한 탐사 활동을 성공리에 마무리했다. 두 우주선은 그 뒤에도 항해를 계속해 태양계 가장자리 방향으로 날고 있다.

특히 보이저 1호는 2018년 12월 9일 기준으로 태양에서 약 217억km 떨어진 곳을 지나고 있다. 지금까지 인류가 보낸 우주선 가운데 가장 먼 우주 공간을 달리고 있다. 속도 역시 매우 빠르다. 시속 약 6만km로 총알보다 무려 40배나 빠른 속도다. 목성 근처를 지날 때 '중력도움'을 이용했기 때문에 이처럼 빨리 달릴 수 있었다. 중력도움은 우주선이 행성 가까이 다가가면서 속도를 높일 때 흔히 쓰는 방법이다. 다른 사람의 손을 잡고 원을 그리며 세게 잡아당기다가 어느 순간 손을 놓으면 그 사람이 바깥으로 내동댕이치듯 빨리 움직인다. 중력도움 현상이 이와 비슷하다.

보이저 1호는 지금까지 아무도 가보지 못했던 별과 별 사이 공간으로 진입할 것이다. 엄청난 속도로 달리지만, 태양계와 가장 가까운 이웃 별 영역에 도달하려면 앞으로 7만 년이 더 걸린다. 별과 별 사이 거리가 무척이나 멀다는 걸 새삼 느낀다.

2025년쯤 보이저 1호의 원자력 전지 수명이 다하게 되면 우주선과의 통신은 끝내 끊길 것이다. 그래도 보이저 1호는 미지의 세계로 외로운 비행을 계속할 것이다. 가장 빨리, 가장 멀리……

토성은 아름다운 고리가 있어 언제나 멋진 모습을 연출한다.

미래의 '행성관광 여행지'로 가장 인기를 끌 곳은 토성이 아닐까?

토성으로 날아가 바로 그 표면에서 고리를 본다면

놀랍도록 웅장한 풍경이 펼쳐질 것이다.

고개를 돌려보면 지구에서 볼 때에 비해

10분의 1 크기로 줄어든 태양이

아스라이 빛을 뿌리고 있을 것이다.

다른 모습 다른 환경,
행성들의 세계

가장 큰 행성

태양계 행성 중 가장 큰 목성은 다른 외행성과 마찬가지로 '충(태양과 외행성 사이를 지구가 지나가면서, 지구에서 봤을 때 외행성이 태양의 정반대 방향에 위치할 때)'에 이르면 가장 밝아진다. '합(지구에서 봤을 때 외행성이 태양과 같은 방향에 있을 때)'에 가까워지는 두세 달을 제외하고 일 년 내내 밤하늘에서 볼 수 있다. 목성의 질량은 태양계 다른 행성을 모두 합한 것의 두 배가 넘는다.

지상에서 망원경으로 관찰할 때 보이는 목성의 표면은 수소와 헬륨으로 된 두꺼운 대기의 위층이며, 암모니아와 메탄 등을 포함하고 있다. 목성 대기에 생기는 구름은 암모니아 결정, 암모늄수황화물, 얼음 등으로 이루어져 있다. 이 구름층이 목성 표면에 '어두운 줄무늬'와 '밝은 대'를 만든다. 줄무늬가 항상 같은 모습을 유지하는 것은 아니다. 몇 달 또는 몇 해에 걸쳐 하나의 줄무늬가 둘이 되기도 하고, 밝은 대 사이에 가늘고 어두운 줄무늬가 만들어지기도 한다. 간혹 줄무늬 자체가 없어지는 경우도 있다.

위쪽 보이저 1호가 찍은 목성의 대적반. 마치 대리석을 잘라놓은 듯 아름다운 무늬를 볼 수 있다. **왼쪽** 태양계에 있는 행성 가운데 가장 큰 목성의 이름 '주피터(Jupiter)'는 그리스 신화의 주신 제우스를 뜻한다.

목성(Jupiter)

적도 지름	14만 2984km (지구의 11.21배)
질량	1.90×10^{27}kg (지구의 317.89배)
평균 밀도	1.326g/cm³
겉보기 등급	−2.9~−1.6
시지름	29.8~50.1″
자전 주기	9시간 55분 30초 (적도)
공전 주기	11.86년

목성 표면에서 볼 수 있는 거대한 소용돌이 '대적반 (Great Red Spot)'은 줄무늬 사이의 대기가 만들어내는 것으로 알려져 있다. 대적반은 지구 대기권에서 발생하는 태풍과 비슷한 현상이다. 대적반의 크기는 수시로 변하지만, 지구를 서너 개 늘어놓을 수 있을 정도로 크기 때문에 소형 망원경으로도 볼 수 있다. 평상시 대적반은 옅은 황갈색이거나 회색빛을 띠지만 때때로 어두운 고리 모양을 가진 하얀색 타원형으로 바뀌기도 한다. 대적반을 잘 관찰하면 목성의 자전 속도를 구할 수 있다.

목성에 붙들린 위성들

1610년 1월 7일 갈릴레이는 스스로 만든 망원경으로 목성을 관찰하면서 가까이 붙어 있는 세 개의 천체를 발견했다. 여러 날에 걸쳐 살펴본 결과 세 개의 천체가 항상 목성 근처에 머물고 있는 사실을 알아냈다. 1월 31일에는 비슷한 움직임을 보이는 네 번째 천체를 발견했다. 갈릴레이는 그해 3월 22일까지 관측한 것을 토대로 네 개의 천체가 목성 주위를 공전한다는 결론을 내렸다.

갈릴레이는 달이 지구 둘레는 도는 것처럼 목성도 위성을 거느리고 있음을 밝혀냈다. 이러한 발견은 우주의 중심은 지구이고 모든 천체는 지구를 중심으로 돈다는 '천동설'에 찬물을 끼얹었다. 지구를 중심으로 돌지 않는 천체들이 실제로 있다는 증거를 찾아냈기 때문이다.

이후에도 목성의 많은 위성이 발견됐지만, 갈릴레이가 발견한 네 개의 위성이 가장 유명하다. 이오(Io), 유로파(Europa), 가니메데(Ganymede), 칼리스토(Callisto)를 '갈릴레이의 4대 위성'이라고 부른다. 4대 위성은 목성의 적도면 근처에서 공전하기 때문에 한 줄로 나란히 늘어선 모양이다. 목성의 앞뒤를 반복해 지나므로 때때로 목성 표면에 그림자를 만드는 '영 현상'을 일으키거나, 목성 뒤로 숨어 아예 보이지 않기도 한다. 4대 위성의 밝기는 5, 6등급이며 소형 망원경으로 쉽게 관찰할 수 있다.

4대 위성 중 이오는 가장 안쪽 궤도를 돈다. 목성의 중력 때문에 생기는 조석력은 이오의 형태를 변형시킨다. 조석력 때문에 이오는 내부가 갈라지고, 갈라진 표면이 접촉하며 생기는 마찰력으로 암석이 녹아 화산 활동이 활발하다. 목성의 두 번째 궤도를 도는 유로파의 표면은 부드러운 얼음으로

1610년 갈릴레이가 처음으로 관측한 목성의 위성들. 목성의 4대 위성에는 제우스의 연인 이름이 붙여졌다.

이오

유로파

가니메데

칼리스토

덮여 있고 미로와 같은 줄무늬가 있다. 유로파의 두꺼운 얼음층 밑에는 깊은 바다가 있다. 바다가 있는 만큼 유로파는 생명체가 살고 있을 가능성이 높다. 가니메데와 칼리스토는 표면에 크고 작은 크레이터가 있고 얼음층으로 덮여 있다.

사라지기도 하는 토성의 고리

목성 궤도를 넘어서면 아름다운 고리를 두른 토성을 만난다. 토성 고리는 약 29년을 주기로 기울기가 변하기 때문에 잘 보일 때와 그렇지 못할 때가 있다. 고리 면이 지구에서 보는 시선 방향과 일치하면 고리가 사라진 것처럼 보이기도 한다. 고리의 기울기에 따라 토성 전체의 밝기도 영향을 받는다. 고리는 여러 개의 틈으로 나뉘는데, 프랑스 천문학자 카시니Jean Dominique Cassini, 1625~1712가 발견한 '카시니 간극'이 가장 유명하다.

토성이 지구와 회합하는 데 걸리는 시간은 평균 378일이므로 매년 2주일 정도 늦게 충이 된다. 합에 가까워지는 서너 달을 제외하고 일 년 내내 토성을 볼 수 있다. 토성의 위성은 60개 넘게 발견됐으며 가장 밝은 것은 '타이탄(Titan)'이다. 타이탄 대기의 주성분은 여러 가지 유기 화합물을 포함한 질소다. 타이탄 대기는 때때로 하양, 노랑, 주황, 빨강 등 다양한 색깔을 띤다.

토성(Saturn)	
적도 지름	12만 536km (지구의 9.45배)
질량	5.68×10²⁶kg (지구의 95.15배)
평균 밀도	0.687g/cm³
겉보기 등급	−0.5~1.2
시지름	14.5~20.1″(고리 제외)
자전 주기	10시간 33분 (적도)
공전 주기	29.46년

아래쪽 탐사선 카시니가 촬영한 토성. 토성은 두릿한 고리를 가지고 있는 행성이다. 목성과 천왕성, 해왕성에도 고리가 있지만 지구에서 소형 망원경을 사용해 관찰할 수 있는 고리를 지닌 행성은 토성뿐이다.
오른쪽 '새턴(Saturn)'은 그리스 신화에서 '시간의 신' 크로노스를, 로마 신화에서 '농경의 신' 새턴을 가리킨다.

누워서 도는 행성, 천왕성

태양계에 또 다른 행성이 있을까? 망원경이 발명돼 밤하늘 탐색이 활발해지면서 토성 너머에 있을지 모르는 새로운 행성에 대한 관심이 커졌다. 1781년 마침내 허셜이 천왕성을 발견했다. 사실 이보다 앞서 1690년에 제작된 성도에 천왕성이 표기돼 있었지만, 그것이 새로운 행성이라고 생각한 사람은 없었다. 허셜도 천왕성을 처음 발견했을 때 태양에서 멀리 떨어져 있어 아직 꼬리가 발

천왕성(Uranus)	
적도 지름	5만 1118km (지구의 4.0배)
질량	8.68×10²⁵kg (지구의 14.54배)
평균 밀도	1.27g/cm³
겉보기 등급	5.3~6.0
시지름	3.3~4.1″
자전 주기	17시간 14분 24초
공전 주기	84.02년

아래쪽 보이저 2호가 촬영한 천왕성. 천왕성은 대기에 포함된 메탄이 붉은빛을 흡수하기 때문에 푸르스름하게 보인다. **오른쪽** 천왕성의 영어 이름 '우라노스(Uranus)'는 그리스 신화에서 '하늘의 신'이다.

달하지 않은 혜성이라고 생각했다.

천왕성은 발견 후 200여 년 동안 알려진 게 거의 없었다. 1986년 천왕성에 접근한 보이저 2호가 많은 수수께끼를 풀어냈다. 천왕성 대기의 주성분은 수소, 헬륨, 메탄 등이다. 대기 온도는 가장 낮은 영역에서 -224도까지 떨어진다. 천왕성에는 10개 이상의 가느다란 고리가 있으며, 이 고리들은 토성고리보다는 훨씬 어둡다. 공전 궤도면에 대해 98도 기울어져 자전하는 까닭에 '누워서 도는 행성'이라는 별명이 있다. 천왕성은 27개의 위성을 거느리고 있다. 밝기는 5.3~6.0등급이며 소형 망원경으로 쉽게 찾아볼 수 있다.

수학이 발견한 해왕성

19세기 중엽 프랑스 천문학자 르베리에Urbain Le Verrier, 1811~1877는 천왕성의 운동을 계산하는 과정에서, 발견 이래 63년이 지난 천왕성의 위치가 계산된 위치와 다르다는 사실을 알아냈다. 르베리에는 이 차이가 천왕성 궤도 밖에 있는 새로운 행성의 섭동(천체의 궤도 운동에 영향을 줘서 변화를 일으키는 인력) 때문에 생긴다고 추측했다. 1846년 가을 르베리에는 미지의 행성이 있을 것으로 추정한 위치를 계산해냈고, 이 사실을 베를린 천문대의 갈레Johann Gottfried Galle, 1812~1910에게 알렸다. 그해 9월 23일 예측한 위치에서 불과 1도 떨어진 곳에서 태양계 여덟 번째 행성인 '해왕성'이 발견됐다.

르베리에는 수학적 계산과 천왕성 관측만으로 해왕성의 존재를 예측했다고 해서 '펜 끝으로 행성을 발견한 남자'로 불렸다.

위쪽 보이저 2호가 촬영한 해왕성. 해왕성은 태양계에서 가장 빠른 시속 2100km의 바람이 부는 곳이다. 대기 중에 메탄이 있어 푸르게 빛난다.

오른쪽 '넵튠(Neptune)'은 '바다 신' 포세이돈의 영어식 이름이다. '트리톤'은 포세이돈의 아들로 상반신은 인간, 하반신은 인어의 모습을 하고 있다. 사진은 지안 로렌초 베르니니의 〈포세이돈과 트리톤〉.

해왕성에 대한 자세한 정보는 1989년 보이저 2호가 접근하면서 알려졌다. 해왕성의 대기는 수소와 헬륨으로 이루어져 있으며, 표면에는 거대한 소용돌이 현상으로 여겨지는 대흑점이 있다. 해왕성의 공전 방향과 반대로 도는 위성 '트리톤(Triton)'과 '네레이드(Nereid)'를 포함해 14개의 작은 위성을 거느리고 있다.

해왕성(Neptune)

적도 지름	4만 9528km (지구의 3.88배)
질량	1.02×10^{26}kg (지구의 17.15배)
평균 밀도	1.638g/cm³
겉보기 등급	7.7〜8.0
시지름	2.2〜2.4″
자전 주기	16시간 6분 36초
공전 주기	164.79년

역사적으로 명왕성 발견에 가장 큰 역할을 한 인물로 로웰과 톰보^{Clyde} ^{William Tombaugh, 1906~1997}를 꼽을 수 있다. 1920년경 천문학자 피커링^{Edward Pickering,} ^{1846~1919}과 로웰은 천왕성과 해왕성의 궤도 운동에서 나타나는 섭동이 해왕성 밖에 또 다른 행성이 있음을 암시한다고 주장했다. 그 후 10년이 지나 1930년 톰보가 로웰천문대에서 명왕성을 발견했다.

명왕성 발견 뒤에는 흥미로운 이야기가 있다. 로웰은 화성을 정밀하게 관측하기 위해 천문대를 세웠고, 새로운 행성을 찾는 일에도 관심이 많았다. 톰보는 로웰천문대의 보조연구원이었다. 그는 같은 범위의 밤하늘을 수차례 촬영하고, 그 사진을 번갈아가며 하나의 영사막에 투영해 천체의 이동이 있었는지를 관찰했다. 이 방법은 행성처럼 움직임이 있는 천체를 검출하는 데 효과가 있었다. 오랜 기간 이어진 끈질긴 노력 끝에 톰보는 새로운 행성을 발견했다. 태양계 모퉁이에 있어 접근하기 어렵고, 작고 희미해서 쉽게 보이지 않는 이 행성에는 로마 신화 속 '저승의 신'인 '플루토(Pluto)'의 이름을 붙였다.

평생 천문학 발전을 위해 노력한 톰보는 명왕성뿐만 아니라 혜성 1개, 성단 6개, 초은하단 1개, 소행성 800여 개를 발견해냈다. 톰보는 1997년 세상을 떠나며 "명왕성 탐사선을 보내게 되면 내 유해도 함께 실어 달라"고 부탁했다. 2006년 1월 19일 최초의

톰보는 비록 사후지만, 9년 6개월에 걸친 긴 여행 끝에 자신이 발견한 행성에 도착했다.

위쪽 뉴호라이즌스호가 2015년 7월 14일 촬영한 명왕성. 파란색, 빨간색, 적외선 이미지를 합성한 사진으로, 표면이 자세하게 보인다. 하트 모양의 무늬는 명왕성 발견자인 톰보를 기리는 뜻에서 '톰보 지역'이라고 부른다.

왼쪽 명왕성을 뜻하는 '플루토(Pluto)'는 저승의 신 하데스의 라틴어명이다. 명왕성에는 카론, 닉스, 히드라, 케르베로스, 스틱스라는 5개의 위성이 있다. 첫 번째 위성 카론은 '죽음의 강' 아케론을 건너게 해주는 뱃사공의 이름이며, 닉스는 밤의 여신, 히드라는 저승을 지키는 머리가 여럿 달린 괴물의 이름이다. 케르베로스는 저승 세계 입구를 지키는 개, 스틱스는 저승을 둘러싸고 흐르는 강의 이름이다.

명왕성(Pluto)

적도 지름	2377km (지구의 0.19배)
질량	1.3×10^{22}kg (지구의 0.0021배)
평균 밀도	1.85g/cm³
겉보기 등급	13.7~16.3
시지름	0.06~0.11″
자전 주기	6.39일
공전 주기	248년

명왕성 탐사선 뉴호라이즌스호는 톰보의 유해 일부 (30g)를 싣고 발사됐다. 9년 6개월에 걸친 긴 여행 끝에 2015년 7월 14일 톰보는 자신이 발견한 행성에 도착했다.

명왕성은 앞서 살펴본 가스 행성들과 여러 점에서 다르다. 크기는 훨씬 작고, 표면에는 딱딱한 지각이 있다. 질량은 지구의 0.0021배밖에 되지 않는다. 태양에서 멀리 떨어져 있으며 공전 주기는 약 248년으로 무척 길다. 13~16등급 정도로 어둡게 보여 소형 망원경으로는 관찰하기 어렵다. 다른 행성들의 공전 궤도는 원에 가까운 타원형인 데 비해, 명왕성의 궤도는 가늘고 긴 타원형이며 많이 기울어져 있다. 때에 따라 명왕성이 해왕성보다 태양에 더 가까이 접근하기도 한다.

근래 들어 명왕성과 비슷한 규모의 천체가 새롭게 발견되고 있다. 이러한 천체가 여럿 등장하자 2006년 국제천문연맹은 명왕성을 더 이상 행성으로 보지 않고 비슷한 형태의 다른 천체들과 함께 '왜소행성'으로 분류했다. 이제 명왕성은 왜소행성 '134340'이라는 낯선 이름을 얻게 되었다.

명왕성의 새로운 모습

2015년 7월 14일 뉴호라이즌스호는 명왕성에서 1만 2550km 떨어진 지점을 통과했다. 가장 가까운 곳에서 명왕성을 관찰한 뉴호라이즌스호는 그동안 알려지지 않았던 명왕성의 여러 가지 새로운 사실을 지구로 보내왔다. 높이가 3000m 넘는 얼음산은 메탄과 질소, 일산화탄소, 물 등이 얼어붙어 만들어진 것으로 보인다. 빙하가 흘러내린 흔적도 있었다. 명왕성 표면에 충돌 크레이터가 많지 않은 것으로 보아 지질 활동이 꾸준히 일어나고 있음을 알 수 있다.

명왕성에는 5개의 위성이 있다. 가장 큰 위성인 카론(Charon)은 지름이 1212km이며 닉스(Nix)와 히드라(Hydra)는 약 40km, 케르베로스(Kerberos)와 스틱스(Styx)는 10~12km 정도다.

명왕성의 얼음평원에 석양이 비치는 모습이다. 사진 오른쪽으로 스푸트니크 평원이 보이고 왼쪽에는 힐러리 산맥이 있다. 오른쪽 위 지평선 가까이 텐징 산맥이 솟아 있다.

명왕성을 통과한 뉴호라이즌스호는 태양계 밖 우주의 심연을 날아가고 있다. 46억 년 전 태양계가 탄생하면서 남은 물질이 모여 있는 장소인 카이퍼 벨트(Kuiper Belt)와 그 너머 오르트 구름(Oort cloud)에 대한 기초 탐사를 진행하는 임무를 수행하기 위해서다. 우리는 뉴호라이즌스호의 항해를 통해 태양계 가장자리의 물리 환경을 더 잘 알게 되었다.

내가 사는 곳은 어느 행성과 가까울까?

드넓은 우주에 비하면 태양계는 먼지만큼이나 작은 공간이지만, 우리가 쉽게 떠올리기 어려운 넓은 곳이기도 하다. 우리는 일상생활에서 수천 킬로미터가 넘는 거리를 떠올리는 데 익숙하지 않다. 하물며 수십억 킬로미터를 넘나드는 태양계를 가늠하기란 쉬운 일이 아니다.

태양계를 축소해 여덟 행성의 평균 거리에 따른 궤도를 우리나라 지도에 그려보면 태양계의 규모를 더 쉽게 파악할 수 있다. 태양이 서울 시청에 있

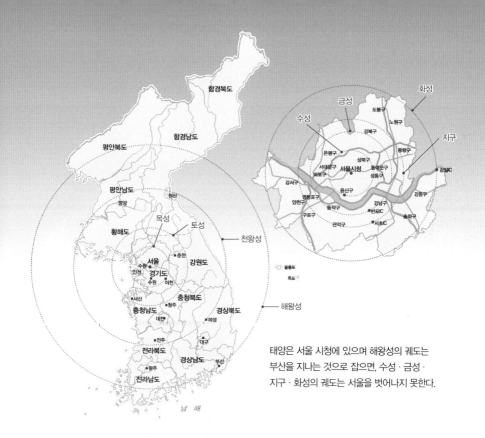

태양은 서울 시청에 있으며 해왕성의 궤도는
부산을 지나는 것으로 잡으면, 수성·금성·
지구·화성의 궤도는 서울을 벗어나지 못한다.

| 태양에서 행성까지의 평균 거리 |

행성	수성	금성	지구	화성	목성	토성	천왕성	해왕성
태양으로부터의 평균거리 (100만km)	57.91	108.2	149.6	227.9	778.5	1,433	2,877	4,503
태양으로부터의 평균거리 (AU)	0.387	0.723	1.00	1.52	5.20	9.58	19.2	30.1

고 해왕성의 궤도가 부산을 지난다고 가정하면, 다른 행성들이 우리나라의
어떤 곳을 지나게 되는지 알 수 있다. 천문학에서 사용하는 천체의 거리나
크기는 얼른 상상하기 어렵지만, 우리에게 익숙한 규모로 축소해 살펴보면
훨씬 쉽게 알아차릴 수 있다.

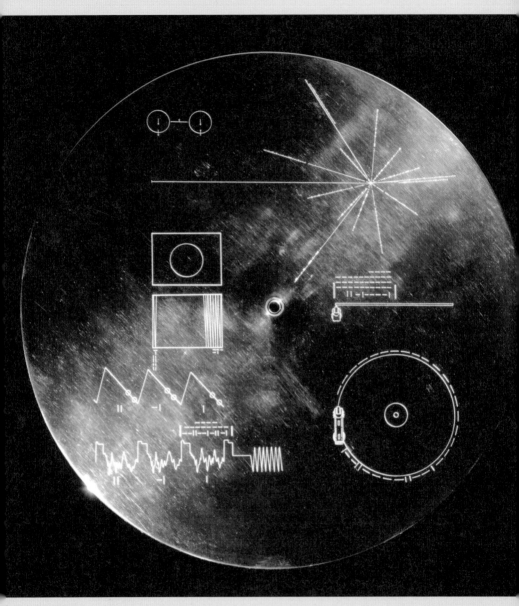

258

응답하라 1977

NASA는 1977년 우주 탐사선 보이저 1호, 2호를 발사했다. 두 우주선은 태양계 탐사 활동을 잘 진행했고 지금은 행성 공간을 벗어나 먼 우주를 향해 달려가고 있다. 보이저 탐사선에는 지름 30cm 크기의 특별한 레코드판이 실려 있다. 황금 도금을 한 레코드판에는 외계 생명체에 전하는 여러 가지 메시지가 담겨 있다. 우리나라를 포함한 55개국의 인사말이 들어 있으며 이외에도 115장의 그림, 바람과 천둥소리, 고래의 울음소리, 모차르트의 오페라 〈마술피리〉에 나오는 〈밤의 여왕 아리아〉 등이 실려 있다.

레코드판 표면에는 상징적인 그림과 기호를 새겨 레코드판을 재생하는 방법과 태양계의 위치 정보를 표시했다. 친절하게도 레코드판 재생에 필요한 카트리지와 바늘도 함께 실렸다. 일종의 '태양계 타임캡슐'이자 우주의 바다에 띄운 '인류의 편지를 담은 병'과 같은 것이다.

황금 레코드판이 우리 이외의 또 다른 외계 생명체에게 발견될 수 있을까? 먼 미래에 어떤 일이 일어날지 예측하기는 쉽지 않다. 보이저 탐사선은 앞으로 7만 년 정도 지나야 비로소 태양계 바깥의 다른 별 주위를 달리게 될 것이다. 7만 년 후에 우리 인류는 지구에서 어떤 모습으로 살아가고 있을까? 혹시 레코드판을 발견한 외계 문명이 지구에 신호를 보냈을 때 이를 수신할 지구인이 존재할까?

7만 년이 아니라 어쩌면 7억 년이 지나도 황금 레코드판은 발견되지 못한 채 드넓은 우주 공간을 외롭게 달릴 수도 있다. 행성 지구에서 인류가 영속하지 못한다면 보이저 탐사선과 황금 레코드판은 인류의 정보를 담은 유일한 유산이 될 것이다. 참 슬픈 상상이다.

지구는 태어나서 지금까지
많은 변화를 겪었으며 앞으로도 그럴 것이다.
46억 년에 걸친 지구 역사를 생각하면
100년이 채 안 되는 인간의 삶은 찰나에 지나지 않는다.
하지만 우리는 지구에 대한 새로운 정보를
계속해서 뇌에 저장했으며,
다음 세대에게 전하고 공유하는 과정을 통해
더 많은 것을 이해할 수 있게 되었다.
우리는 지구의 숨겨진 비밀에
한 발짝 한 발짝 다가서고 있다.

생명을 보듬은 푸른 행성, 지구

지구의 탄생

지구가 탄생하는 순간을 만나려면 46억 년 전으로 거슬러 올라가야 한다. 새로 태어나는 태양 주변부 한 귀퉁이에 모여 있던 가스와 먼지가 조금씩 뭉쳐지더니 작은 덩어리를 만들었다. 이 덩어리들은 중력의 작용으로 서로 끌어당기며 점점 덩치를 키워갔다. 이제 새로운 행성의 씨앗이 만들어졌다. 서로 부딪치며 더 큰 덩어리로 뭉쳐지고 주변의 물질을 끌어들여 원시 지구의 모습을 갖추었다.

원시 지구 주위에 널려 있는 티끌과 암석 조각은 아주 빠르게 지구와 부딪쳤다. 사방에서 쏟아져 내리는 덩어리는 그 속도가 굉장히 빨라서 지표면과 충돌할 때 엄청난 에너지를 쏟아냈다. 지구 표면은 1000도가 넘는 뜨거운 상태가 되었다. 시간이 흘러 충돌이 잦아들고, 뜨겁게 달아올랐던 열기도 수그러들었다. 하늘에는 구름이 생기고 땅을 적시는 비가 내리면서 바다가 만들어졌다. 태양의 강한 자외선으로부터 보호를 받는 바닷속은 생명 진

화의 온실 역할을 하게 된다.

생명의 무대가 되는 바닷물은 어디서 온 것일까? 혜성이 전해 주었다는 가설은 꽤 설득력이 있다. 지구 생성 초기에 태양계 가장자리에서 날아온 많은 혜성이 지구와 부딪쳤다. 혜성은 지구 중력에 이끌려 빠른 속도로 충돌하고, 이때 발생한 에너지는 혜성이

지구(Earth)	
적도 지름	1만 2,756km
질량	5.97×10^{24}kg
평균 밀도	5.5g/cm³
자전 주기	23.93시간
공전 주기	365.256일

얼음 형태로 품고 있던 물을 순식간에 증발시켰다. 지구 대기권은 수증기 상태로 혜성의 물을 머금고 있다가 구름을 만들고 비를 내렸다. 땅으로 떨어진 물은 낮은 지대로 모여들었고 마침내 바다가 생겼다. 이 가설이 사실이라면, 지표면 3분의 2를 차지하는 바다를 채우기 위해 얼마나 많은 혜성이 떨어져야 할까?

1 원시 태양계의 가스와 먼지에서 원시 지구가 만들어진다. 2 태양계 여기 저기에 흩어져 있던 미행성체(행성이 되는 데 쓰인 크기가 작은 천체)가 지구와 충돌한다. 3 물과 이산화탄소를 주성분으로 하는 원시대기가 만들어진다. 4 대기는 지구의 중력에 붙잡혀 대기권을 형성한다. 5 하나의 대륙 판게아가 나누어지기 시작한다. 6 현재의 지구. 바다와 대륙이 보인다.

지름 200km쯤 되는 혜성이 200개 정도 충돌하면 가능하다. 지구 생성 초기에는 화산 활동이 활발했다. 이 역시 바닷물을 보태는 데 도움을 주었을 것이다. 화산이 터지면서 함께 섞여 나온 수증기가 공기 중에서 응결해 물로 변하고, 이것이 비가 되어 땅으로 내려 결국 바다로 흘러들었다.

조심스러운 주장이지만, 혜성 충돌이 생명 탄생에도 중요한 역할을 했을 수 있다. 혜성이 '생명의 씨앗'을 지구에 전해주었을 가능성이 있기 때문이다. 혜성은 물, 탄화수소와 더불어 단백질을 이루는 아미노산도 함께 지니고 있다. 생명을 만드는 데 필요한 물질이다. 여러모로 지구와 혜성은 떼려야 뗄 수 없는 관계를 맺고 있다. 지금도 매년 여러 개의 새로운 혜성이 지구의 밤하늘에 모습을 드러낸다.

빛을 가로막는 대기권

태양에서 나온 빛은 1억 5000만km를 달려 지구에 다다른다. 세상을 환하게 밝히는 그 빛에서 어떤 색깔을 나누기는 어렵다. 하지만 물방울을 뿌려 무지개를 만들거나 삼각형 프리즘을 사용하면 태양 빛에 숨어 있는 아름다운 색을 구별해 볼 수 있다. 무지개의 빛은 '빨주노초파남보'로 나뉘는데 파장에 따라 색이 달라진다.

가시광선에서 파장이 긴 쪽은 빨간색이며 짧을수록 보라색에 가깝다. 보라색보다 파장이 짧은 빛으로 자외선, X선, 감마선 등이 있다. 파장이 짧은 빛은 에너지가 강해 지구 생명체에 해롭다. 만약 이런 종류의 빛이 모두 지표면에 이른다면 생명체는 살기 어렵다.

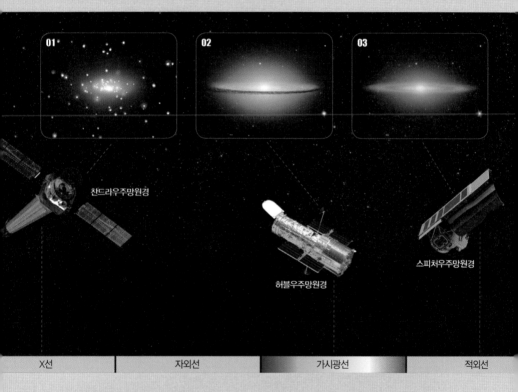

| X선 | 자외선 | 가시광선 | 적외선 |

파장별 망원경과 그 망원경이 촬영한 사진

멕시코와 페루 등지에서 많이 쓰는 챙이 크고 평평한 모자, 솜브레로를 닮은 은하(M 104)를 세 가지 빛의 영역에서 세 대의 우주망원경으로 관측한 사진이다. 같은 천체지만 관측하는 빛에 따라 모습이 달라진다.

01 찬드라우주망원경의 X선 사진에서 푸른색 영역은 은하 주위의 뜨거운 가스 영역을 보여준다.
02 허블우주망원경의 가시광선 사진은 위아래로 솟은 별의 영역을 잘 나타내고 있다.
03 스피처우주망원경의 적외선 사진은 빛을 막고 있는 넓은 먼지 고리 영역을 뚜렷하게 보여준다.

햇살이 강한 날 피부에 자외선 차단제를 바르거나, 병원에서 X선 촬영을 신중하게 하는 것도 같은 이유다. 다행히 파장이 짧은 빛은 공기 입자와 부딪혀 대기권을 잘 통과하지 못한다. 빨간색보다 파장이 더 긴 빛 중에도 대기권을 통과하지 못하는 것이 있다. 우리 눈으로 볼 수 있는 가시광선은 빛이 만들어내는 넓은 파장영역에서 일부분에 지나지 않는다.

맑은 가을날 하늘이 파랗게 보이는 것은 태양 빛이 지구 대기권을 통과하면서 만들어낸 현상이다. 파장이 긴 빛은 대기권을 그대로 통과하는 반면, 파장이 짧은 파란색 빛은 공기 입자와 부딪혀 흩어지며 하늘을 파랗게 물들인다.

해가 저물어 갈 때 나타나는 저녁노을은 어떻게 설명할 수 있을까? 해 질 무렵에는 태양 빛이 지평선 부근으로 비스듬하게 비춰 대기권을 길게 지나와야 한다. 이때 파장이 짧은 빛은 대부분 대기권에 흡수되고, 파장이 긴 빛만 눈에 다다르면서 붉은 노을이 하늘에 펼쳐진다.

지구 대기권이 우주에서 오는 빛을 입맛에 따라 고르는 셈이다. 천문학자에게는 달갑지 않은 상황이다. 빛의 파장에 따라 적합한 망원경을 만들어야 하고, 그 빛을 받을 수 있는 장소에 망원경을 설치해야 한다. 그래서 지상의 광학망원경은 가시광선 영역의 빛을 주로 관찰하고 전파망원경은 파장이 긴 영역의 빛을 맡는다.

태양의 고도가 낮아지면 태양 빛이 통과해야 하는 대기의 층이 두터워진다.
결국 파장이 긴 붉은빛만 살아남아 우리 눈에 도착한다.

사외선이나 감마선, X선을 조사하기 위한 망원경은 대기권 밖 우주 공간에 설치해야 한다. 가능한 여러 파장의 빛을 탐구할수록 별과 우주가 보내오는 더 많은 정보를 읽어낼 수 있다.

북극성과 노인성

동쪽에서 뜬 별은 남쪽 하늘을 가로질러 서쪽으로 지며 다음 날 저녁 다시 동쪽 하늘에 나타난다. 지구가 자전하기 때문에 생기는 현상으로 일주운동이라고 한다. 북극성 주위를 긴 시간 노출을 주어 찍은 사진을 보면 동심원을 그리는 별의 일주운동을 확인할 수 있다.

지구의 대기는 질소(78%), 산소(21%), 물(1%), 아르곤, 이산화탄소 등으로 이루어져 있다. 가시광선 영역의 보라색보다 파장이 짧은 빛은 지구 대기권을 통과하지 못하기 때문에 자외선, 감마선 등의 고주파영역은 대기권 밖에서 관측해야 한다.

일주운동을 실시간으로 직접 관찰하는 방법도 있다. 천체망원경의 배율을 50배 정도로 하고 장치대의 추적 장치를 끈 채 1분가량 눈으로 들여다보면 별이 천천히 움직이는 것을 볼 수 있다. 지구의 자전을 몸소 체험하는 방법이기도 하다.

위도에 따라 일주운동은 다르게 보인다. 적도지방에서 별은 지평선과 수직으로 떠오르고 진다. 적도에서 북극성은 항상 지평선에 걸려 있다. 북극이나 남극에서는 천정을 중심으로 모든 별이 돌기만 할 뿐 뜨고 지는 별은 없다.

서울 하늘에 보이는 북극성은 부산보다 2도쯤 높게 뜬다. 용골자리의 가장 밝은 별 카노푸스(Canopus)는 우리나라 전통별자리에서 '노인성'이라고 불렀다. 우리나라에서는 보기 어려운 별이라, 이 별을 보면 오래 산다고 해서 붙은 이름이다. 노인성은 서울에서는 볼 수 없고, 남해안 지방의 높은 산이나 제주도까지 내려가야 겨우 볼 수 있다. 북극성과 노인성을 관찰하면 지구가 둥글다는 것을 알 수 있다. 같은 별이라도 위도가 다른 곳에서 관찰하면 보이는 위치가 달라지기 때문이다.

지구의 자전축과 세차운동

팽이를 돌리면 처음에는 수직으로 잘 서서 돈다. 시간이 지나면 팽이가 비스듬히 기울고 위에서 보았을 때 원을 그리며 돌게 된다. 지구의 자전축도 팽이와 비슷한 상태의 운동을 하는데, 이를 '세차운동'이라고 부른다. 지구의 세차운동은 매우 느리게 일어난다. 자전축이 한 바퀴 돌며 원을 그리는 데 무려 2만 5800년이 걸린다.

천구에서 북극의 변화

데네브
+10000 +8000
+6000
+12000
+4000
직녀별
+14000
북극성
+2000
**천구에서
북극의 변화**
-10000
0
-8000
-2000
-6000 -4000
-4000
용자리 투반

지구 자전축의 회전

왼쪽 지구의 자전축이 회전하면서 세차운동이 일어나고 북극성에 해당하는 별도 달라진다. **오른쪽** 2만 5800년에 걸쳐 일어나는 세차운동에 따라 지구 자전축이 가리키는 방향이 달라지고 북극성도 바뀐다.

북극성은 영원히 북극성일까? 아니다. 세차운동에 영향을 받아 지구 자전축이 가리키는 방향이 바뀌므로 하늘의 북극도 달라진다. 지금은 자전축의 북쪽이 가리키는 방향에 작은곰자리 북극성이 있지만, 5000년 전 피라미드가 건설될 때만 해도 용자리 '투반' 별이 북극성 역할을 했다. 북극은 조금씩 이동해 앞으로 1만 2000년 뒤에는 거문고자리 직녀별이 그 자리를 잇게 된다. 아마 그때는 직녀별을 북극성으로 부르게 될 것이다.

공전이 주는 선물

지구는 자전축이 23.5도 기울어져 공전하면서 사계절의 변화가 생긴다.

기울어진 지구 자전축의 북쪽이 태양을 향하고 있을 때 북반구에서는 태양의 고도가 높아지므로 낮이 길어진다. 이때는 태양 빛이 하늘 높은 곳에서 내리쬐어 뜨거운 여름이 된다. 반대로 자전축의 북쪽이 태양과 멀어질 때는 태양의 고도가 낮아진다. 태양이 낮게 뜨고 지므로 일조시간이 짧아지고 대지는 열을 적게 받아 추운 겨울이 찾아온다.

우리나라에서 여름 정오 때 태양 고도는 약 74도다. 거의 머리 바로 위에 태양이 있다. 겨울 정오 때 태양의 고도는 약 28도로 여름의 절반에도 못 미친다. 태양의 고도가 계절마다 달라지는 것은 그림자 길이를 비교해도 알 수 있다. 하짓날 정오 때 그림자 길이는 자기 키의 약 0.3배가 되고, 동짓날 정오 때는 약 1.8배가 된다. 태양의 고도 때문에 여름과 겨울의 그림자 길이는 6배나 차이가 난다.

지구의 남반구는 계절 변화가 북반구와 반대다. 북반구가 여름일 때 남반구는 겨울, 북반구가 겨울일 때 남반구는 여름이 된다. 한창 추워야 할 12월에 호주나 뉴질랜드 같은 남반구 나라에서는 반소매 옷을 입고 다녀야 한다. 산타클로스는 추위뿐만 아니라 더위도 잘 견뎌야 한다.

지구의 자전은 하룻밤 사이 별의 움직임을 살펴보면 알 수 있지만, 지구의 공전에 따른 밤하늘의 변화를 알기 위해서는 더 긴 시간이 필요하다. 태양이 뜨기 전 동쪽 지평선이나 태양이 지고 난 뒤 서쪽 지평선에 보이는 별자리를 여러 달 관찰하면, 태양이 별자리 사이를 이동해 가는 것을 확인할 수 있다. 이것은 지구의 공전 때문에 생기는 현상이다. 만약 지구가 공전하지 않는다면 매일 밤 똑같은 별자리가 뜨고 지는 것을 보게 될 것이다.

지구의 공전은 계절마다 새 별자리를 선물한다. 여름이면 태양과 같은 방향에 있는 별은 빛에 가려서 볼 수 없고, 태양 반대쪽에 자리 잡은 여름 별자리가 밤하늘에 나타난다. 6개월이 지나 겨울이 되면 반대로 여름 별자리에 태양이 머문다.

지구의 공전 궤도를 이용해 별까지 거리를 재다

도화지에 무작위로 점을 찍고 벽에 붙여보자. 적당한 거리에서 연필을 들고 양쪽 눈을 번갈아 감아 본다. 도화지에 찍힌 점과 연필의 위치가 상대적으로 바뀌는 것을 관찰할 수 있다. 이 차이를 '시차'라고 한다. 눈과 연필의 거리가 가까울수록 시차는 커진다. 이와 비슷한 원리를 거리를 재는 데 이용하는 방법이 '삼각 측량법'이다.

두 장소에서 각각 어떤 특정한 대상을 보았을 때 배경에 대해 보이는 위치가 크게 다르다면 두 장소와 특정한 대상 사이의 거리가 가까운 것이다. 그다지 차이가 없으면 멀다는 것을 알 수 있다. 이제 두 장소 사이의 거리를 재고 두 장소와 특정한 대상 사이의 각도를 측정하면, 특정한 대상까지 거리를 정확히 계산할 수 있다.

시차를 이용하면 가까운 별까지 거리를 알아낼 수 있다. 하지만 별까지 거리는 대단히 멀어서 좀 더 특별한 시도를 해야 한다. 천문학자들은 지구의 공전을 이용해 반년 간격으로 행한 두 번의 관측을 비교하는 방법을 고안해 냈다. 지구는 태양 둘레를 공전하고 있으므로 6개월 간격으로 두 번 관측하면, 태양을 중심에 둔 지구 공전 궤도의 두 지점에서 별을 관측하게 된다.

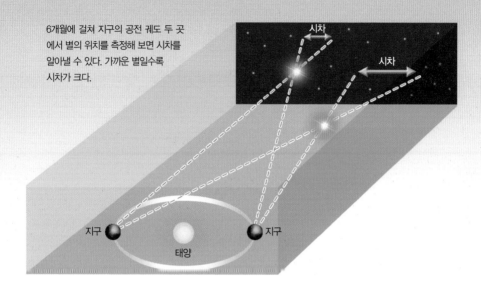

6개월에 걸쳐 지구의 공전 궤도 두 곳에서 별의 위치를 측정해 보면 시차를 알아낼 수 있다. 가까운 별일수록 시차가 크다.

관측하는 두 지점의 거리가 멀어질수록 같은 거리의 별이라도 시차가 커지며 그만큼 더 정밀한 측정이 가능하다. 이렇게 지구의 공전 궤도를 이용해서 구한 시차를 '연주시차'라고 한다.

베셀의 얼굴이 들어간 독일 우표.

백조자리 61번 별은 처음으로 연주시차를 이용해 거리를 잰 별로 유명하다. 1838년 독일의 천문학자 베셀Friedrich Wilhelm Bessel, 1784~1846은 40m 앞에 있는 한 올의 머리카락 두께를 구분할 수 있을 만큼 정밀하게 이 별의 시차를 측정해 거리(11.36광년)를 알아내는 데 성공했다.

연주시차를 이용해 잴 수 있는 별의 거리는 한계가 있다. 아주 멀리 떨어진 별은 연주시차 값이 너무 작아서 정확히 측정할 수 없기 때문이다.

274

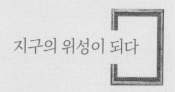

지구의 위성이 되다

1961년 4월 12일 구소련은 유리 가가린Yurii Gagarin, 1934~1968을 태운 보스토크 1호를 발사했다. 유리 가가린은 1시간 48분 동안 지구를 한 바퀴 돌았다. 우주에서 본 지구의 모습은 어떠했을까? 유리 가가린이 남긴 유명한 말이 그 답을 알려준다. "지구는 푸른빛이다. 멋지고 경이롭다!". 4년 뒤 1965년 3월 18일 보스호드 2호를 타고 우주로 나간 알렉세이 레오노프Alexey Leonov, 1934~는 선외 우주복을 입고 우주선 밖으로 나와 치음으로 우주 유영에 성공했다. 몸을 5m 줄로 우주선에 연결한 상태로 우주 공간에서 12분간 머물렀다.

구소련과 우주 탐험 경쟁을 하던 미국도 뒤늦게 우주 유영에 도전했다. 같은 해 6월 3일 제미니 4호에 탑승한 에드워드 화이트Edward Higgins White, 1930~1967가 우주선과 연결된 7.6m의 줄에 의지해 21분 동안 우주 유영에 성공했다. 다음 단계는 줄에 의지하지 않고 진정한 우주 유영을 해내는 것이었다. 1984년 2월 7일 브루스 맥켄들리스 2세Bruce McCandless II, 1937~는 우주선과 분리된 상태로 우주 유영 추진장치(MMU)를 조정해 챌린저호에서 98m나 떨어진 곳까지 이동했다. 인류 역사상 처음으로 홀로 우주를 여행했고, 짧은 시간이었지만 지구를 도는 진정한 인간 위성이 되었다.

검은 우주 공간을 배경으로 외로이 떠 있는 우주인을 바라본다. 그 아래로 푸른 행성 지구가 아름답게 펼쳐진다. 그야말로 완전한 고요다. 그러나 그 고요함 속에는 질주하는 움직임이 숨어 있다. 중력은 보이지 않는 끈으로 지구와 우주인을 이어놓는다. 지구와 우주인은 고요함 너머에 펼쳐져 있는 우주 공간을 미끄러지듯 내달리고 있다.

휘영청 빛나는 보름달이 떠오른 날
산들거리는 풀 내음 맡으며 시골 길을 걷는다.
한 걸음 한 걸음 내디딜 때마다
달빛을 품은 풍경이 은은하게 다가온다.
둥근 보름달을 찬찬히 바라보면
밝고 어두운 부분이 조금씩 눈에 들어온다.
지구와 가장 가까운 천체, 달로 향하는 눈 걸음은
더 먼 우주로의 여행을 꿈꾸게 한다.

지구의 하나뿐인 위성, 달

달의 나이

"달 달 무슨 달, 쟁반같이 둥근 달"

동요의 한 구절처럼 달은 우리에게 매우 친근한 천체다. 지구의 하나뿐인 위성이며, 인류가 처음으로 발을 내디딘 천체이기도 하다. 세계의 수많은 천체망원경이 밤마다 달을 관찰한다.

매일 다른 모습으로 떠오르는 달은 누구에게나 흥미롭다. 음력 한 달을 기준으로 초승달에서 시작해 상현, 보름, 하현, 그믐으로 이어지며 모양을 바꾼다. 이러한 변화를 반복하는 이유는 태양과 지구, 달의 상대적인 위치에 따라 태양 빛을 반사하는 달 표면이 다른 각도에서 보이기 때문이다.

음력으로 초하루가 지나면 해진 뒤 서쪽 하늘에 가느다란 눈썹 모양 초승달을 볼 수 있다. 이때 흔히 "와! 초승달이 떴다!"라고 말하는데, 엄밀히 따지면 잘못된 표현이다. 초승달은 아침 태양의 뒤를 이어 동쪽 하늘에 이미 떠올랐으며, 저녁에는 서쪽 하늘 아래로 지고 있기 때문이다. 온종일 하늘

을 가로질러간 초승달이 밝은 태양 빛에 가려 보이지 않았을 뿐이다.

　음력 날짜로 7, 8일이면 반달(상현달)이 된다. 달을 볼 수 있는 시간은 자정까지 길어진다. 음력 15일경에 나타나는 보름달은 해 질 무렵 동쪽 하늘 위로 떠오를 채비를 서두른다. 반달보다 10배가량 밝은 보름달은 밤새 밤하늘을 밝히고 새벽에 이르러서야 서쪽 하늘 아래로 내려간다. 보름달 이후 크기가 줄어드는 달은 음력 22일경에 다시 반달(하현달)이 된다. 하현달은 자정 무렵 동쪽 하늘에 고개를 내민다. 이때부터 달이 뜨는 시간은 점점 새벽으로 옮겨가고 그믐에 가까워지면 동트기 전 동쪽 하늘에 가느다란 눈썹 모양 그믐달이 떠오른다.

　월령(月齡)은 말 그대로 달의 나이다. 달의 모양이 바뀌는 것을 1일 단위로 표시한 것이다. 삭(달이 안 보이는 때)이 월령 0일이다. 삭에서 다음 삭까지는 월령 29.5일이 걸리며, 월령 14.8일은 보름달을 나타낸다. 달력에서 음력 날짜를 보면 월령을 대략 짐작할 수 있지만, 실제로는 음력 날짜가 월령보다 하루, 이틀 정도 앞서 간다. 그 이유는 달이 삭인 날에 월령은 0이지만 음력에서는 그날을 1일로 삼기 때문이다. 월령은 음력 날짜보다 더 정확히 달의 모양 변화를 표현한다. 아무튼 월령과 음력을 알면 달의 모양과 뜨고 지는 시간을 쉽게 예상해 볼 수 있어 편리하다.

| 달 지도(바다와 크레이터) |

갈릴레이가 망원경으로 달을 관찰한 후 많은 사람이 달을 보면서
달에 있는 여러 지형에 이름을 붙였다. 사람들은 달에 직접
가 보기도 전에 달 지도를 먼저 만들었다.

플라토

무지개 만

비의 바다

아르키메데스

아리스타르쿠스

폭풍의 대양

코페르니쿠스

케플러

프톨레마이오스

알폰수스

구름의 바다

아르지첼

습기의 바다

티코

'아폴로 11'호에서 '아폴'로라는 명칭은
그리스 신화에서 '빛의 신'인 '아폴론
(Apollon)'에서 따왔다.

클라비우스

아리스토텔레스

헤라클레스

아틀라스

맑음의 바다

위난의 바다

증기의 바다

고요의 바다

풍요의 바다

히파르쿠스

랑그레누스

감로주의 바다

로마 신화에서 '다이아나(Diana)'
는 달과 사냥의 여신이다.

달(Moon)

적도 지름	3476km (지구의 약 4분의 1)
질량	7.342×10^{22}kg (지구의 81분의 1배)
평균 밀도	3.344g/cm³
겉보기 등급	−2.5〜−12.9
시지름	29.3〜34.1'
자전 주기	27일 7시간 43분
공전 주기	27일 7시간 43분

월령 3일(초승달)   월령 7일(상현달)   월령 10일

- **월령 3일의 달** : 달의 모양이 다시 제자리로 돌아오는 기간을 '삭망월'이라 부르며 29.5일 걸린다. 얇고 가느다란 초승달은 저녁 서쪽 하늘에 보인다.

- **월령 7일의 달** : 상현달이다. '위난의 바다'와 '풍요의 바다', '감로주의 바다'가 차례로 보인다. '고요의 바다'를 지나면서 '맑음의 바다'가 보인다.

- **월령 10일의 달** : '맑음의 바다'가 뚜렷하게 보인다. '코페르니쿠스 크레이터'는 '비의 바다'와 '폭풍의 대양' 사이에 있는데 아주 밝아서 금방 눈에 들어온다.

- **월령 15일의 달** : 크레이터 주위를 뻗어 나가는 광조는 보름달일 때 가장 볼 만하다. '티코', '코페르니쿠스', '케플러' 크레이터의 광조가 잘 드러난다.

- **월령 18일의 달** : 보름달을 넘기면서 달의 밝은 부분은 차츰 줄어든다. '위난의 바다'와 '풍요의 바다'는 이미 어둠 속에 들어가 버렸다.

- **월령 22일의 달** : 하현달이다. 고지대의 크레이터들은 일부만 보이고 달의 바다가 드넓게 펼쳐진다. '비의 바다'와 '폭풍의 대양' 남쪽으로 '구름의 바다'가 놓여있다.

- **월령 25일의 달** : 가느다란 그믐달이다. 두드러지는 지형이 눈에 안 띈다. '폭풍의 대양'과 '무지개 만'의 가장자리가 보인다.

월령 15일(보름달)

월령 18일

월령 22일(하현달)

월령 25일(그믐달)

달의 바다와 크레이터

달은 지구가 만들어진 지 얼마 안 되어 생겨난 것으로 보인다. 화성 크기만 한 천체가 지구와 충돌한 후 생긴 부스러기들이 모여 달을 만든 것으로 추정한다. 이제 막 태어난 달은 매우 뜨거웠고 표면은 용암으로 뒤덮여 있었다. 시간이 흘러 용암이 식은 후에도 크고 작은 천체의 충돌이 계속되었다. 약 40억 년 전에는 큰 규모의 충돌이 몇 차례 일어났다. 이 사건의 영향으로 달 내부에서 많은 양의 용암이 흘러나와 주변의 울퉁불퉁한 지형을 메워 나갔다. 곧 용암이 굳으면서 '달의 바다'라고 불리는 평탄한 지형이 완성됐다.

바다가 형성된 다음에도 달 표면으로 충돌 현상이 있었고 크레이터가 새로 생겨났다. 이 시기에 지구 표면도 달과 마찬가지로 충돌 크레이터들이 생겼으나 지각 변동이나 대기에 의한 침식, 풍화작용 등에 의해 대부분 사라져버렸다. 하지만 달은 대기가 없고 지각 운동이 일찍이 약해져 한번 생긴

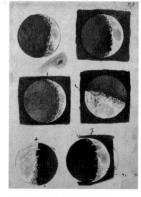
갈릴레이의 달 표면 스케치.

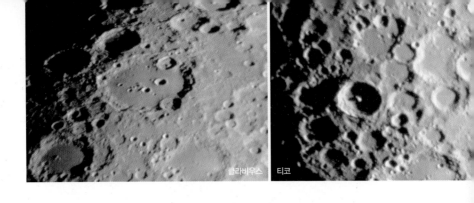
클라비우스 티코

크레이터가 쉽게 없어지지 않았다.

달을 처음으로 자세히 들여다본 사람은 갈릴레이다. 스스로 만든 망원경으로 달 표면을 자세히 관찰하면서 둥근 구덩이 모양의 크레이터와 커다란 산맥, 검고 편평하게 보이는 바다를 찾아냈다.

사실 '달의 바다'는 17세기 초 관측자들이 어두운 지역에 물이 가득 차 있을 것이라 믿고 붙인 이름이다. 물론 달의 바다에 실제로 물이 있는 것은 아니다. 달의 바다가 어두운 색조를 띠는 이유는 현무암질의 용암대지이기 때문이다. 바다 지역은 매끈한 평원처럼 보이며 그 안에는 1km 내외의 작은 크레이터가 여기저기 눈에 띈다. 바다의 모양은 대체로 커다란 원형이며 가장자리에 산맥 지형이 둥그렇게 감싸듯이 발달해 있다. 보름달을 찬찬히 바라보며 달의 바다를 연결해보면 토끼 모양을 떠올릴 수 있다. 달의 무늬는 예부터 나라마다 각기 다른 모양으로 해석했는데, 서양에서는 게나 사람의 옆얼굴로 표현하기도 했다.

달 표면에서 바다와 달리 밝게 보이는 고지대를 '대륙'이라고 부른다. 이곳에는 다양한 크기의 크레이터가 빽빽하게 모여 있다. 대륙의 암석은 칼슘과 알루미늄이 많이 들어 있어 상대적으로 밝게 보인다.

달 표면의 크레이터는 화산이 폭발하거나 표면이 꺼지면서 만들어지기도 하지만 대부분 충돌 현상으로 생긴다. 크레이터를 만든 충돌체는 주로

플라토　코페르니쿠스

다양한 크기의 소행성이며 혜성도 포함된다. 충돌에 의한 크레이터는 대체로 둥근 모양이다. 그 이유는 소행성이나 혜성과 같은 충돌체가 굉장히 빠른 속도로 부딪히기 때문이다. 빠르게 떨어지는 충돌체는 먼저 달 표면 깊숙이 박힌다. 그때 생긴 엄청난 충격파가 폭발하듯이 에너지를 한꺼번에 내뿜으며 둥근 모양의 크레이터를 만들게 된다. 달 표면에 비스듬히 떨어진 충돌체도 이런 과정을 겪으며 둥근 크레이터를 만들어낼 수 있다. 충돌 크레이터는 바닥이 편평하며 중앙에 봉우리가 솟아오른 것도 있다. 달 표면에는 서울시나 경기도를 담을 수 있는 지름 60~300km의 크레이터가 200여 개나 있다.

충돌 크레이터가 생기는 과정에서 튕겨 나온 물질이 사방으로 퍼져 긴 줄무늬를 만들 수 있다. 보름달일 때 망원경으로 티코, 코페르니쿠스, 케플러 크레이터를 보면 이런 줄무늬 지형이 태양 빛을 받아 멋진 방사형 빛줄기(광조)를 드러낸다.

달에도 계곡 지형이 있다. 커다란 계곡은 너비가 수십 킬로미터이고 길이는 수백 킬로미터에 이른다. 충돌체가 달에 비스듬히 부딪히면서 표면을 깎아내 생기거나, 충돌할 때 튕겨 나온 바위들이 표면을 긁고 지나가면서 만들어지는 것으로 보인다. 계곡보다 작고 폭이 좁은 지형은 '열구'라고 부른다. 열구는 직선으로 곧게 뻗거나 뱀처럼 꾸불꾸불 굽이치기도 한다. 용암이 열구의 생성에 영향을 미쳤으리라 짐작할 뿐, 아직 정확히 밝혀진 것은 없다.

달의 여러 가지 지형을 망원경으로 관찰할 때 달의 모양에 따라 장단점이 있다. 보름달은 달의 모든 부분이 환하게 보여 밝고 어두운 지역을 쉽게 나누어 볼 수 있지만, 지형이 뚜렷하게 드러나지 않는다. 반면에 상현이나 하현 전후로는 달 표면에서 태양 빛을 비스듬히 받는 부분의 지형이 더 잘 드러난다.

- **클라비우스(Clavius)** : 달의 앞면에서 볼 수 있는 가장 큰 크레이터다. 안쪽에는 작은 크레이터가 줄지어 있다.
- **티코(Tycho)** : 티코는 코페르니쿠스, 케플러와 함께 멋진 빛줄기를 뿜낸다. 보름달일 때가 빛줄기를 보기 가장 좋다.
- **플라토(Plato)** : '비의 바다' 북쪽 해안에 있으며 어둡고 바닥이 편평한 크레이터다. 벽이 뚜렷하므로 쌍안경으로도 볼 수 있다. 원래 둥근 모양이지만 달의 가장자리에 있어 타원형처럼 보인다.
- **코페르니쿠스(Copernicus)** : 크레이터 가운데에 1.2km 높이의 봉우리가 솟아 있다. 보름달일 때 크레이터를 중심으로 길게 뻗어 나가는 여러 갈래의 빛줄기가 뚜렷이 보인다.

사라지지 않는 발자국

달은 지구의 하나뿐인 위성이며 인류가 우주의 경이로움을 직접 체험한 첫 번째 천체다. 닐 암스트롱Neil Armstrong, 1930~2012이 달에 첫 발자국을 남기기까지 미국과 구소련의 열띤 경쟁이 있었다. 1957년 구소련은 세계 최초로 인공위성 스푸트니크 1호를 쏘아 올렸다. 이에 충격을 받은 미국은 1958년 인공위성 익스플로러 1호를 발사하고, NASA를 설립하며 우주 탐사 연구에 힘을 쏟았다. 하지만 구소련은 1961년 최초의 우주인 유리 가가린을 태운 보스토크 1호 발사에 성공하며 앞서 나갔다.

미국은 새로운 도전으로 사람을 달에 보내는 계획을 세웠다. 암스트롱은 1966년 제미니 8호의 선장으로 스콧Dave Scott, 1932~과 함께 무인 위성 아제나와 도킹해 최초로 수동 우주 조종에 성공했다. 1969년 7월 20일. 암스트롱, 올드린Buzz Aldrin, 1930~, 콜린스Michael Collins, 1930~를 태운 아폴로 11호가 드디어 달 궤도에 무사히 도착했다. 그리고 암스트롱과 올드린은 달 표면에 역사적인 발자국을 찍었다.

"이것은 한 사람에겐 작은 발걸음이지만, 인류에게는 거대한 도약이다."

암스트롱이 남긴 이 말은 우주 탐험 역사에서 가장 유명한 말이 되었다.

달 표면은 공기가 아주 희박하고 물이 없기 때문에 풍화 작용과 침식 작용이 매우 느리게 일어난다. 수십억 년 전에 생긴 크레이터도 그 모습을 잘 유지한다. 암스트롱이 달 표면에 남긴 발자국은 앞으로 수십만 년이 지나도 남아 있을 것이다.

왼쪽부터 닐 암스트롱, 마이클 콜린스, 버즈 올드린.

우주 공간에 드리워진 지구 그림자 안으로 달이 들어올 때 '개기월식(皆旣月蝕)'이 일어난다. 개기월식이 생기면 어떤 모습이 펼쳐질까? 서쪽 하늘로 붉은 태양이 내려가고 어슴푸레 어둠이 밀려온다. 동쪽 하늘에 보름달이 떠오른다. 밤이 깊어가면서 점점 밝아지던 둥근 달이 갑자기 왼쪽부터 어두워진다. 야금야금 어둠에 먹히면서 줄어들던 달이 결국 사라진다. 휘영청 밝게 빛났던 보름달은 흐릿하고 붉은 기운만 슬며시 내보일 뿐이다. 달빛이 약해진 탓에 더 깊은 어둠이 주위를 감싼다. 한 시간가량 지나자 서서히 밝은 부분이 드러나면서 보름달이 둥근 자태를 되찾아간다.

개기월식이 일어나면 달이 완전히 사라지는 것으로 아는 사람이 많다. 사실은 지구 그림자에 가려진 달이 희미하고 붉게 보이는 것을 확인할 수 있다. 지구 대기의 영향으로 나타나는 현상이다. 태양, 지구, 달 순서로 놓여있을 때 태양 빛은 지구 대기권을 통과하며 굴절된다. 이 경우 주로 붉은색 빛이 많이 굴절되고, 그 빛이 달 표면에 닿아 개기월식 중에 있는 보름달을 여린 붉은빛으로 물들인다.

월식(月蝕)과 일식(日蝕)이라는 단어에 공통으로 들어가는 '식(蝕)'에는 '좀 먹는다'는 뜻이 있다. 즉, 한자를 풀어보면 벌레가 나뭇잎을 갉아 먹듯 달과 태양이 갉아 없어지는 것이 월식과 일식이다.

달에 관한 못다 한 이야기

- 지구가 농구공이라면 달은 야구공과 비슷하다. 달의 지름은 3476km로 지구 지름의 약 4분의 1이다. 태양보다 400배 작지만 400배 가까이 있어서 눈으로 보는 보름달의 겉보기 크기는 태양과 비슷하다.
- 달은 질량이 작아 중력이 약하다. 달 표면의 중력은 지구의 약 6분의 1이므로, 몸무게가 60kg인 사람이 달에 가면 10kg밖에 나가지 않는다. 마치 구름 위를 걷는 듯한 기분으로 산책할 수 있다. 지구에서 절대 못 드는 역기도 달에서는 쉽게 들 수 있다.
- 달 81개를 합쳐야 지구 질량과 맞먹는다. 달 81개의 부피가 지구 부피보다 크다는 점을 감안하면 달을 이루고 있는 물질의 밀도가 지구보다 작음을 알 수 있다.
- 달의 크기는 날마다 변한다. 달은 타원 궤도를 돌고 있기 때문에 지구와 가까워지는 근지점에서는 시직경이 34.1′(슈퍼문)로 커 보이고 원지점에서는 29.3′(마이크로문)로 작아 보인다.
- 밤에는 꽁꽁 낮에는 쨍쨍. 달에서는 일교차가 심해 적도 지방에서 햇빛이 비칠 때는 온도가 약 120도까지 치솟는다. 반대로 해가 비치지 않을 때는 -180도 정도까지 내려간다. 달에는 대기가 없어서 지구처럼 열을 골고루 섞어주지 못한다.
- 달의 공전 궤도면은 지구의 공전 궤도면에 대하여 약 5도 기울어져 있다. 만약 달의 공전 궤도면이 지구의 공전 궤도면과 같다면 한 달에 한 번씩 일식과 월식이 일어날 것이다.

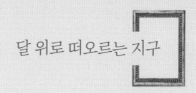

달 위로 떠오르는 지구

1968년 12월 21일 세 명의 우주인을 태운 아폴로 8호는 지구를 떠나 달로 향했다. 발사 후 3일 만에 달 궤도에 도착했으며 달 주위를 돌면서 여러 가지 탐사 활동을 진행했다. 그중 가장 극적인 활동은 달의 뒷면을 관찰하는 것이었다. 달은 공전 주기와 자전 주기가 같아 지구에서는 그 뒷모습을 결코 볼 수 없다. 세 우주인은 달의 뒷모습을 눈동자에 담은 최초의 인류가 되었다.

12월 25일 크리스마스에도 우주인들은 빈틈없는 탐사 계획에 따라 달의 여러 가지 지형을 조사했다. 그때 모두가 깜짝 놀랄만한 광경이 펼쳐졌다. 달 표면 위로 지구가 떠오른 것이다. 놓칠 수 없는 장면을 목격하자, 우주인들은 예정에 없던 촬영을 시도했다. 삭막한 잿빛 달 위로 나타난 지구의 모습은 훗날 생명과 어우러진 푸른 행성 지구의 환경을 새롭게 인식하는 데 크게 기여했다.

《80일간의 세계일주》,《해저 2만 리》등을 지은 프랑스 작가 쥘 베른Jules Verne, 1828~1905은 과학 이론을 토대로 비상한 과학적 예견을 담은 작품을 많이 남겼다.《지구에서 달까지》의 속편으로 1869년 발표된《달나라 탐험》에는 세 명의 우주인이 등장한다. 그들은 달 상공 400km를 돌면서 달의 산맥과 충돌 구덩이 그리고 달의 뒷면까지 관찰한다. 그뿐만이 아니었다. 달 위로 떠오르는 아름다운 지구의 모습도 바라보았다. 놀랍게도 99년 후, 쥘 베른의 소설 속 이야기는 아폴로 8호의 세 우주인에 의해 모두 현실이 되었다.

꿈은 이루어진다. 자연과학을 바탕으로 한 꿈은 우리의 시야를, 세상에 대한 이해를 끝없이 넓혀준다.

화성과 목성 궤도 사이에는

다양한 크기의 소행성이 모여 있다.

소행성은 46억 년 전 태양계가 만들어질 당시

물질 상태를 그대로 간직하고 있어서

'태양계의 화석'으로 불린다.

초기 태양계의 환경과 행성이 생겨나는 과정에 관한

생생한 정보가 소행성에 담겨 있다.

태양계의 화석,
소행성

티티우스-보데의 법칙

태양을 중심으로 도는 행성들의 궤도에 어떤 규칙성이 있지 않을까? 오 랫동안 많은 사람이 이 질문에 관심이 있었다. 1766년 독일의 티티우스^{Johann} _{Daniel Titius, 1729~1796}는 앞 수의 두 배가 되는 수열(0, 3, 6, 12······)에 각각 4를 더 하고 10을 나누어 보았다. 그랬더니 각각의 값이 태양에서 행성까지의 거리 를 AU(태양에서 지구까지의 평균 거리를 나타내는 천문 단위) 단위로 나타낸 것과 비슷했다. 이러한 규칙성을 천문학자 보데^{Johann Elert Bode, 1747~1826}가 정리해, '티 티우스-보데의 법칙'이 만들어졌다.

티티우스-보데의 법칙을 보면 화성과 목성 사이 2.8AU 거리에 해당하는 행성이 빠져있다. 이곳에 아직 발견되지 않은 행성이 있을 것으로 믿고 새 로운 행성을 찾는 데 힘을 쏟는 사람이 많아졌다. 독일의 폰 자흐는 미지의 행성을 체계적으로 관찰하기 위해 '천체 경찰'이라는 조직까지 만들었다.

1801년 새해 첫날 이탈리아 팔레르모 천문대장 피아치^{Giuseppe Piazzi, 1746~1826}

위쪽 1801년 피아치가 발견한 '세레스'. 소행성대에서 가장 큰 천체지만 겉보기 등급이 최대 6.6등급으로 맨눈으로는 볼 수 없다.

오른쪽 인류가 맨 처음 발견한 소행성에는 그리스 신화에서 '농업의 신' 이자 '대지의 신'인 '데메테르(Demeter)'의 로마식 표기인 '세레스'라는 이름이 붙었다.

신부는 황소자리의 별을 성도에 그리다가 이상하게 움직이는 천체를 보았다. 처음에는 혜성으로 생각했으나 궤도를 따져보니 화성과 목성 사이에 놓여 있고 행성처럼 태양 주위를 돌았다. 그렇다고 해서 행성으로 보기에는 크기가 너무 작았다. 결국 피아치가 발견한 천체는 '소행성'으로 분류되었다.

티티우스 – 보데의 법칙		(단위 : AU)
행성	티티우스 – 보데 수열	태양과 행성 사이의 실제 거리
수성	(0 + 4) / 10 = 0.4	0.39
금성	(3 + 4) / 10 = 0.7	0.72
지구	(6 + 4) / 10 = 1	1.0
화성	(12 + 4) / 10 = 1.6	1.52
?	(24 + 4) / 10 = 2.8	
목성	(48 + 4) / 10 = 5.2	5.20
토성	(96 + 4) / 10 = 10.0	9.54
천왕성	(192 + 4) / 10 = 19.6	19.18
해왕성	(384 + 4) / 10 = 38.8	30.06
명왕성	(768 + 4) / 10 = 77.2	39.44

티티우스-보데의 법칙에 따라 새로운 행성이 예견된 곳에서 첫 번째 소행성이 발견된 것이다. 피아치는 이 소행성에 농업을 관장하는 여신 '세레스(Ceres)'의 이름을 붙였다(현재, 세레스는 일반적인 소행성과는 다른 특징들이 발견되어 '왜소행성(dwarf planet)'으로 분류).

1807년까지 소행성 팔라스(Pallas), 주노(Juno), 베스타(Vesta)가 더 발견되었다. 처음에는 소행성에 신화 속 여신의 이름을 따서 붙였지만, 계속해서 소행성이 발견되자 유명한 천문학자, 도시, 대학교 등 다양한 이름이 붙었다. 1923년 1000번째로 발견된 소행성에는 피아치의 이름이 붙었다. 2018년 10월 기준으로 약 52만 개의 소행성이 발견돼 기록으로 남아 있다.

티티우스-보데의 법칙을 써서 태양과 행성 사이 거리를 비교해 보면, 수성에서 천왕성까지는 근사치로 맞아 들어가지만, 해왕성과 명왕성은 차이가 크다. 이 법칙이 소행성 발견에 도움을 준 것은 사실이다. 하지만 천문학자들은 티티우스-보데의 법칙이 흥미 있는 숫자놀음일 뿐 행성의 배치를 정확히 설명하는 물리 법칙은 아니라고 생각한다.

소행성대를 지나는 우주선은 안전할까?

소행성을 가리키는 영어 '아스트로이드(Asteroid)'는 '별과 같은, 별 모양의'라는 뜻이 담겨 있다. 실제로 소행성의 크기는 행성과 비교하면 매우 작아 망원경으로 관찰해보면 흡사 희미한 별처럼 보인다. 대부분의 소행성은 화성과 목성 궤도 사이에 있는 소행성대에 몰려 있다. 태양으로부터 거리는 2.3~3.3AU며, 다양한 크기의 소행성이 태양을 중심에 두고 공전한다. 지름이 300km 이상 되는 것은 10개 미만이고, 100~200km가 200여 개다. 나머지 소행성은 대부분 수 킬로미터에서 수십 킬로미터 정도 크기다. 지금까지 많은 소행성이 발견됐지만 모두 합해도 지구 질량의 천분의 일 수준이다.

소행성대에는 소행성들이 생각보다 빽빽하게 모여 있지 않다. 지름이 1km 정도인 소행성들이 무려 수백만 킬로미터 간격으로 떨어져 있다. SF 영화에서 우주선이 커다란 소행성 사이를 비집고 곡예비행을 하는 모습은 과장된 것이다. 실제로 화성 궤도 너머 탐사를 떠난 우주선은 모두 별 탈 없이 소행성대를 지나갔다.

소행성대를 벗어나 아주 먼 궤도를 돌거나 지구 공전 궤도와 가까운 곳을 지나는 소행성도 있다. 1977년에 발견된 '키론(Chiron)'은 토성과 천왕성 사이 궤도를 돌고 있는데, 공전 주기가 51년 정도다. 키론은 지름이 약 230km로 토성을 탈출한 위성일 가능성도 있다. 태양에 가장 가까워졌던 1988년

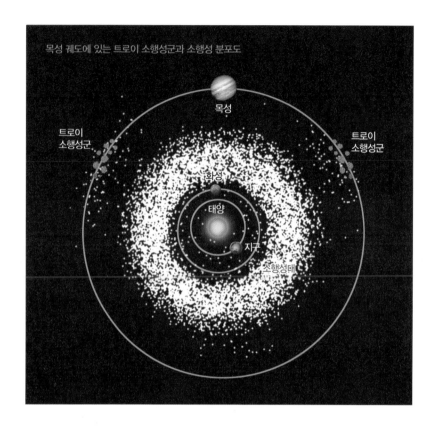

목성 궤도에 있는 트로이 소행성군과 소행성 분포도

에는 밝기가 두 배쯤 밝아졌다. 혜성처럼 휘발성 물질이 증발하면서 밝기가 증가한 것으로 추측한다. 키론의 궤도는 불안정하므로 언젠가 좀 더 안쪽 궤도로 들어와 태양에 가까워지면 긴 꼬리를 드리우는 혜성의 모습으로 변할 수도 있다.

목성 궤도에는 두 개의 소행성군이 함께 들어 있는데 하나는 목성을 앞서 가고 또 하나는 뒤따라간다. 그리스 신화 트로이 전쟁 이야기에서 이름을 따와 '트로이 소행성군'이라 부른다. 트로이 소행성군은 목성과 태양을 한 변으로 하는 정삼각형의 꼭짓점에 있다. 이 지점은 '라그랑주 포인트'에 해당한다. 프랑스 수학자 라그랑주 ^Joseph Louis Lagrange, 1736~1813^는 세 물체가 공간 상에서 서로 중력을 미치면서 운동할 때 세 물체 중 하나의 질량이 아주 작은 경우에 한해서 중력이 상대적으로 균형을 이루는 지점을 알 수 있음을 밝혀냈다. 그 지점이 라그랑주 포인트이며, 질량이 작은 물체는 바로 그 지점에 자리를 잡고 안정한 궤도 운동을 하게 된다. 태양이나 목성과 비교하면 트로이 소행성군의 질량은 훨씬 작다. 이러한 조건에서 트로이 소행성군은 라그랑주 포인트에 위치하면서 흩어지지 않고 상대적으로 안정하게 태양 주위를 공전하는 것이다.

소행성대에 있는 특이한 천체들

- 왜소행성 세레스는 평균 지름이 약 946km로 한반도 크기와 맞먹는다. 소행성대에 있는 천체 가운데 가장 크다.
- 베스타는 평균 지름이 525km로 세 번째로 큰 소행성이지만 표면 반사율이 높아 소행성 중 가장 밝게 보인다. 베스타의 겉보기 밝기는 지구와의 거리에 따라 5~8등급 범위에서 달라진다. 가장 밝아질 경우에는 맨눈으로 찾아볼 수 있다.
- 1993년 갈릴레오 탐사선은 소행성 아이다 주위를 돌고 있는 지름 1.5km의 위성 댁틸을 발견했다.
- 화성의 위성 포보스와 데이모스는 화성에 붙잡힌 소행성으로 추측된다. 모양이 불규칙하고 표면에 크레이터가 많다. 두 위성을 이루는 물질은 소행성을 구성하는 물질과 비슷한 것으로 보인다.

가장 밝은 소행성, 베스타

소행성은 대부분 작고 어두워 천체망원경을 사용해야만 관찰할 수 있다. 가장 밝게 보이는 소행성 베스타는 예외다. 최대 5.1등급까지 밝아지므로 밤하늘이 깨끗한 곳에서는 맨눈으로도 볼 수 있다. 물론 6등급보다 어두울 때는 쌍안경이나 망원경으로 관찰하는 것이 좋다. 여느 소행성과 마찬가지로 베스타 역시 움직임이 빠르다. 하루만 지나도 별과 별사이를 조금씩 이동해 간다.

| 베스타가 가장 밝아지는 날짜와 별자리 위치 |

날짜	최대 겉보기 등급	별자리
2019년 11월 12일	6.5	고래
2021년 3월 4일	6.0	사자
2022년 8월 22일	5.8	물병
2023년 12월 21일	6.4	오리온
2025년 5월 2일	5.6	천칭
2026년 10월 12일	6.3	고래
2028년 1월 30일	6.2	고래
2029년 7월 8일	5.3	궁수
2030년 11월 23일	6.5	황소
2032년 3월 19일	5.9	처녀
2033년 9월 6일	6.0	물병
2035년 1월 1일	6.3	쌍둥이
2036년 5월 20일	5.5	천칭
2037년 10월 24일	6.4	고래
2039년 2월 11일	6.2	사자
2040년 7월 26일	5.2	염소

2021년 3월 4일 저녁 9시경 동쪽 하늘 모습 동쪽 하늘 사자자리 꼬리 근처에 6등급의 베스타가 자리 잡고 있다. 관찰하는 시간에 베스타의 정확한 위치를 알고 있어야 별과 별 사이에서 베스타를 구분해 낼 수 있다.

스마트폰에서 쓸 수 있는 별자리 프로그램을 활용하면 베스타의 위치를 쉽게 확인할 수 있다. 2019년에 2040년까지 베스타가 가장 밝아지는 날짜와 머무는 별자리 정보를 참고하면 도움이 된다.

공룡은 왜 멸종했을까?

SF 영화에 등장하는 소행성은 종종 지구를 위협하는 무서운 존재로 그려진다. 실제로 지름 수 킬로미터의 소행성이 지구와 충돌할 때 충격파는 인류의 생존을 위태롭게 할 정도다. 대부분의 소행성은 화성 궤도 밖을 돌고 있으나, 이심률(타원의 찌그러진 정도로, 숫자가 작을수록 궤도가 원에 가깝고 숫자가 클수록 길쭉한 타원형이다)이 큰 소행성은 지구 궤도 안쪽을 지나가므로 지구에 가까이 접근할 확률이 높다. 지름이 1km인 소행성이 수십만 년에 한 번씩 지구와 부딪힐 수 있다는 연구 결과도 있다.

1908년 6월 30일 지름 100m가량의 소행성이 지구 대기를 통과하면서 시베리아 한복판인 퉁구스카 강 근처 상공에서 폭발했다. 이때의 충격으로 주변 나무가 모두 쓰러지고 동물이 떼죽음을 당했으며, 960km 떨어진 건물 유리창이 부서졌다고 한다.

지름 30m 크기의 '12004FH' 소행성은 2004년 3월 18일 지구에서 4만 2600km(지구에서 달까지 거리의 10분의 1) 떨어진 지점을 스쳐 지나갔다.

만약 수 킬로미터 크기의 혜성이나 소행성이 지구와 충돌한다면 그 충격파는 지구 환경을 혹독하게 바꿀 것이다.

1억 5000만 년 동안 지구 곳곳에서 번성했던 공룡이 6500만 년 전 갑자

미국 애리조나에 있는 지름 1.2km의 배린저(Barringer) 충돌 구덩이다. 약 50m 크기의 운석이 5만 년 전에 충돌하면서 생긴 것으로 형태가 잘 보존된 충돌 흔적에 속한다. 지구에서는 이러한 충돌 흔적이 190개가량 발견됐으며 지름 20km 이상인 것이 43개나 된다. 가장 큰 것은 남아프리카공화국에서 발견된 지름 320km 의 브레드포트 돔(Vredfort Dome)이다.

공룡은 큰 소행성이 지구에 충돌하면서 생긴 환경 변화에 적응하지 못하고 멸종된 것으로 보인다.

기 멸종한 사건은 오래도록 수수께끼였다. 1980년 알바레스 부자Luis W. Alvarez, Walter Alvarez는 소행성 충돌에 의한 공룡 멸종설을 주장했다. 소행성이 충돌하면서 생긴 먼지가 하늘을 뒤덮어 햇빛을 가렸을 것이고, 땅은 불길에 휩싸였으며 해안가에는 해일이 덮쳤다. 혼란에 빠진 지구 환경은 생태계에 큰 변화를 일으켰다. 즉 소행성이 지구에 충돌하면서 생긴 환경 변화에 공룡이 적응하지 못해 멸종했다는 것이다.

멕시코 유카탄 반도 북쪽 카리브 해저에는 지름 180km에 이르는 거대한 충돌 크레이터가 있는데, 공룡을 멸종시킨 충돌의 흔적으로 보고 있다. 이 정도 규모의 크레이터를 만든 물체는 지름이 10~15km로 계산된다. 실제로 공룡 멸종 시기와 일치하는 화석층에서 지구에서는 희귀한 원소인 이리듐 층(이리듐은 무거운 원소로 일반적으로 행성 내부에 있다가 폭발로 지표면으로 표출된다) 이 발견되었다. 이러한 사실은 소행성 충돌에 의한 공룡 멸종설에 힘을 실어주고 있다. 소행성 충돌뿐만 아니라 당시 활발했던 화산 활동도 지구의 환경 변화에 큰 영향을 끼쳤다는 주장도 있다. 공룡이 멸종된 과정을 정확히 이해하려면 여러 가지 복합적인 원인을 더 규명해야 할 것으로 보인다.

소행성에 이름을 올린 조선의 과학자 이천

이천李蔵, 1376~1451은 장영실蔣英實, 1390년경-, 이순지李純之, 1406~1465와 함께 조선 세종 시대 3대 천재 과학자로 손꼽히는 인물이다. 이천은 세종 2년(1420년)에 과학기술자로서 탁월한 재능을 인정받아 과학기술행정관인 공조참판에 임명됐다. 그해 개량된 금속활자인 경자자를 만들었고, 1434년에는 장영실과 갑인자를 만들어 인쇄술 발달을 이끌었다.

이천은 간의대(경복궁에 세운 천문관측시설)에 대간의와 규표를 설치했으며, 혼천의와 앙부일구 등 천문기구 제작을 지휘했다. 대간의는 천체 위치를 측정하는 데 쓰였고, 40척 높이의 규표는 해의 그림자를 측정해서 24절기와 일 년의 길이를 정하는 데 쓰였다. 이 밖에도 화포를 제작하고 저울을 개량해 도량형을 통일하는 데 기초를 닦았다. 이천은 박연과 함께 아쟁·금·생 등의 악기를 만들고, 무희와 악공들의 관복을 제도화하는 등 여러 방면에서 뛰어난 재능을 선보였다.

우리나라에서 가장 큰 천문대인 국립보현산천문대에서 2000년에 발견한 '소행성 63156'에는 이천의 이름이 붙었다. 과학의 여러 분야에서 뛰어난 업적을 이룬 그를 기리기 위해서였다.

세종대왕 16년(1434년)에 이천의 지휘 아래 제작된 해시계 앙부일구(보물 제845호).

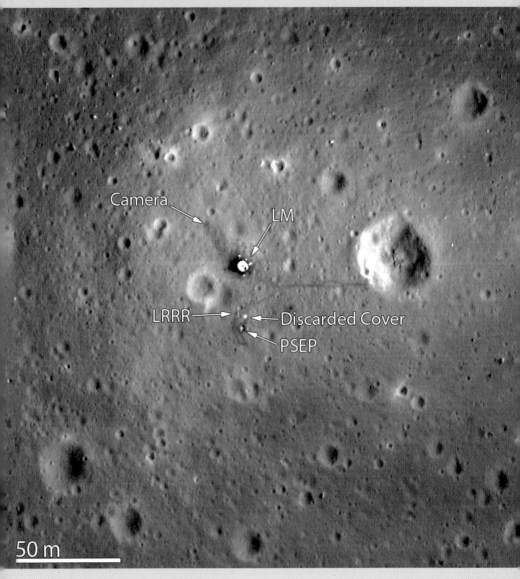

Camera

LM

LRRR

Discarded Cover

PSEP

50 m

© LRO

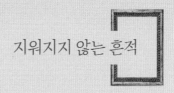

지워지지 않는 흔적

1969년 7월 21일, 암스트롱과 올드린이 탑승한 달착륙선 이글호가 '고요의 바다'에 착륙했다. 암스트롱은 인류 역사상 처음으로 달에 첫 발자국을 남겼다. 암스트롱과 올드린은 2시간 36분 동안 달 표면 탐사 활동을 하고 21.5kg의 월석을 가지고 지구로 돌아왔다. 그런데 달 착륙이 조작됐다는 주장이 제기됐다. 당시 촬영한 사진을 보면 진공 상태인 우주에서 성조기가 펄럭이는 것처럼 보인다거나 달 표면에 착륙할 때 사용한 로켓 엔진의 분사 흔적이 안 보인다른 등의 빛 가시 이유 때문이었다. 논란은 달 정찰 궤도 위성(LRO)이 고해상도 사진을 찍어보낸 뒤 종식됐다. LRO는 2011년 11월 5일 위성의 고도를 24km까지 낮추어 아폴로 11호의 착륙 지점을 상세히 촬영했다. 사진 가운데 LM이라고 표시된 것은 달착륙선의 아래쪽 모듈로, 착륙선이 달을 이륙할 때 받침대로 사용하고 남겨진 것이다. 그리고 주변에는 달까지의 정확한 거리 측정을 위해 설치한 레이저 반사경(LRRR)과 그것의 벗겨진 커버, 달의 내부 구조 조사를 위해 설치한 지진 측정계(PSEP)가 보인다. 더욱 놀라운 것은 오른쪽의 작은 충돌 구덩이로 이동하며 남긴 우주인의 발자국이 아직도 선명하게 남아 있다는 것이다. 달에는 대기와 물이 없어서 풍화나 침식 작용이 거의 일어나지 않는다. 82세의 암스트롱은 40년이 지나도록 그날 그대로 남아 있는 자신의 발자국을 보고 감회가 새로웠을 것이다.

달 표면에는 크고 작은 충돌 구덩이가 아주 많다. 대부분은 소행성이나 혜성 충돌로 만들어진 구덩이다. 약 40억 년 전 많은 소행성이 달에 떨어졌고 그때 생긴 충돌 구덩이 가운데 규모가 큰 것은 지금까지도 그 모습을 잘 유지하고 있다. 달 표면에 찍힌 암스트롱과 올드린의 발자국 역시 오랫동안 지워지지 않을 것이다.

혜성 하나가 태양계 가장자리 오르트 구름에서 출발해

1조km 넘는 거리를 여행한 끝에 지구 가까이 다가왔다.

혜성의 얼음 성분이 녹으면서 생긴

가스와 먼지의 꼬리가 화려하게 펼쳐진다.

우리나라에서는 옛날에 이 천체를

사리별, 빗자루별, 꼬리별 등으로 불렀다.

우주의 유랑자, 혜성

내행성 가장자리에서
여행을 시작하는 혜성

'오르트 구름(Oort cloud)'은 혜성의 고향이다. 지구와 태양까지 거리의 약 10만~20만 배 되는 태양계 먼 외곽에 자리 잡고 있다. 이곳에는 얼음 성분을 많이 포함한 암석 덩어리들이 널려있으며 태양계 가장 바깥 부분을 둥근 공 모양으로 에워싸고 있다. 약 1천만 년에 한 번꼴로 이웃 별이 오르트 구름 가까이 지나가면 중력의 작용으로 오르트 구름을 이루는 덩어리들의 움직임이 흐트러진다. 이들 중 몇몇은 태양의 중력에 이끌려 태양계 안쪽으로 진입한다. 태양을 만나기 위해 머나먼 여행을 시작하는 것이다.

태양을 중심으로 도는 공전 주기가 200년 이하인 단주기 혜성은 앞서 나온 '오르트 구름 가설'로 설명하기 어려운 점이 있다. 천문학자들은 단주기 혜성의 근원지가 해왕성 궤도 외곽에 있는 '카이퍼 벨트(Kuiper belt)'라고 추측한다. 이곳에도 얼음 성분이 들어 있는 암석 덩어리가 모여 있다.

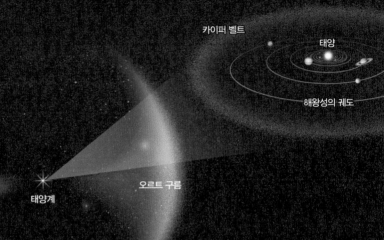

카이퍼 벨트

태양

해왕성의 궤도

오르트 구름

태양계

혜성의 고향 혜성은 **카이퍼 벨트**와 **오르트 구름**에서 태어난다.

혜성은 태양을 한 번 만나러 올 때마다 자신이 가지고 있던 물질을 흩뿌려 아름다운 꼬리를 만든다. 그래서 여러 차례 태양을 방문했던 혜성은 처음보다 질량이 줄어든다. 혜성 궤도에 흩뿌려진 물질은 우리에게 또 하나의 멋진 광경을 선물한다. 지구가 혜성 궤도를 통과하면 그 물질 알갱이들이 지구 중력에 이끌려 대기권으로 들어온다. 이때 굉장히 빠른 속도로 대기권을 통과하면서 밝은 빛줄기를 그려낸다. 별똥별, 다시 말해 '유성'이다. 혜성의 꼬리에서 비롯된 물질 알갱이들이 유성과 관련이 있다는 사실은 무척 흥미롭다.

혜성은 지저분한 얼음덩어리?

밤하늘을 아름답게 장식하는 자태와 어울리지 않게 혜성의 핵은 '지저분

혜성의 꼬리 구조

이온꼬리

먼지꼬리

태양이 있는 방향

한 얼음 덩어리'라고 표현할 수 있다. 실제로 혜성의 본래 모습은 얼음(주성분은 물이며 이외에 이산화탄소, 암모니아, 메탄 등이 얼어 있다)과 암석이 서로 엉겨있는 덩어리다. 얼음 성분이 많이 포함된 혜성의 핵이 태양에 가까워지면 그 모습에 변화가 생긴다. 뜨거운 태양 에너지가 혜성 핵의 얼음 물질을 녹이면서, 가스가 뿜어져 나와 핵 주위를 감싼다. 이렇게 핵을 에워 싼 가스를 '코마(coma)'라고 부른다. 핵의 크기는 수 킬로미터에서 수십 킬로미터에 불과하지만, 코마는 태양에 가까워질수록 커져서 핵 지름의 1만 배가 넘는 크기가 되기도 한다.

  혜성이 화성과 목성 궤도 사이에 이르면 혜성의 표면온도가 더 높아진다. 혜성에서 물질이 방출되고 혜성의 꼬리를 형성한다. 방출된 물질 중 먼지 알갱이는 태양 빛이 만드는 압력인 '복사압(빛이 일으키는 힘으로, 빛의 광자 알갱이는 우주 공간의 가스를 밀어낸다)'에 밀려 '먼지꼬리'를 만든다. 이온화된 가스는 태양에서 불어오는 '태양풍(전자, 양성자 등의 입자들이 높은 에너지 상태로 태양에서 방출되는 현상)'의 영향을 받아 혜성 뒤쪽으로 흩뿌려져 '이온꼬리'가 된다.

이온꼬리는 혜성의 진행 방향과 관계없이 태양의 반대 방향으로 뻗는다. 보통 이온꼬리는 푸른색을 띠고 먼지꼬리는 노란색 또는 연한 붉은색으로 보인다.

매년 여러 개의 새로운 혜성이 밤하늘에 나타난다. 혜성은 태양에서 멀리 떨어져 있을 때는 어두운 탓에 발견하기가 쉽지 않다. 목성 궤도를 넘어서면 서서히 밝아지면서 정체를 드러낸다. 어느 날 갑자기 나타난 현상이나 인물을 가리켜 "혜성처럼 등장했다"라고 한다. 이 표현은 언제 어디서 발견될지 예측하기 어렵고 밤하늘에 갑자기 모습을 드러내는 혜성의 특징에 빗댄 말이다.

이 혜성을 다시 볼 수 있을까?

밤하늘에 나타나는 혜성 중에는 지구를 처음 방문하는 것도 있지만, 주기적으로 멀어졌다가 다시 돌아오는 것도 있다. 이렇게 일정한 기간을 두고 다시 나타나는 혜성을 '주기혜성'이라고 한다. 얼마나 지난 뒤 다시 찾아오느냐에 따라 '단주기 혜성'과 '장주기 혜성'으로 나눈다. 단주기 혜성은 태양 둘레를 도는 궤도의 길이가 짧아서 자주 볼 수 있다.

혜성이 일정 기간을 주기로 다시 돌아온다는 것을 밝혀낸 사람은 영국의 천문학자 핼리Edmund Halley, 1656~1742다. 핼리는 '뉴턴 운동 법칙'을 이용해 1531년과 1607년, 1682년에 나타난 혜성이 서로 궤도가 같다는 사실을 발견했다. 알고 보니 76년을 주기로 태양 주위를 도는 하나의 혜성이었다. 같은 혜성이 76년마다 지구의 밤하늘을 방문한 것이었다.

핼리는 1705년《혜성 천문학 개관》이라는 책을 펴내면서 1758년에 같은 혜성이 다시 나타날 것이라고 예언했다. 핼리는 이 혜성을 보지 못하고 1742년 세상을 떠났다. 1758년 크리스마스 날 밤하늘에 어김없이 그 혜성이 모습을 드러냈다. 핼리가 사용한 뉴턴의 운동 법칙이 천체의 움직임을 정확히 그려낸 것이다.

영국 런던 그리니치천문대에 있는 핼리 흉상.

혜성은 주로 발견자의 이름이 붙는데, 핼리 혜성은 예외로 발견자가 아닌 주기를 알아낸 핼리의 이름이 붙었다. 1910년 핼리 혜성이 다시 나타났을 때 지구는 혜성의 꼬리 부분을 스쳐 지나갔다. 당시 혜성의 꼬리에 '시안(Cyan)'이라는 독성물질이 들어 있다는 사실이 알려지면서 많은 사람이 두려워했다. 하지만 과학자들이 예상한 대로 아무런 일도 일어나지 않았다. 1986년에 돌아온 핼리 혜성은 1910년만큼 멋진 모습을 보여주지는 못했다. 2061년 핼리 혜성은 새로운 모습으로 다시 지구를 찾아올 것이다.

해마다 여러 개의 혜성이 지구 밤하늘에 나타나지만 대부분 너무 작고 어두워 천체망원경을 통해서만 확인할 수 있다. 맨눈으로 보일 만큼 크고 밝은 혜성은 드물게 찾아온다. 10년에 하나 보일까 말까 하는 정도다.

혜성이 태양계를 여행하는 동안 행성 근처를 지나게 되면 행성의 중력에 이끌려 충돌하는 경우가 있다. 1994년 목성에 충돌한 '슈메이커-레비 9' 혜성이 그러했다. 슈메이커-레비 9 혜성의 핵은 목성에 다가가면서 21개의 작은 덩어리로 분리되었고, 각각의 덩어리마다 짧은 꼬리가 나타났다.

위쪽 멋진 꼬리를 보여준 맥너트 혜성(2007년 1월 칠레에서 촬영). **아래쪽** 슈메이커−레비 9 혜성이 목성에 차례로 부딪치며 남긴 흔적.

1994년 7월 17일부터 6일 동안 21개의 덩어리는 차례로 목성에 충돌해 엄청난 섬광을 일으켰다. 목성 표면에는 검은색의 충돌 흔적이 생겼다가 서서히 소멸했다.

대낮에 보일만큼 밝았던 혜성

- 1811년의 대혜성은 긴 꼬리를 드리운 채 9개월 동안이나 밤하늘에 나타났다. 핵을 감싼 코마는 지름이 160만km에 이를 만큼 커졌으며 태양보다 컸다.

- 1843년의 대혜성은 대낮에도 잘 보일 만큼 밝았다. 태양을 돌아 나온 후 무척 긴 꼬리가 생겼는데 길이는 자그마치 3억 2000만km 정도였다. 태양과 지구 사이 거리의 두 배나 되는 긴 꼬리다.

- 혜성의 본체인 핵은 크기가 보통 수 킬로미터에서 수십 킬로미터다. 1986년 탐사선 조토가 핼리 혜성을 근접 촬영했는데 핵의 긴 지름이 약 15km, 짧은 지름은 약 8km로 밝혀졌다.

1986년 탐사선 조토가 찍은 핼리 혜성.

© 김동훈

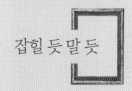

잡힐 듯 말 듯

2013년 봄, 맨눈으로 볼 수 있는 밝은 혜성이 나타났다. '판스타스(Pan-STARRS)' 혜성이다. 밝은 혜성이 다가온다는 소식에 소풍을 기다리는 아이처럼 마음이 들떴다. 3월 10일이 지나면서 해진 뒤 서쪽 하늘에 혜성이 모습을 드러냈다. 혜성 사진을 찍는 데 필요한 별 추적 장치를 챙기고 카메라도 준비했다.

이른 봄밤 기온은 뚝 떨어지고 찬바람은 여전히 매서웠다. 먼 길을 달려 높은 산에 올랐지만, 저녁노을이 생각보다 밝아 혜성을 찾을 수 없었다. 며칠 뒤 미리 알아둔 촬영 장소에 도착해 만반의 준비를 하고 기다렸지만 갑작스럽게 올라온 저녁 안갯속에 혜성이 숨어 버렸다.

시간이 지날수록 혜성의 밝기가 떨어지기 때문에 마음은 점점 조급해졌다. 세 번째 시도는 꼭 성공하리라 다짐하고 서해대교로 향했다. 혜성의 긴 꼬리가 서해대교의 웅장한 교각과 어우러지는 사진을 계획했다. 모든 상황을 체크하고 회심의 셔터를 눌렀다. 잠시 후 찍힌 사진을 보았을 때 나도 모르게 탄식이 흘러나왔다. 주변 불빛의 영향으로 혜성 꼬리가 희미하게 보이고, 애써 잡은 구도 왼쪽으로 뜻하지 않게 크레인이 들어와 버렸다. 이로써 판스타스 혜성 촬영 프로젝트는 일단락되었다. 예상치 못한 상황과 몇 가지 실수가 있어 아쉬웠지만, 다음에 혜성을 맞이할 때는 더 잘할 수 있으리라 마음먹었다.

그날 저녁 어린 아들에게 서해대교에서 찍은 판스타스 혜성 사진을 보여주었다.

"정말 멋있어! 혜성 아래쪽에 우주 탐사 기지도 함께 찍혔어. 우리 아빠 최고!"
아들이 알려준 크레인 우주 탐사 기지 위로 판스타스 혜성이 날고 있다.

맑고 깨끗한 밤하늘에 하나둘 별이 깨어난다.

짙은 어둠이 스며드는가 싶더니 갑자기 별똥별이 흐른다.

소원을 빌어볼 틈도 없을 만큼 재빠르다.

별똥별을 만들어내는 유성체는

대부분 질량이 1g이 안 되는 작은 알갱이다.

아주 빠른 속도로 날아가며 스스로를 태워

아름다운 빛줄기를 그려낸다.

우주먼지의 깜짝 선물, 유성우

우주먼지가
아름다운 빛줄기로

맑은 날 시골집 마당에 돗자리를 펴고 누워 밤하늘을 찬찬히 바라보면 어느 순간 쏜살같이 하늘을 가르는 별똥별을 볼 수 있다. 별똥별 빛줄기가 보이는 동안 소원을 빌면 이루어진다지만 순식간에 떨어지는 바람에 소원을 말할 시간을 놓쳐버리곤 한다.

흔히 '별똥별'이라 불리는 '유성(流星)'은 우주 공간을 떠돌던 먼지 알갱이가 만들어낸다. 알갱이는 지구 중력에 이끌려 빠른 속도로 대기권에 들어오고 공기 마찰로 타버리면서 멋진 빛줄기를 보여 준다. 밤하늘이 깨끗하고 아주 어두운 곳에서는 한 시간에 3, 4개의 유성을 볼 수 있다. 20여 분에 하나씩 떨어지는 셈이다. 천문학자들의 연구에 따르면 전 지구적으로 하루 동안 떨어지는 유성의 수는 2500만 개에 이른다고 한다.

유성의 근원이 되는 유성체는 대부분 질량이 1g이 채 안 되며 크기는 콩

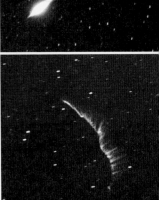

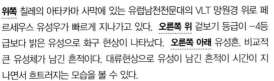

위쪽 칠레의 아타카마 사막에 있는 유럽남천천문대의 VLT 망원경 위로 페르세우스 유성우가 빠르게 지나가고 있다. **오른쪽 위** 겉보기 등급이 −4등급보다 밝은 유성으로 화구 현상이 나타났다. **오른쪽 아래** 유성흔. 비교적 큰 유성체가 남긴 흔적이다. 대류현상으로 유성이 남긴 흔적이 시간이 지나면서 흐트러지는 모습을 볼 수 있다.

알보다 작다. 이러한 유성체가 아름다운 빛줄기를 보여주는 것은 매우 빠른 속도로 대기권에 진입하기 때문이다. 유성체는 초속 10~70km로 움직인다. 속도가 빠를수록 더 밝게 보이며 청색이나 녹색 계열로 빛난다.

유성은 지상 130km 지역에서 빛을 내기 시작해 지상 80km 근처에서 모두 타버리며 사라진다. 만약 유성체가 탁구공 정도 크기라면 폭발하듯 밝게 빛나는 '화구(fire ball)' 현상이 나타난다. 이때는 사람의 그림자가 생길 정도로 밤하늘이 갑자기 밝아지기도 한다.

축구공보다 큰 유성체가 대기권에 진입하면 타다 남은 유성이 지표면까지 도달할 수 있다. 유성체가 지구 위에 떠 있는 인공위성에 부딪히면 치명적인 손상을 준다. 실제로 1994년에는 유성과의 충돌을 우려해 우주왕복선의 발사 계획이 연기된 적이 있다.

유성은 새벽을 좋아한다

저녁보다 새벽하늘에 더 많은 유성이 떨어진다. 해가 진 뒤부터 자정 이전까지 지구에서 관측자가 있는 지역은 지구 공전 방향의 뒤쪽에 놓인다. 이때는 유성체와 정면으로 마주하지 못하여, 떨어지는 유성의 수가 적고 최대 속도가 초속 12km 정도로 느린 편이다. 유성체의 속도가 느리면 대기와 마찰이 약해 유성의 빛줄기 세기도 줄어든다. 하지만 자정이 지나면 관측자가 있는 지역이 지구 공전 방향 앞쪽으로 오게 된다. 당연히 앞쪽은 유성체 무리를 헤집고 나가게 되므로 더 많은 유성이 떨어진다. 그뿐만이 아니라 유성의 속도도 매우 빨라, 최대 초속 70km 정도에 이른다. 그만큼 대기와의 마찰이 심해 화려한 빛줄기가 나타난다.

아무리 멋진 유성도 달이 밝으면 제대로 볼 수 없다. 달빛이 밤하늘을 밝게 만들기 때문이다. 기상 조건도 큰 변수다. 구름이 뒤덮인 하늘에서는 유성이 보이지 않는다.

혜성이 남기고 간 부스러기

매일 밤 예고 없이 산발적으로 떨어지는 유성과 달리, '유성우(流星雨)'라고 하여 매년 특정시기에 많은 유성이 나타나는 경우도 있다. 유성우는 대부분 혜성 때문에 생기는 현상으로 그 원인을 제공한 혜성을 '모(母)혜성'이라고 부른다.

2001년 11월 19일 새벽 우리나라에서는 사자자리를 중심으로 많은 유성

사자리 유성우는 매년 11월 17~18일에 나타나는데, 모혜성인 템펠-터틀 혜성이 지나간 1998년에는 이전보다 더 많은 수의 유성을 볼 수 있었다. 4시간 노출한 사진에서 −2등급 이상의 유성이 156개나 촬영됐다.

이 한꺼번에 쏟아지는 사자리 유성우가 나타났다. 사자리 유성우는 약 33년을 주기로 태양 주위를 공전하는 템펠-터틀 혜성이 모혜성이다. 혜성이 태양에 가까워지면 혜성의 핵을 이루고 있던 물질이 증발해 많은 양의 먼지 알갱이가 혜성 궤도에 남는다. 바로 이곳을 지구가 지나게 되면 알갱이들이 지구 대기권에 진입하면서 밝은 빛줄기를 만드는 유성우가 된다.

사자리 유성우는 매년 11월 17일과 18일을 전후해 발생하며 시간당 10개 정도의 유성이 떨어진다. 그다지 눈에 띄는 유성우는 아니다. 하지만 모혜성인 템펠-터틀 혜성이 지구 공전 궤도를 한 번씩 지나가는 33년을 주기로 매우 많은 유성이 떨어지는 '대유성우'가 나타난다. 역사적으로 지난 회기였던 1966년에는 한 시간 동안 무려 15만 개 정도의 유성이 떨어졌다. 1833년 미국에서는 한 시간에 약 10만~20만 개의 유성이 나타났다.

1833년 북아메리카 나이아가라 폭포 부근에서 관측된 사자자리 유성우.

지구에 선사하는 마지막 선물

유성들이 떨어지는 경로를 관찰해서 성도에 그려보면 어느 한 점을 중심으로 사방으로 뻗어 나가는 모양을 볼 수 있다. 그 중심이 되는 점을 '복사점' 또는 '발사점'이라 부른다. 사실 유성은 모두 평행하게 진입하지만 착시효과 때문에 사방으로 뻗어 나가는 것처럼 보인다. 서로 평행하게 뻗은 기찻길을 멀리 바라보면 좁아져 보이는 것과 같은 현상이다.

유성우의 이름은 복사점이 있는 별자리의 이름을 따서 붙인다. 예를 들어 '사자자리 유성우'라고 하면 그 유성우의 복사점이 사자자리에 있다는 뜻이다.

유성우는 다른 천체 관측과 마찬가지로 밤하늘이 어두울 때 관측하기 좋다. 유성우의 복사점 위치를 미리 알아두고 그 근방을 두루두루 바라보는 것이 좋다. 유성이 가장 많이 떨어지는 극대시간을 미리 확인해두면 더 많이 볼 수 있다. 관측 장비는 특별한 것이 없다. 별자리가 나와 있는 책, 붉은 빛이 나오는 손전등이 있으면 도움이 된다. 추위에 대비해 따뜻한 음료나 차를 챙기고 두툼한 돗자리, 담요, 침낭까지 준비하면 더할 나위 없다.

무엇보다 불빛이 없는 깜깜한 곳으로 가는 것이 제일 중요하다. 하늘이 밝으면 희미한 유성을 볼 수 없기 때문이다. 가능한 사방이 확 트여서 넓은 하늘이 보이는 곳을 택한다. 장소가 정해지면 돗자리를 깔고 눕거나 침낭에 들어가 편안한 자세를 취한다. 지평선 부근보다는 고도가 30도 이상 되는 하늘을 바라보는 것이 더 유리하다.

두세 명이 팀을 짜서 온 하늘을 나누어 관찰하면 더 많은 유성과 만날 수 있다. 어둠 속에서 펼쳐지는 유성의 아름다운 빛줄기를 친구나 가족과 함께

사자자리 유성우. 매년 11월 17일과 18일을 전후해 새벽에 사자자리 부근을 주시하면 사자자리 유성우를 볼 수 있다.

바라본다면 더없이 소중한 경험이 될 것이다. 예상보다 적은 수의 유성이 떨어지더라도 실망할 필요는 없다. 유성 하나하나가 먼 옛날에 생겨난 혜성이 남긴 부스러기로, 태양계 공간에서 긴 방랑을 끝내고 지구의 품 안에 들어오면서 마지막으로 아름다운 빛줄기를 선사하는 것이기 때문이다.

유성우 아이돌 7인방

유성이 떨어질 때 일어나는 여러 가지 상황을 꼼꼼히 기록해보면 유성을 더 흥미롭게 관찰할 수 있다. 유성을 보았으면 즉시 시간을 확인한다. 가능하면 초 단위까지 기록하는 것이 좋다. 다음으로 유성이 떨어질 때 보이는 빛의 밝기 '광도'를 측정한다. 유성의 광도는 주위 별과 비교해서 결정한다.

성도를 이용할 줄 알고 별자리에 대해서 어느 정도 안다면 시도해 볼만하다. 예를 들어 유성이 북극성과 밝기가 비슷했다면 2등급이며, 사자자리 레굴루스 별과 비슷했다면 1등급이다. 이런 식으로 눈대중해도 의미 있는 데이터를 얻을 수 있다. 또 각각의 유성은 저마다 다른 색깔의 빛을 내므로 함께 기록한다.

유성이 떨어진 시각, 밝기, 개수를 기록했다면 관찰이 끝난 후 이를 토대로 유성우 활동이 가장 활발했던 시간(극대기)을 파악할 수 있다. 또한 유성의 '시간당 평균 낙하 수'를 계산해 이전의 관측 자료와 비교해 봄으로써 유성우의 활동 추세를 조사해 본다.

• **사분의자리 유성우 :** 극대기 1월 4일, 소행성 2003 EH1의 잔해

새해의 시작을 알리며 밤하늘을 가로지르는 유성우다. 시간당 120여 개의 유성을 뿌리기도 한다. 사분의자리는 지금은 쓰지 않는 옛 별자리다. 유성우의 복사점은 목동자리 북쪽 경계에 있다.

• **물병자리 에타 유성우 :** 극대기 5월 6일, 핼리 혜성의 잔해, 주기 76년

5월 밤하늘에 나타나는 멋진 유성우다. 4월 21일에서 5월 12일까지 볼 수 있지만, 최대 절정기는 5월 6, 7일 경이다. 때때로 밝은 화구를 보여준다. 자정을 넘긴 시간에 관찰하는 것이 더 유리하다.

• **물병자리 델타 유성우 :** 극대기 7월 28일, 모혜성은 알려지지 않음.

물병자리 델타 유성우는 활동 기간이 매우 긴 것이 특징이다. 7월 15일부터 9월 초까지 두 달 동안 띄엄띄엄 떨어진다. 절정기는 7월 28일을 전후로 일주일 정도다. 복사점은 물병자리의 델타별 근처로 밤 10시경 동쪽에서 떠오르기 시작해서 새벽 3시경 남중에 이른다. 극대기에는 시간당 30개 정도 떨어진다.

• **페르세우스자리 유성우** : 극대기 8월 12일, 스위프트 터틀 혜성의 잔해, 주기 150년

여름 밤하늘을 화려하게 장식하는 페르세우스자리 유성우는 7월 25일경에 시작된다. 매일 떨어지는 개수가 증가하며 8월 둘째 주가 되면 극대기를 맞는다. 시간당 100여 개의 유성을 관찰할 수 있다. 떨어지는 중간에 폭발하면서 여러 갈래로 나누어지는 것도 있고 노란색을 띠면서 긴 궤적을 남기는 것도 있다.

• **용자리 감마 유성우** : 극대기 10월 9일, 쟈코비니-진너 혜성의 잔해, 주기 7년

10월 7일부터 10일까지 3, 4일 동안 주로 떨어진다. 특히 모혜성인 쟈코비니-진너 혜성이 지구 궤도에 가깝게 지나간 직후, 지구가 유성체 무리의 중심을 지나갈 때는 놀라울 정도로 많은 유성이 떨어진다. 이때가 바로 유성우를 볼 수 있는 최적기다. 1946년에는 시간당 1000개의 유성이 떨어졌는데, 그 15일 전에 모혜성이 지구 궤도를 지나갔다. 극대기가 되는 시간이 정확하게 정해져 있지 않기 때문에 부지런한 관측자만이 많은 유성이 떨어지는 장관을 볼 수 있다.

• **오리온자리 유성우** : 극대기 10월 20일, 핼리 혜성의 잔해, 주기 76년

가을이 깊어 가는 10월 중순 맑은 밤하늘에서 나타나는 유성우다. 10월 2일경부터 시작해 11월 7일까지 계속된다. 극대기에는 시간당 30개의 유성이 떨어진다. 하지만 대부분의 유성이 희미하고 빨리 떨어지기 때문에 세심한 주의를 기울여야 볼 수 있다.

• **쌍둥이자리 유성우** : 극대기 12월 14일, 소행성 파에톤의 잔해, 주기 1.4년

겨울밤을 아름답게 꾸미는 유성우다. 쌍둥이자리 유성우를 이루는 유성체들은 다른 유성우와 차이점이 있다. 지구 궤도 가까이 지나가는 '파에톤' 소행성으로부터 떨어져 나오는 물질이 유성체가 된 것으로 보인다.

© Navicore

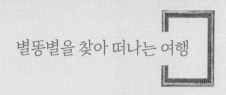

별똥별을 찾아 떠나는 여행

흥미로운 별 이야기가 담긴 책을 많이 읽으면 우주를 더 잘 이해할 수 있다. 그런데 아주 훌륭한 글, 멋진 사진으로도 살려내기 어려운 뜻이 별과 우주에 숨어 있다. 그 것을 채워 넣으려면 밤하늘의 별과 아름다운 우주를 직접 보고 만나야 한다. 살아 있는 별빛과 우주의 풍경이 눈동자를 지나 마음속 깊은 곳에 내려앉아야 한다. 이 런 체험은 어른뿐만 아니라 어린이에게도 중요하다. 자연을 상징하는 단어의 뜻을 한창 다듬질하는 시기이기 때문이다.

하지만 현실은 그렇지 않은가보다. 요즘 도시에 사는 어린이에게 '쏟아질 듯 빛나 는 별'이나 '보석처럼 하늘을 수놓은 별'은 경험하기 어려운 세상의 전해 내려오는 이야기다.

밤하늘에서 별똥별이 떨어지는 것을 실제로 본 적이 없다고 말하는 어린이가 적지 않다. 맑은 눈동자에 빛나는 별똥별을 단 하나도 담지 못한 채 어린 시절이 훌쩍 지 나가 버린다면……. 안타까운 일이다.

그래서 멋진 해결책을 제안한다. 온 가족이 별똥별 여행을 떠나는 것이다.

어렵지 않다. 천문대를 찾아가는 방법도 있지만, 명절날 찾은 시골의 고향 집 앞마 당에서, 휴가를 보내는 산이나 계곡, 바닷가에서도 괜찮다. 도시를 벗어나 하늘이 맑고 별빛이 깨끗한 곳이면 된다. 달빛도 없는 깜깜한 밤이라면 별똥별을 볼 가능 성은 더 높아진다. 그런 하늘 아래에서는 마음먹고 20~30분 정도만 하늘을 바라보 면 한두 개의 별똥별은 꼭 볼 수 있다. 더 어두운 하늘을 찾아간다면 더 많은 별똥별 과 만날 수 있다.

한여름 뜨겁게 달아오른 태양 빛은 따가울 정도다.

흘깃 보아도 얼굴을 내리쬐는 빛이 느껴진다.

이 빛은 태양에서 지구까지 1억 5000만km를 8분 19초 만에 날아온다.

태양은 변함없이 안정되게 빛나면서

지구 생명체가 살아가는 데 필요한 에너지를 보내고 있다.

어머니 품같이 고요한 태양이지만 표면에서는

놀라운 현상이 쉼 없이 일어난다.

태양계 행성들의
어머니 별,
태양

걸어서 4300년

태양은 8개의 행성과 소행성, 왜소행성, 혜성 등을 거느리고 있다. 행성과 비교하면 태양의 크기는 엄청나다. 지름이 139만km로 지구를 109개 늘어놓은 길이와 같다. 질량은 행성을 모두 합친 것보다 710배 크다. 지구 질량의 33만 배다. 태양의 평균 밀도는 물의 1.4배 정도다.

지구와 태양 사이의 평균 거리는 약 1억 5000만km다. 한 시간에 4km를 걷는 속도로 하루도 쉬지 않고 4300년쯤 걸어가면 태양에 다다를 수 있다. 이렇게 먼 태양이지만 빛의 속도로는 8분 19초면 도착한다.

지구에서 태양까지 거리를 재려는 시도는 옛날부터 있었다. 기원전 270년 그리스의 아리스타르코스Aristarchos, BC 310~BC 230는 달 모양이 정확히 반달일 때 태양과 지구, 달이 직각 삼각형을 만든다는 사실을 알아냈다. 이를 바탕으로 피타고라스 정리를 이용해 태양까지의 거리를 구했고, 태양이 지구에서 달까지의 거리보다 20배 먼 곳에 있다는 결론을 내렸다. 아리스타르코

태양계 질량의 99.9%를 차지하는 태양은 지름이 지구의 109배다.

스가 계산한 거리는 실제와 차이가 크지만, 논리적인 측정 방법을 사용했다는 데 의미가 있다.

1672년 프랑스의 천문학자 카시니는 태양까지 거리를 비교적 정확하게 측정했다. 카시니는 지구에서 화성까지 거리를 구한 다음 '케플러 법칙'을 이용해 태양까지 거리를 알아내는 방법을 썼다. 파리천문대와 대서양 건너편 기아나에 보낸 관측팀이 같은 시간에 화성을 관측해 그 시차를 측정함으로써 화성까지의 거리를 알아냈다. 카시니가 화성까지의 거리를 이용해 계산한 태양까지의 거리는 실제보다 7% 정도 짧았다.

영국의 핼리는 금성을 이용해 태양까지 거리를 계산하는 방법을 제안했다. 1761년과 1769년에 금성이 태양면을 지날 때 유럽 각지의 천문대와 멀리

위쪽 고대 그리스의 천문학자이자 수학자 아리스타르코스. **아래쪽** 프톨레마이오스의 저서 《알마게스트》에 수록된 아리스타르코스의 삼각법을 모티브로 디자인된 우표.

남아프리카공화국의 케이프타운에 관측을 보내 태양까지 정확한 거리를 구하고자 애썼다.

지구와 태양까지의 거리를 정확히 측정하려는 노력은 큰 의미가 있다. 두 천체 사이의 거리가 명확해지면 이를 바탕으로 다른 행성까지의 거리를 알아낼 수 있고, 더 나아가 우리 태양계의 전체 규모를 파악할 수 있기 때문이다.

　　원자력 발전소는 '우라늄'이라는 물질이 분열하는 '핵분열' 반응으로 에너지를 얻는다. 이와 달리 태양은 원자핵이 융합할 때 발생하는 막대한 양의 에너지로 빛난다. 태양 에너지의 원료는 수소다. 수소 원자핵 4개가 융합하여 헬륨 원자핵이 되는 핵융합 반응이 중심부에서 일어난다.

　　태양 중심부는 압력이 지구 표면의 약 3000억 배, 온도는 1500만 도다. 이러한 환경이 되어야만 핵융합 반응이 일어날 수 있다.

　　태양의 핵융합 반응으로 생기는 에너지는 4×10^{23}KW로, 이 가운데 지구에 도달하는 에너지의 양은 255조KW에 이른다. 이는 100만KW의 에너지를 생산하는 원자력 발전소 2억 5500만 개에서 만들 수 있는 양이다.

태양(Sun)

적도 지름	1.39×10^6km (지구의 109배)
질량	1.99×10^{30}kg (지구의 33만 3천 배)
평균 밀도	1.408g/cm³
겉보기 등급	−26.74
시지름	31.6~32.7′

1 홍염 홍염은 태양 표면 위로 솟아오르는 뜨겁고 거대한 가스이며 몇 분 만에 수십만 혹은 수백만 킬로미터 높이까지 솟아오른다. 서너 시간 안에 사라져버리기도 하고 어떤 것은 몇 주일 혹은 몇 달씩 조용히 공중에 떠 있기도 한다. **2** 흑점 광구에서 검게 보이는 부분이다. 자기장 때문에 에너지 전달이 어려워져 주변보다 2000도 정도 온도가 낮은 지역이다. **3** 쌀알무늬 광구(태양 겉표면)층의 물질이 대류하면서 온도가 높아져 솟아오르는 곳은 밝게 보이고 함몰하는 부분은 어둡게 보인다.

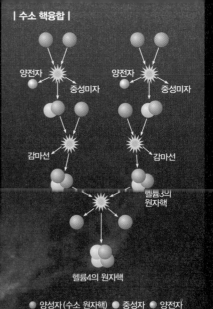

| 수소 핵융합 |

양전자

중성미자

양전자

중성미자

감마선

감마선

헬륨 3의 원자핵

헬륨 4의 원자핵

● 양성자(수소 원자핵) ● 중성자 ● 양전자

333

태양 속에서 백만 년을 여행하는 빛

태양 표면은 5분 주기로 떨림 현상이 일어난다. 이 미세한 진동을 자세히 분석하면 태양 내부를 들여다볼 수 있다. 태양 내부는 크게 핵과 복사층, 대류층으로 나뉜다. 중심부 핵에서는 높은 온도와 압력으로 핵융합 반응이 일어난다. 이때 생긴 빛 에너지는 밀도가 높은 복사층을 지나 대류층으로 빠져나온다. 복사층을 지나면서 많은 입자와 충돌하기 때문에 핵에서 만들어진 빛이 대류층까지 도달하는 데는 100만 년 정도가 걸린다. 대류층은 압력과 밀도가 상대적으로 낮다. 이곳에서 빛 에너지는 대류의 형태로 태양의 겉표면인 광구까지 이른다.

딱딱한 표면이 없는 태양은 하나의 거대한 가스 덩어리라고 할 수 있다. 광구는 태양 표면 대기층에서 바닥 부분이다. 광구에서는 밝게 솟아오른 부분과 어둡게 가라앉는 부분이 생겨 전체적으로 쌀알무늬를 만든다. 무늬 하나의 지름은 1000km 정도며, 이것이 내뿜는 에너지는 수소폭탄 1000개의 위력과 맞먹는다. 쌀알무늬 하나의 수명은 8분 정도다.

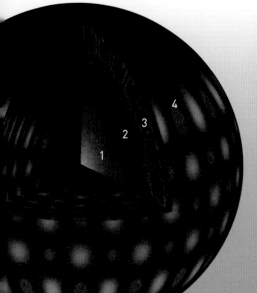

태양의 내부 구조 태양의 진동을 통해 알아낸 내부 구조를 보여준다. 밝고 어두운 부분이 생기는 것은 진동파의 간섭 때문이다.

1 핵 온도는 1500만 도, 압력은 지구 대기압의 2500억 배. 반지름은 약 10만km.
2 복사층 온도는 70만~10만K, 두께는 약 40만km.
3 대류층 온도는 10만~6000K, 두께는 약 20만km.
4 대기층 광구와 채층이 이에 해당. 광구층의 온도는 5777K.

보름달보다 밝은 흑점?

구름이 옅게 깔린 날 태양이 서쪽 지평선으로 막 떨어지려고 할 때, 밝기가 많이 줄어들면 맨눈으로도 태양을 볼 수 있다. 이럴 때 운이 좋으면 태양 표면에서 흑점이 보인다. 고대 중국에서는 모래바람이 하늘을 뒤덮는 '황사' 현상이 발생할 때 태양 흑점을 관측했다는 기록이 있다.

흑점이 검게 보이는 이유는 주변보다 온도가 2000도 정도 낮기 때문이다. 흑점은 실제로 검은색이 아니고 주변부보다 온도가 낮아 상대적으로 어두워 보인다는 뜻이다. 만약 흑점만 따로 떼어 밤하늘에 띄워 놓으면 보름달보다 밝게 빛날 것이다.

흑점은 태양 내부의 강한 자기장 때문에 생긴다. 격렬한 자기장이 에너지 흐름을 막으면 주변보다 온도가 낮아진다. 흑점 중에서 수명이 짧은 것은 수 일, 긴 것은 몇 개월 동안 남아 있다. 지름은 수백 킬로미터인 것에서부터 지구가 수십 개 들어갈 수 있을 정도로 큰 것도 있다. 흑점은 보통 태양 적도를 중심으로 상하 30도 지역에 주로 생긴다.

태양은 지구처럼 딱딱한 지각이 없어서 위도에 따라 자전 속도가 다르다. 태양의 극지방에서는 속도가 느려 약 35일에 한 바퀴를 돌고, 적도지방에서는 25일 만에 한 바퀴를 돈다. 수명이 긴 흑점은 태양 뒷면으로 사라진 뒤 약 2주가 지나면 반대편에서 되돌아 나오는 것을 볼 수 있다.

천체망원경으로 흑점을 관찰할 때는 망원경을 조심스럽게 다루어야 한다. 망원경이 태양 쪽을 향한 상태에서 맨눈으로 망원경을 직접 들여다보면 매우 위험하다. 망원경의 렌즈는 큰 돋보기와 같아서 태양 빛을 초점에 모은다. 이 경우 망원경의 초점부는 종이에 쉽게 불을 붙일 정도로 뜨겁다.

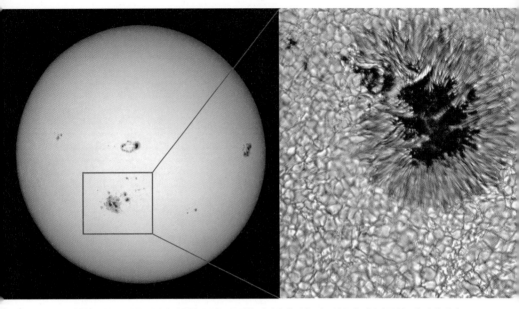

왼쪽 태양은 표면을 자세히 관찰할 수 있는 유일한 별이다. 흑점은 적도 부근과 남북의 중위도에 많이 나타
나는데, 11년 주기로 그 수가 많아졌다가 적어졌다가를 반복한다.
오른쪽 흑점은 중앙의 어두운 부분인 암부와 그 둘레의 반암부로 이루어져 있다. 지구보다 몇십 배 큰 흑점
도 있으며 다른 흑점과 합쳐지거나 분리되기도 한다.

태양을 보다 안전하게 관찰하는 방법으로 투영법이 있다. 하얀 도화지로
투영판을 만들어 망원경의 접안렌즈를 통해 나온 태양 빛을 투영판에 잘
맞춘다. 투영판의 위치를 앞뒤로 움직이면 태양의 크기를 적당히 조정할 수
있다. 투영법으로 관찰할 때도 망원경이 과열되지 않도록 대물렌즈 앞을 가
려 주기적으로 식혀주어야 한다.

안전한 태양 관측법을 처음 고안한 사람은 예수회 소속 수도사이자 천
문학자인 샤이너 Christoph Scheiner, 1575~1650다. 샤이너는 케플러의 영향을 받아
1611년 접안부가 볼록렌즈인 케플러식 굴절망원경을 만들었다. 그는 망원
경으로 태양을 겨누고 접안부에 흰 종이를 대면 태양의 모습이 투영돼 안

전하게 관측할 수 있는 '태양투영법'을 생각해
냈다. 그는 이 방법으로 1612년 태양 표면에
서 흑점을 발견했다.

샤이너는 케플러와 갈릴레이에게
태양에서 흑점을 발견했다는 편지를
보냈다. 이미 태양 흑점을 관측한 적
있던 갈릴레이는 샤이너의 편지에 자
극을 받아 흑점을 더 주의 깊게 관측했다.
이후 갈릴레이와 샤이너는 흑점 관측에 관

안전한 태양 관측법을 고안한 샤이너.

한 편지를 몇 차례 더 주고받았다. 1613년 갈릴레이는 편지 내용을 정리해
태양 흑점을 주제로 한 책 《태양의 흑점과 그 현상들에 대한 역사의 증명》
을 출간했다.

태양을 가린 달

태양 지름은 달 지름의 약 400배다. 우연의 일치로 태양은 달보다 약
400배 멀리 있다. 그런 까닭에 지구에서 본 태양과 달의 겉보기 크기는 비
슷하다. 덕분에 태양이 달에 가려지는 일식을 볼 수 있다.

우주 공간에서 바라본다면 길게 뻗은 달 그림자가 지구의 좁은 지역에 드
리워진다. 이 지역에서는 개기일식을 관찰할 수 있다. 지구의 자전으로 달
의 그림자는 한곳에 머무르지 않고 계속 움직이므로 한 곳에서 볼 수 있는
개기일식 시간은 채 몇 분이 안 된다.

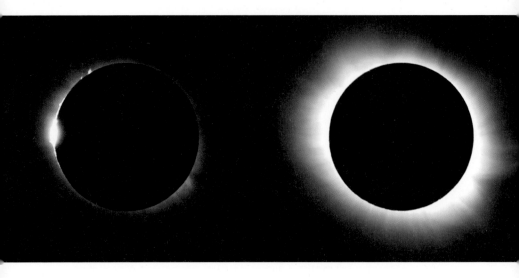

달이 태양을 완전히 가리는 개기일식이 일어나면 채층, 코로나, 홍염 같
은 현상을 관찰할 수 있다. 태양 일부만 가려지면 부분일식이다. 지구와 태
양의 거리가 평소보다 멀어졌을 때 일식이 생기면, 태양이 완전히 가려지
지 않고 둥근 고리를 만드는데 이때는 '금환일식'이라고 부른다.

빛의 지문을 읽어내다

태양이 어떤 물질로 구성되었는지 어떻게 알 수 있을까? 태양 빛을 통해
태양의 구성 물질을 연구한 광학 유리 제조공이 있었다. 가난한 유리 연마
공의 11번째 아들로 태어난 프라운호퍼Joseph von Fraunhofer, 1787~1826는 12살에 유
리를 닦는 직공으로 취직했다. 소년 직공은 독학으로 광학과 수학을 공부해
광학 연구에 큰 업적을 남겼다.

왼쪽 **개기일식 과정** 개기일식이 일어나면 태양의 표면에서 일어나는 변화를 잘 볼 수 있다. 최외곽 대기층인 코로나와 불기둥 모양의 홍염이 분출한 모습이 보인다. 개기일식이 시작할 때와 끝날 무렵에는 반지 모양의 다이아몬드링을 볼 수 있다.
아래쪽 프라운호퍼가 직접 그린 태양 스펙트럼 스케치를 넣은 독일 우표.

태양 빛을 프리즘으로 관찰하던 프라운호퍼는 스펙트럼 중간마다 검은 선이 나타나는 것을 발견했다. '프라운호퍼선(線)'이라 불리는 이 검은 선은 태양 표면에 있는 원소들이 태양 내부에서 나오는 백색광의 특정 파장을 흡수하기 때문에 생긴다.

물질은 고유한 파장의 빛을 방출하거나 흡수할 수 있다. 예를 들어 나트륨은 589.0nm, 589.6nm 두 가지 파장의 빛을 방출하거나 흡수한다. 태양 스펙트럼에 나타난 프라운호퍼선을 분석했을 때 나트륨의 두 가지 파장과 동일한 위치에 두 개의 검은 선이 있다면, 태양의 대기층에는 나트륨이 존재한다고 해석할 수 있다. 태양 빛의 스펙트럼에서 프라운호퍼선을 잘 조사하면 태양을 구성하는 물질의 종류와 존재량 등을 알아낼 수 있다.

프라운호퍼는 별이 무엇인지 그 본질을 밝혀낼 수 있는 과학의 문을 열었다. 독일 뮌헨에 있는 그의 묘지 묘비에는 이런 문구가 새겨져 있다.

"그는 우리를 별에 더 가깝게 이끌었다."

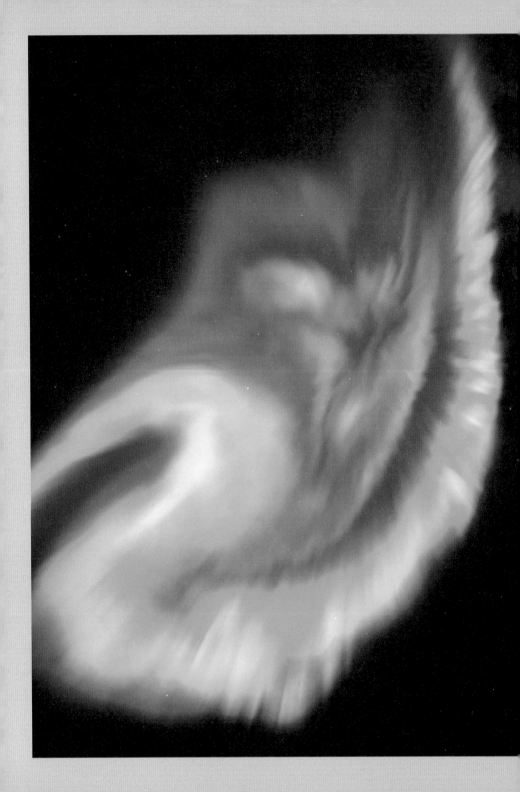

태양과 지구, 오로라를 그려내다

오로라는 어떻게 생기는 것일까? 지구를 커다란 자석이라고 생각하면 이해하기 쉽
다. 우리 눈에 보이지는 않지만, 자기장이 지구를 에워싸고 있다. 멀리 태양에서는
전기를 띤 입자인 전자와 양성자가 늘 뿜어져 나온다. 이 입자가 지구에 다다르면
지구 자기장을 따라 흐르는데, 극지방에서는 아주 빠른 속도로 대기권에 내리꽂힌
다. 태양에서 온 입자가 지구 대기의 산소, 질소 원자와 부딪히는 과정에서 발생한
빛이 바로 형형색색의 오로라를 만들어낸다. 오로라가 주로 나타나는 곳은 지상에
서 100~300km 높이다.

별빛과 어우러진 오로라는 밤하늘을 아름답게 장식한다. 눈치채지 못할 정도로 은
은한 빛으로 물들거나 넓게 펼쳐놓은 구름처럼 드러나며 하늘을 환하게 밝힌다. 흔
하게 나타나는 모양은 북쪽 하늘에 중심을 둔 아치형이다. 아래쪽의 경계는 상대적
으로 선명하고 위쪽으로 갈수록 조금씩 흐려진다. 때때로 곧추선 줄무늬를 만들어
낸다. 하늘 높이 홀로 서 있거나 부챗살처럼 이어져 나타나기도 한다.

오로라가 아주 강하게 생길 때는 좌우로 넓게 퍼지며 띠 모양으로 늘어선다. 밤하
늘 가득 길게 펼쳐진 띠가 살랑거리는 주름을 만들고 빛의 커튼이 된다. 오로라가
꾸며내는 빛의 커튼이 바람에 흔들리듯 너풀거리는 모습은 눈에 담기 벅찰 만큼 아
름답다.

'코로나'라고 부르는 현상도 눈여겨 볼만하다. 머리 위 하늘 높은 곳에서 오로라의 여
러 빛줄기가 한 점으로 모이는 것처럼 나타난다. 코로나가 강해지면 오로라는 쉴 틈
없이 변화무쌍하게 모양을 바꾼다. 빛줄기가 굽이치고 출렁거리며 하늘을 빠르게 가
로지른다. 오로라는 태양과 지구가 조화롭게 어울리며 그리는 빛의 춤이다. 자연은
늘 서로 함께하며 풍경을 만들어간다. 그래서 더 아름답다. 그 풍경 속에 스며 있는
사람도 아름답다. 자연을 닮아가고, 자연이 담겨 있기 때문이다.

우주 공간의 별은 홀로 빛나는 것처럼 보이지만

서로 어울리며 함께 살아가는 별도 많다.

둘, 셋 때로는 그 이상의 별이 모여 다중성계를 이룬다.

공통 질량 중심 둘레를 도는 별을 잘 관찰하면

별의 크기나 질량, 표면온도 등 다양한 특성을 알아낼 수 있다.

별들의 어울림에 귀 기울일수록

더 흥미로운 별빛 속삭임을 들을 수 있다.

보일락 말락
숨은 짝별 찾기

미자르의 짝별

국자 모양을 한 북두칠성은 밤하늘에서 쉽게 찾을 수 있다. 서양별자리로 따져보면 큰곰자리에 속하는데, 북두칠성은 큰곰의 엉덩이와 꼬리 부분에 있는 일곱 개의 별이다. 북두칠성은 북극성 가까이에서 천구의 북극을 중심으로 돌고 있다.

국자 모양의 손잡이 끝에서 두 번째 별인 '미자르(Mizar)'를 유심히 살펴보면 또 하나의 별 '알코르(Alcor)'가 눈에 띈다. 눈이 좋은 사람은 두 별을 구분해 볼 수 있어서 옛날 아라비아에서는 군인들의 시력 검사용 별로 사용했다고 한다.

미자르와 알코르는 물리적 상호작용이 거의 없으며 우리가 바라볼 때 우연히 같은 방향으로 나란히 놓여 있어 가까이 붙어 있는 것처럼 보일 뿐이다. 이러한 이중성을 '광학적 쌍성'이라고 한다.

망원경으로만 볼 수 있는 미자르 바로 옆의 별은 미자르와 서로 물리적인

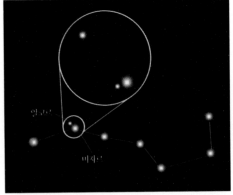

위쪽 북두칠성은 큰곰의 엉덩이와 꼬리 부분에 있는 일곱 개의 별이다.

오른쪽 국자 모양의 손잡이 끝에서 두 번째 별인 미자르를 유심히 살펴보면 또 하나의 별 알코르가 눈에 띈다. 천체 망원경으로 미자르를 좀 더 확대해서 관찰하면 미자르의 이중성을 찾아낼 수 있다.

상호작용을 하며 실제로 가까이 있는 이중성이다. 두 별은 서로의 질량 중심을 회전하고 있다. 오랜 기간 두 별을 관측하면 상대적인 위치가 바뀌는 것을 알 수 있다. 이를 통해 별의 질량, 반지름, 밀도 등 여러 정보를 얻어낸다.

별들이 모여 사는 방법

이중성을 이루는 별 중에서 밝은 별을 '주성'이라고 한다. 짝이 되는 주성보다 어두운 별을 '동반성' 또는 '반성'이라고 부른다. 망원경으로 관찰할 때 두 별이 분리돼 보이며 서로 돌고 있는 이중성을 '안시 쌍성'이라고 한다. 두 별이 공통 질량 중심 둘레를 한 바퀴씩 도는 궤도 운동의 주기는 수년에서부터 수천 년에 이른다. 천문학자들은 안시 쌍성의 물리적 특징을 알아내기 위해 길고 긴 관측 활동을 마다치 않는다.

매우 가까이 있어 망원경으로도 분리돼 보이지 않으면 '분광 쌍성'이라고 한다. 별빛의 스펙트럼을 쪼개 살펴봄으로써 쌍성의 특성을 알아낼 수 있다. 분광 쌍성을 이루는 별의 공전 주기는 몇 시간에서 몇 달 정도다. 공전 주기가 짧을수록 별 사이의 거리는 가깝다.

쌍성을 이루는 두 별이 서로 돌다 보면, 지구에서 볼 때 한 별이 다른 별을 가리는 '식 현상'을 일으킬 수 있다. 이러한 현상을 보여주는 쌍성을 '식 쌍성'이라고 한다. 주성과 반성이 모두 보일 때, 반성이 주성 뒤로 숨을 때, 반성이 주성 앞에서 보일 때에 따라 겉보기 밝기가 변한다.

시리우스의 눈부신 빛에 가려져 있던 별

이중성은 망원경의 성능을 판가름하는 기준이 되기도 한다. 망원경 성능을 나타내는 지표 중에 '분해능'이 있다. 분해능은 가까이 붙어 있는 물체를

시리우스의 짝별인 시리우스B는 처음으로 발견된 백색왜성이며 지름이 1만 2000km로 지구와 비슷한 크기다. 두 별은 50년을 주기로 서로 공전하고 있다.

분리해 보는 능력으로, 각도로 나타낸다. 망원경의 구경이 커질수록 이중성을 분리해내는 분해능이 커지지만, 같은 구경이라도 망원경에 따라 차이가 있다. 또한 망원경의 분해능이 좋아도 주성의 밝기가 너무 밝으면 어두운 반성은 주성의 밝은 빛에 묻혀 관측이 어렵다.

큰개자리의 '시리우스(Sirius)'는 밤하늘에서 가장 밝은 별로 유명하다. 시리우스는 이중성이며 시리우스B를 반성으로 거느리고 있다. 시리우스B를 발견한 사람은 미국의 앨번 클라크$^{Alvan\ Graham\ Clark,\ 1832~1897}$ 부자(父子)다. 앨번 클라크는 초상 화가였지만, 우연히 천문학에 관심을 두게 되면서 망원경 제작에 몰두했다. 렌즈를 연마하는 솜씨가 좋아 그가 만든 망원경은 이중성 관측에서 탁월한 성능을 자랑했다. 앨번 클라크는 점점 더 큰 망원경을 만들어냈다. 1862년 마침내 구경 470mm의 굴절망원경을 완성했다. 당시에는 매우 큰 망원경이었다.

그의 아들은 새로 만든 망원경의 성능을 조사하기 위해 시리우스를 관측했다. 그런데 시리우스 별 가까이에서 바늘로 콕 찍어놓은 듯 작고 희미한 점을 발견했다. 아들은 아버지가 망원경을 잘못 만들어 렌즈에 흠집이 생긴 줄 알았다. 렌즈를 여러 차례 꼼꼼히 조사해 봐도 흠집은 없었고, 결국 희미한 점은 별이라는 사실을 알게 됐다. 그동안 시리우스의 밝은 빛에 가려 잘 보이지 않았던 반성을 발견한 것이다. 시리우스 반성의 발견으로 앨번 클라크의 망원경은 더욱 유명해졌고, 이후에는 구경이 1m나 되는 대형 망원경을 만들어냈다.

맨눈으로는 하나로 보이던 별이 망원경으로는 여러 개로 나타날 때, 보일락 말락 한 짝별을 아슬아슬하게 확인할 때, 두 별의 색이 아름다운 조화를 이루며 빛날 때, 서로 밝기가 달라 어머니와 아이처럼 다정하게 빛날 때, 이중성은 우리를 밤하늘로 유혹하는 친구가 된다.

함께 빛나서 더 멋있다

• **이중성의 여왕 알비레오** : '알비레오(Albireo)'는 정말 아름다운 이중성이다.

여름밤에는 백조자리 이중성 알비레오와
북극성의 이중성을 찾아볼 수 있다.

알비레오

북극성

백조

작은곰

백조자리에서 백조의 부리에 해당하는 별이다. 3.1등급의 별과 5.1등급의
별이 34초각 떨어져 있다. 투명한 토파즈 같은 노란색 주성과 사파이어 빛
연푸른 반성이 매우 아름답다. 20배율 정도로 관찰하면 떨어질 듯 말 듯 절
묘하게 붙어 있는 두 별이 마음을 사로잡는다.

• **북쪽 하늘을 지키는 북극성** : 북극성은 생각보다 그리 밝지 않은 2등급 별
이다. 1779년에 허셜이 북극성이 이중성이라는 것을 발견했다. 9등급의 어
두운 별이 19초각 떨어진 거리에서 북극성 주위를 돌고 있다. 40배율 정도
면 어렵지 않게 관찰할 수 있다.

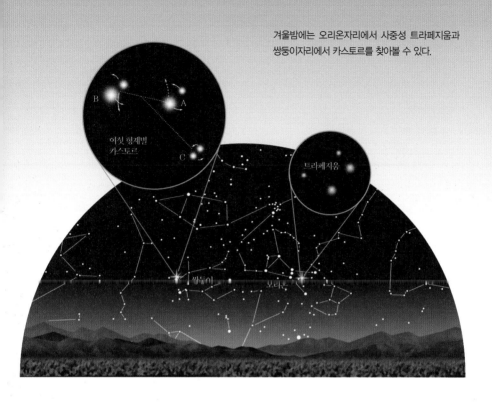

겨울밤에는 오리온자리에서 사중성 트라페지움과
쌍둥이자리에서 카스토르를 찾아볼 수 있다.

• **여섯 형제별 카스토르** : 쌍둥이자리 별이다. 3.0등급 별이 1.9등급 별 주위
를 6초각 떨어진 채 약 445년을 주기로 돌고 있다. 두 별(카스토르A, 카스토르B)
은 각각 반성을 가지고 있다. 9.8등급의 카스토르C 역시 이중성이므로 카스
토르는 총 6중성계로 이루어진 특이한 별이다.

• **별 넷이 만드는 트라페지움** : 오리온 대성운의 한복판에 자리 잡은 사중성
이다. 사다리꼴로 모여 있는 별 넷의 모습이 친근하다. 오리온 대성운의 화
려한 모습과 어우러져 아름답게 빛난다. 작은 망원경으로도 쉽게 관찰할 수
있다.

트라페지움을 이루는 별은 태어난 지 100만 년 정도
된 젊은 별들로, 오리온 대성운을 밝게 빛나게 하는
에너지의 원천이다. 적외선을 통해 보면 성운에 묻혀
보이지 않던 주위 별들이 드러난다.

거문고자리 엡실론(ε) 별을 쌍안경으로 관찰하면 두 별로 나뉘어 보인다. 좀 더 배율이 높은 망원경으로 관찰하면 각각의 별이 다시 두 개의 별로 분리된다. 거문고자리는 그리스 신화 속 '음악의 신' 오르페우스가 연주하던 하프다.

• **더블 더블 사중성** : 거문고자리 엡실론(ε) 별은 직녀성 가까이 있는 별이다. 이 별을 쌍안경으로 관찰하면 두 별(엡실론1과 엡실론2)로 나뉘어 보인다. 좀 더 배율이 높은 망원경으로 관찰하면 각각의 별이 다시 두 개의 별로 분리된다. 그래서 '더블 더블(double double)'이라 부른다.

엡실론1과 엡실론2는 각각 208초각 정도 떨어져 있다. 엡실론1은 4.6등급과 6.2등급 별이 2.6초각 떨어져 있으며 공전 주기는 약 1165년이다. 엡실론2는 5.1등급과 5.5등급 별이 2.3초각 떨어져 있으며 공전 주기는 585년이다.

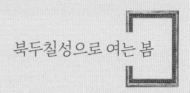

북두칠성으로 여는 봄

땅 위로 햇살이 내려앉는다. 겨우내 잠자던 생명이 하나둘 고개를 내밀고 봄맞이 채비를 서두른다. 흙이 기지개를 켜고 푸른 숨을 내쉰다. 땅의 변화를 읽은 듯 밤하늘의 별도 새로운 모습을 준비한다. 겨울 별자리는 서쪽 하늘로 바삐 넘어가고 동쪽 하늘에 봄 별자리가 성큼성큼 솟아오른다. 초저녁 북동쪽 하늘에 북두칠성이 보란 듯이 나타난다. 쉽게 찾을 수 있어 봄철 별자리를 안내하는 길잡이가 된다.

하늘나라의 수레, 곡식을 퍼 담는 되, 손잡이 달린 국자……. 북두칠성 모양을 보고 붙인 이름은 여러 가지다. 우리나라 전통별자리에서는 북두칠성 일곱별에 제각각 하는 일이 정해져 있다. 국자 모양으로 보았을 때, 손잡이 두 번째 별은 하늘나라 곳간별이다. 서양 별자리에서 광학적 쌍성으로 잘 알려진 미자르에 해당한다.

곳간별은 하늘나라 곡식을 보관하는 일을 맡았다. 농부들이 부지런히 농사지어 풍년이 드는 해에는 곳간별이 밝게 빛났다. 농사가 잘 안되어 흉년이 들 것 같으면 곳간별이 어두워지거나 색깔이 달라졌다는 이야기가 전해온다.

화창한 봄날에 저녁 북동쪽 하늘에서 오롯이 빛나는 북두칠성을 찾아보길 바란다. 곳간별이 밝게 보일 것이다. 우리 땅의 농부들이 열심히 봄 농사를 준비하고 있기 때문이다. 북두칠성 가까이 있는 별을 헤아려 보는 것도 좋다. 북두칠성 곁으로 별이 많이 보일수록 세상에 평화로움이 더 깃든다고 한다.

© 박승천

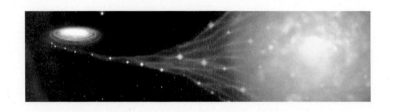

별이 붉은색을 내며 부풀어 올랐다.

가까이 있는 별은 부풀어 오른 별의 물질을 끌어 당겨 질량을 키운다.

새로운 물질을 얻은 별은 폭발하듯 핵융합 반응을 일으키고

평상시 수백만 배에 달하는 에너지를

갑자기 방출하면서 밝게 빛난다.

별을 수축시키는 중력과 팽창하려는

내부 에너지의 압력 사이에 평형이 흔들리면

별은 불안정한 상태를 맞게 되며

밝기가 변하는 변광성이 될 수 있다.

광활한 우주의 촛불,
변광성

두근두근 맥박이 뛰는 별

별은 태어나서 성장하고 죽어감에 따라 밝기가 달라진다. 이러한 과정은 수백만 년에서 수백억 년이라는 긴 시간이 걸린다. 인간의 짧은 인생에서 별의 밝기 변화를 관찰하기란 불가능해 보인다. 그런데 놀랍게도 불과 며칠 또는 몇백일 사이에 밝기가 변하는 별이 있다. 밤하늘의 등대 '변광성'이 그러하다. 변광성을 자세히 관찰해보면 별빛이 들려주는 맥박을 느낄 수 있다. 그 속에는 별이 품고 있는 흥미로운 이야기가 담겨 있다.

1596년 8월 독일의 파브리치우스David Fabricius, 1564~1617는 고래자리에서 3등급으로 빛나는 새로운 별을 발견했다. 하지만 몇 달 뒤 그 별은 점점 어두워지더니 사라져버렸다. 파브리치우스는 1609년 2월에 그 별을 다시 볼 수 있었다. 1638년 네덜란드의 홀베르다Johannes Holwarda, 1618~1651는 파브리치우스가 찾은 별이 일정한 주기로 밝기가 변한다는 사실을 알아냈다. 그 별에는 '이상한 별'이라는 뜻을 담아 '미라(Mira)'라는 이름을 붙였다.

미라

고래자리의 주인공은 카시오페이아를 혼내려고 '바다의 신' 포세이돈이 보낸 고래. 고래자리 미라별은 밝기가 달라지는 변광성으로, 맨눈으로 잘 보이던 별이 갑자기 사라지기도 한다.

　미라는 변광성으로 밝혀진 첫 별이며 성도에는 고래자리 오미크론(o) 별로 표기된다. 평균 변광주기는 약 332일로 가장 밝을 때가 2등급, 가장 어두워졌을 때가 10등급이다. 둘 사이의 밝기 차이가 무려 1500배에 달한다. 가장 밝을 때는 북극성 정도의 밝기로 빛나지만 어두울 때는 맨눈으로 볼 수 없고 망원경을 통해서만 관찰할 수 있다.

우주의 거리를 알려준 세페이드 변광성

미라는 별 자체가 주기적으로 부풀고 수축하면서 밝기가 변한다. 이처럼 크기가 달라지며 밝기가 변하는 별을 '맥동 변광성'이라고 한다. 천문학의 역사에서 아주 중요한 역할을 한 맥동 변광성이 있다. 케페우스자리 델타(δ)별이다.

1784년 영국의 천문학자 구드릭John Goodricke, 1764~1786은 케페우스자리 델타별이 며칠에 걸쳐 밝기가 달라지는 것을 발견했다. 이와 비슷한 형태로 밝기가 변하는 별이 그 뒤에도 많이 발견됐다. 이 별들을 통틀어 '세페이드 변광성'이라 부른다. 세페이드 변광성은 별의 일생에서 초거성 단계에 이르러 불안정한 상태에 놓인 별이다. 세페이드 변광성의 변광주기 범위는 대략 1일에서 70일 사이다. 광도 변화 범위는 0.1등급에서 2등급 정도다.

세페이드 변광성이 현대 천문학에 큰 기여를 할 수 있었던 것은 맥동이 매우 규칙적일 뿐 아니라 맥동주기와 별의 실제 밝기 사이에 일정한 관계가 있기 때문이다. 맥동주기가 길수록 별의 실제 밝기인 절대등급은 더 밝아진다. 이러한 관계를 이용하면 세페이드 변광성의 변광주기를 측정하여 절대등급을 알 수 있다. 절대등급을 알게 되면 겉보기 등급과 비교하여 세페이드 변광성까지의 거리를 계산할 수 있다. 세페이드 변광성이 천체의 거리를 알려주는 '우주의 거리 측정자' 역할을 하는 것이다.

우리가 잘 알고 있는 북극성도 약 4일 주기로 밝기가 변하는 세페이드 변광성이다. 그 맥동주기를 통해 북극성의 실제 밝기는 태양의 1200배이며 거리는 약 430광년이라는 것을 알아냈다.

역사적으로 세페이드 변광성을 이용한 거리측정법 발견에 가장 중요한 역할을 한 인물은 리비트Henrietta Leavitt, 1868~1921다. 그녀는 청각장애인으로, 정식

세페이드 변광성의 변광주기를 조사하던 중 변광주기가 길수록 별의 밝기가 더 밝다는 사실을 밝혀낸 리비트.

으로 천문학 교육을 받지 못했다. 하지만 천체사진을 빠르게 분석하는 일을 아주 잘해서 하버드대학 천문대 사진측광 책임자로 일했다.

1912년 리비트는 페루 천문대에서 보내온 소마젤란은하 사진에서 변광성을 찾아 정리하다가, 변광주기가 길수록 별의 실제 밝기가 더 밝다는 사실을 밝혀냈다. 천문학자들은 리비트가 찾아낸 변광주기와 광도 사이의 관계를 이용해 별까지의 거리를 계산할 수 있게 되었다. 베셀의 연주시차법(273쪽 참조) 외에 별 사이의 거리를 재는 또 하나의 기준이 생긴 것이다.

세페이드 변광성을 이용하면 우리은하 안에 있는 별까지의 거리는 물론 더 멀리 있는 다른 은하까지의 거리도 측정할 수 있다. 리비트의 발견은 우주 팽창을 예측한 '허블의 법칙'이 나올 수 있는 디딤돌이 되었다. 세페이드 변광성을 통해 천체의 거리를 알 수 있게 되자 천문학의 새로운 문이 열렸다.

메두사의 머리, 알골

'알골(Algol)'은 고래자리 미라만큼이나 유명한 변광성이다. 가을 저녁에 잘 보이는 페르세우스자리의 베타(β) 별이기도 하다. 알골이란 아랍어로 '악마의 머리'란 뜻인데, 그리스 신화에서 이름의 유래를 찾을 수 있다. 영웅 페르세우스는 머리가 아홉 달린 괴물 메두사와 싸움을 벌였다. 메두사는 자신

페르세우스자리의 베타(β)별 알골은 주성과 반성이 번갈아 가려지면서 밝기가 변하는 식변광성이다.

의 흉측한 머리를 보는 자를 모두 돌로 변하게 했다. 페르세우스는 기지를 발휘해 방패 앞면을 거울처럼 반들반들하게 닦아서 싸움에 임했다. 메두사는 싸움 도중 페르세우스의 방패 속에 비친 자신의 얼굴을 보자 돌로 굳어버렸다. 싸움에서 승리한 페르세우스는 한 손에 메두사의 머리를 쥔 채 천마 페가수스를 타고 하늘로 날아갔다. 페르세우스자리에서 알골의 위치는 메두사의 머리를 든 페르세우스 손 가까이 있다. 신화 이야기와 잘 들어맞는 부분이다.

알골이 변광하는 것을 처음으로 기록한 사람은 17세기 중엽 이탈리아의 천문학자인 몬토나리Geminiano Montonari, 1633~1687다. 그 후 1783년 구드릭 역시 알골을 꾸준히 관찰하여 밝기가 달라지는 것을 알아냈다. 당시 구드릭은 19살의 청년이었다. 구드릭은 알골 둘레를 도는 또 하나의 별이 있어 알골의 빛을 가리는 식 현상이 일어나면서 밝기가 달라진다고 주장했다. 훗날 구드릭의 주장은 사실로 밝혀졌다. 알골과 같은 변광성을 '식변광성'이라고 부른다. 서로 돌고 있는 두 별의 궤도면이 우리가 바라보는 방향과 일치해야 식 현상이 잘 나타난다.

폭발하는 별, 초신성

'신성(Nova)'은 갑작스런 핵융합 반응이 일어나 밝게 빛나는 별이다. 짧은 시간에 수만 배 이상 밝아질 수 있다. 더 강력한 현상으로 '초신성(Supernova)'이 있다. 초신성은 별 전체가 폭발하면서 장렬한 최후를 맞이한다.

신성이나 초신성은 잘 보이지 않던 곳에서 갑자기 나타나 수십 일에서 수백 일에 걸쳐 밝게 빛나다가 서서히 우리의 시야에서 사라진다. 우리은하 안에 있는 별이 초신성으로 폭발할 경우 그 밝기는 대단해서 낮에도 보일 정도다. 실제로 1054년 황소자리에서 폭발했던 초신성은 대낮에 관찰한 기록이 남아 있다. 지금은 그 자리에 밝은 별은 보이지 않고, 별의 희미한 잔해만 남아 있으며 천체망원경으로 관찰할 수 있다. 성도에서 메시에 목록 1번(M 1)으로 표기되는 게 성운이다.

게 성운(M 1)은 1054년 폭발한 황소자리의 초신성 잔해다. 폭
발이 일어났을 때는 낮에도 보일 만큼 아주 밝았다. 지금도
폭발 잔해가 초속 1500km의 속도로 팽창하고 있다.

늦가을 깊은 밤에는 유명한 변광성 삼총사가 나타난다. 2등성 4개로 된 페가수스자리 사각형을 길잡이 삼아 세 변광성을 찾을 수 있다. 페가수스자리의 사각형 위쪽 페르세우스자리에 변광성 알골이 있다. 사각형 왼쪽에는 미라가 있는 고래자리가 보인다. 오른쪽에는 케페우스자리 델타별이 있다. 맨눈이나 쌍안경, 소형 망원경을 써서 세 변광성의 밝기 변화를 관찰해보면 흥미롭다. 케페우스자리 델타별의 밝기는 가까이 있는 제타(ζ)별과 엡실론(ε)별을 기준으로 삼으면 좋다. 밝을 때는 제타별(3.3등급) 정도이며 어두울 때는 엡실론별(4.2등급)과 비슷하다. 케페우스자리에는 눈여겨 볼만한 변광성이 하나 더 있다. 뮤(μ)별이다. 뮤별은 진한 붉은빛 때문에 '석류석별'로 불린다. 2~2.5년 동안 밝기가 3.4등급과 5.1등급 사이에서 변한다. 태양보다 무려 20만 배나 밝으며 크게 부풀어 오른 별이다. 만약 뮤별을 태양계로 가져온다면 토성까지 삼켜버릴 정도로 덩치가 크다.

늦가을 깊은 밤에는 미라, 알골, 케페우스자리 델타별을 찾아볼 수 있다.

성운 윗부분에 적황색으로 밝게 빛나는 별이 케페우스자리 뮤별이다. 밤하늘에서 눈으로 볼 수 있는 가장 큰 별 가운데 하나로 태양보다 1000배 정도 크다. 뮤별은 적색 초거성으로 밝기가 변하는 맥동 변광성이다.

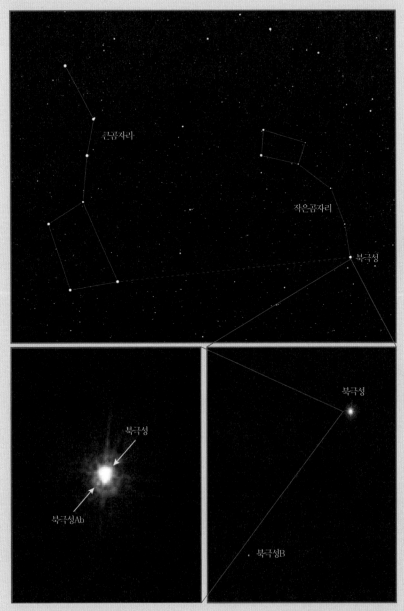

큰곰자리

작은곰자리

북극성

북극성

북극성Ab

북극성

북극성B

© NASA, ESA, N. Evans(Harvard–Smithsonian CfA), and H. Bond(STScI), G. Bacon(STScI)

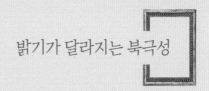

밝기가 달라지는 북극성

천체망원경으로 북극성을 관찰해보면 아주 작은 보석 알갱이처럼 빛난다. 실제로는 매우 흥미진진한 별이다. 태양보다 질량은 5.4배 크며 지름은 38배인 황백색 초거성이다. 태양을 콩알이라고 한다면 북극성은 수박만 하다. 7천만 년 정도 살았고 일생을 마칠 단계에 들어서면서 크게 부풀어 올라 초거성이 되었다.

더 놀라운 것은 북극성이 밝기가 변하는 변광성이라는 사실이다. 약 4일 주기로 1.86~2.13등급 사이에서 밝기가 달라지는 세페이드 변광성이다. 천문학자들은 맥동주기 분석을 통해 북극성의 실제 밝기는 태양의 1200배이며, 거리는 약 430광년이라는 것을 알아냈다. 북극성은 반성으로 북극성Ab와 북극성B를 거느리고 있다. 두 반성의 크기와 질량은 태양과 비슷하다.

맨눈으로 바라보는 북극성 역시 흥미롭다. 북극성은 항상 북쪽 하늘 같은 자리를 지킨다. 지구 자전축이 북극성을 가리키기 때문이다. 다른 별자리들은 북극성 둘레를 도는 것처럼 보인다.

북두칠성은 북극성 주위를 하루에 한 번씩 돌며 일 년 내내 밤하늘에 나타난다. 북두칠성 일곱별은 국자처럼 보인다. 해가 진 후 어둠이 찾아왔을 때 국자 손잡이가 가리키는 방향을 보면 계절을 알 수 있다. 봄에는 북두칠성 국자 손잡이가 동쪽을 가리킨다. 여름에는 남쪽, 가을에는 서쪽, 겨울에는 북쪽을 향하고 있다. 북극성을 중심에 두고 북두칠성의 움직임을 따라가 보면 시간이 흐르고 계절이 바뀌는 것을 알 수 있다. 매일 밤 하늘의 거대한 별 시계가 우리 머리 위로 떠오른다.

깜깜한 밤하늘을 바라보면 우주 공간은 텅 빈 것 같고
별만 빼곡히 들어차 있는 느낌이 든다.
하지만 성운이 있는 곳으로 눈동자를 돌려보면
놀라울 정도로 화려하다.
가스와 먼지가 형형색색으로 빛난다.
차갑고 검게 보이는 암흑성운 속에서는 별이 태어난다.
새로운 별은 어둠의 공간에 빛을 선물하며
주변을 아름답게 물들인다.

검은 우주를 캔버스 삼아
그린 그림,
성운

수소 원자가 내는 붉은빛

태양은 지구와 가장 가까운 별이며, 표면을 자세히 볼 수 있는 유일한 별이다. 태양계 너머 가장 가까운 별은 4.2광년 거리에 있는 켄타우루스자리 '프록시마(Proxima)' 별이다. 4.2광년은 빛의 속도로 4.2년을 달려가야 하는 거리다. 만약 현재 기술로 만든 우주선을 타고 프록시마까지 간다면 몇 만 년 정도 걸릴 것이다. 별과 별 사이에는 광대한 공간이 펼쳐져 있다.

별들이 촘촘히 들어찬 것처럼 보이는 은하수는 어떨까? 은하수를 이루는 별의 밀도는 얼마나 될까? 만약 별을 포도알 크기로 줄인다면, 은하수에 있는 별의 밀도는 포도알 대여섯 개를 우리나라에 드문드문 놓아둔 정도다. 별 사이의 공간은 우리가 상상하는 것보다 훨씬 더 넓다. 이제 궁금증은 '별과 별 사이의 공간에는 무엇이 있을까?'로 넘어간다.

우주 공간의 별과 별 사이에 있는 물질을 '성간 물질'이라고 부른다. 대부분 수소와 헬륨이며 1% 정도가 먼지티끌이다. 성간 물질의 밀도는 아주 희

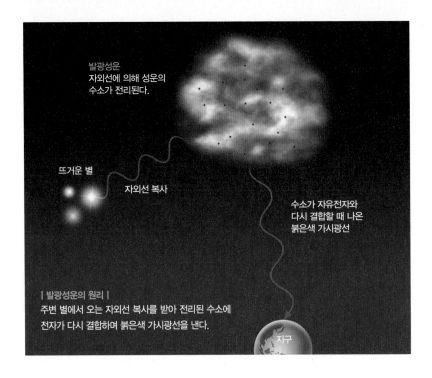

발광성운
자외선에 의해 성운의
수소가 전리된다.

뜨거운 별

자외선 복사

수소가 자유전자와
다시 결합할 때 나온
붉은색 가시광선

| 발광성운의 원리 |
주변 별에서 오는 자외선 복사를 받아 전리된 수소에
전자가 다시 결합하며 붉은색 가시광선을 낸다.

지구

박하다. 가로, 세로, 높이가 1cm인 단위 체적에 수소 원자가 몇 개 들어갈 정도다. 지구 표면 대기는 1cm³의 단위 체적 안에 2.68×10^{19}개의 공기 분자가 들어 있다. 별 사이 공간은 지구의 어떤 실험실에서 만들어낼 수 있는 것보다 더 깨끗한 진공 상태라고 할 수 있다.

성간 물질은 희박하지만 균일하지 않게 분포한다는 점을 눈여겨보아야 한다. 특정 공간에 더 많은 물질이 모여 있을 수 있다는 뜻이다. 어떤 곳에서는 이들이 뭉실뭉실 뭉쳐 있는데 마치 구름처럼 보여 '성운'이라고 한다. 성운의 가스와 먼지는 주변에 있는 별빛을 받아 다양한 모양과 색깔을 보여준다.

성운을 이루는 수소는 근처 별빛의 영향으로 붉은빛을 낼 수 있다. 수소 원자가 뜨거운 별에서 나온 강한 자외선을 흡수하면 수소 원자핵 주위 전

위쪽 고양이 발 성운(NGC 6334). 전갈자리에 있는 발광성운으로 고양이 발톱 모양을 닮았다.

왼쪽 라군 성운(M 8). 궁수자리에 있는 발광성운이다. 5000광년 거리에 있으며 성운의 지름은 약 100광년이다. 중심에 자리한 6등급의 궁수자리 9번 별을 비롯한 여러 별의 에너지를 받아 밝게 빛난다.

오른쪽 캘리포니아 성운(NGC 1499). 페르세우스자리의 발광성운으로 미국 캘리포니아주와 닮았다고 하여 붙여진 이름이다. 1000광년 거리에 있으며 성운 오른쪽 파란색 별에서 나온 강한 빛의 영향으로 성운이 빛나고 있다.

자는 들뜬 상태가 된다. 수소 원자는 불안정한 상태를 계속 유지하지 못하고 자유전자와 다시 결합한다. 이때 전자의 에너지 준위가 낮아지면서 붉은 빛의 가시광선이 방출된다. 이런 방식으로 빛나는 성운을 '발광성운'이라고 한다.

별빛을 산란시켜 파랗게 빛나는 성운

별빛은 성운을 통과하고 나면 조금 더 어두워지고 붉은색을 띠게 된다. 별빛이 성운을 지나갈 때 빛의 일부가 산란돼 세기가 약해지면서 어두워진 것이다. 또한 파장이 짧은 파란색 빛이 더 잘 산란되고 파장이 긴 붉은색 빛은 그대로 통과하기 때문에 별빛은 조금 더 붉게 보인다.

만약 별 근처에 밀도가 높은 성운이 있다면 산란 효과는 더욱 커진다. 별빛에 의한 산란 현상이 강하게 일어난 성운을 망원경으로 관찰하면 희뿌연 솜뭉치처럼 보인다. 이러한 성운을 '반사성운'이라고 부른다. 반사성운은 사진을 찍어보면 특유의 파란색이 잘 나타난다. 파란색 파장의 빛이 더 많이 산란되기 때문이다.

황소자리의 플레이아데스 성단은 멋진 반사성운과 어우러져 있다. 성단을 이루는 별들은 성운 지역을 통과하는 중이다. 별에서 나온 밝은 빛은 주

위쪽 마녀 머리 성운(IC 2118). 마녀의 머리 모양을 닮은 성운으로 에리다누스자리에 있다. 사진 오른쪽 밖에 자리 잡은 리겔 별의 밝은 빛을 반사하여 빛나는 성운이다.
왼쪽 M 45 플레이아데스 성단. 황소자리에 있으며 성단을 감싸고 있는 파란색의 반사성운이 보인다.
오른쪽 M 78 성운. 오리온자리에 있는 반사성운으로 성운 중앙의 밝은 두 별의 빛을 반사하여 빛난다.

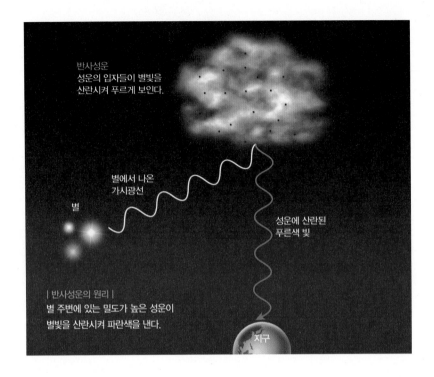

반사성운
성운의 입자들이 별빛을
산란시켜 푸르게 보인다.

별에서 나온
가시광선

별

성운에 산란된
푸른색 빛

| 반사성운의 원리 |
별 주변에 있는 밀도가 높은 성운이
별빛을 산란시켜 파란색을 낸다.

지구

변 성운에 산란되어 파란색을 드러낸다. 플레이아데스 성단은 약 400광년 거리에 있다. 맨눈으로는 6, 7개의 별을 볼 수 있지만, 실제로는 수천 개의 별이 모여 있다.

빛이 만들어내는 산란 현상은 일상생활에서도 쉽게 경험할 수 있다. 하늘이 파랗게 보이는 것은 태양빛이 대기권 공기 입자와 충돌할 때 나타나는 산란 현상 때문이다. 저녁노을이 붉게 보이는 것도 산란 현상으로 설명할 수 있다. 태양이 서쪽 하늘에 낮게 걸릴 때 빛은 두터운 대기층을 길게 지나오는 동안 파장이 긴 붉은색 빛만 살아남아 저녁 하늘을 붉게 물들인다.

가장 어두운 곳에서 별이 태어난다

발광성운이나 반사성운은 주변에 있는 별빛의 도움을 받아야 비로소 모습을 드러낸다. 두꺼운 먼지와 가스를 품고 있는 암흑성운은 조금 다른 방식으로 자신의 존재를 알린다.

암흑성운은 먼지와 가스의 밀도가 높아 빛을 가로막을 수 있다. 밝게 빛나는 성운의 일부를 가려버리거나 별이 흩뿌려진 은하수에 검은 얼룩을 드리우며 나타난다. 암흑성운은 주위의 환한 배경에서 나온 빛을 지우면서 자신의 모습을 만들어낸다.

오리온자리 말머리 성운(Horsehead nebula)은 잘 알려진 암흑성운이다. 말머리 성운은 진한 분자 구름 덩어리며 뒤쪽으로 둘러쳐진 붉은색 발광성운 IC 434의 빛을 가로막고 있다. 말머리 성운은 암흑성운 목록을 만든 미국 천문학자 바너드^{E. E. Barnard, 1857~1923}의 이름을 따 '바너드 33'으로 불린다.

바너드는 천체사진을 찍는 기술이 뛰어났다. 밤하늘을 길게 가로지르는 은하수 사진집을 내기도 했는데, 특히 은하수 여기저기에 나타나는 암흑 영역에 관심이 많았다. 그는 은하수의 암흑 영역은 텅 비어있지 않고 별빛을 가로막는 물질이 놓여 있는 곳이라고 생각했다. 그의 생각이 옳았다.

암흑성운의 밀도는 성간 물질 평균 밀도의 10~100배 정도며 온도는 -260도 정도다. 암흑성운은 별을 만드는 데 필요한 가스와 먼지가 풍부하다. 새로운 별이 태어나는 '별의 요람'이라 부를 수 있다. 우주 공간 가장 어두운 곳에서, 빛나는 별이 태어난다.

오른쪽 허블우주망원경이 찍은 말머리 성운으로 오리온자리에 있다. 낮은 온도의 가스와 먼지, 티끌이 많이 모여 있는 암흑성운이다.

아래쪽 오리온 대성운. 밝고 큰 성운으로 지구에서 가장 가까운 발광성운이다. 수많은 별이 태어나고 있는 '별들의 요람'이기도 하다.

트라페지움과 오리온 대성운

겨울 밤하늘을 환하게 장식하는 오리온자리 가운데에는 2등성 세 개가 나란히 늘어서 있다. 세 별 아래에 오리온 대성운(Orion nebula)이 있다. 새로운 별이 탄생하는 장소로 아주 유명하다. 천체망원경으로 찍은 오리온 대성운 사진을 보면 마치 불사조를 닮은 듯 화려하게 빛난다.

오리온 대성운을 아름답게 꾸미는 데 가장 중요한 역할을 하는 것은 성운 내부에 작게 무리를 지어 있는 트라페지움 사중성이다. 이 별들은 태어난 지 채 100만 년도 되지 않은 어린 별이며 표면온도는 매우 높다. 트라페지움 사중성에서 나온 강한 별빛이 성운의 가스와 먼지에 닿아 더 멋진 풍경을 그려낸다.

오리온 대성운은 1500광년 거리에 있다. 성운 주변으로는 지름이 550광년에 달하는 분자 구름이 자리 잡고 있는데, 질량을 모두 합하면 50만 개의 태양에 해당한다. 지금 이 순간에도 분자 구름 어디에선가 새로운 별이 탄생하고 있을 것이다.

성운과 성단 목록을 만든 메시에

별이 아닌 어두운 천체에 처음으로 이름을 붙인 사람은 '혜성 사냥꾼'으로 불린 메시에다. 그는 1759년경 76년 만에 다시 나타난 핼리 혜성 관측을 시작으로, 새로운 혜성을 찾는 일에 힘을 쏟았다. 그는 신혜성 13개를 포함하여 40여 개의 혜성을 독자적으로 발견했다.

메시에는 망원경으로 밤하늘을 샅샅이 뒤지면서, 혜성은 아니지만 희뿌옇게 보여 혜성과 혼동하기 쉬운 대상을 따로 모아 정리했다. 이 일이 메시에 목록을 만드는 계기가 되었다. 1774년 메시에 목록이 처음 발표되었을 때는 45개의 천체가 들어 있었다. 1781년 메시에 목록이 마지막으로 출간되었을 때는 103개의 천체가 수록되었다. 이후 몇 개가 더 추가되어 메시에 목록은 총 110개의 천체를 담게 되었다. 메시에 목록에 있는 천체는 숫자 앞에 'M'을 붙여 부른다.

혜성과 비슷하게 보여 혜성 탐색에 방해되는 천체들을 모은 것이 메시에 목록의 시작이었다. 하지만 훗날 메시에 목록의 천체들은 하나같이 멋지고 아름다운 성운, 성단, 은하로 밝혀졌다. 요즘은 메시에 목록이 특별한 대우를 받는다. 천체망원경으로 밤하늘을 여행하고 싶은 별밤지기라면 꼭 관찰해야 하는 천체가 담겨 있기 때문이다.

메시에 목록에 들어 있는 110개의 아름다운 천체를 한자리에 모았다.

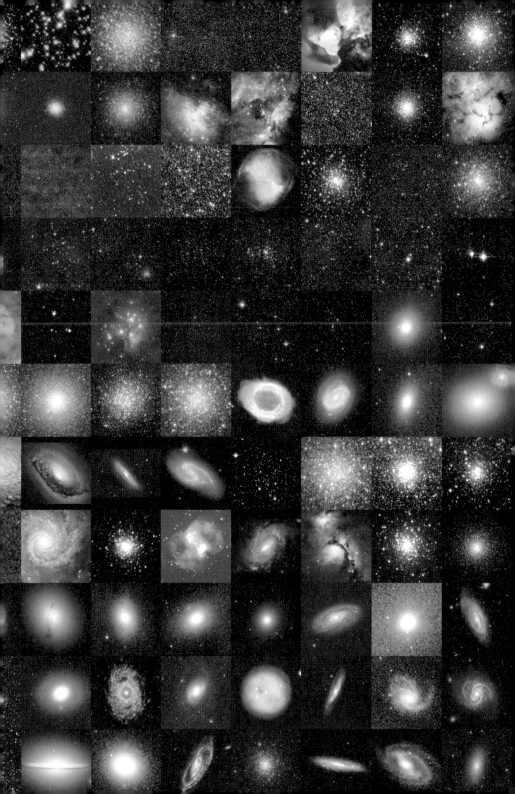

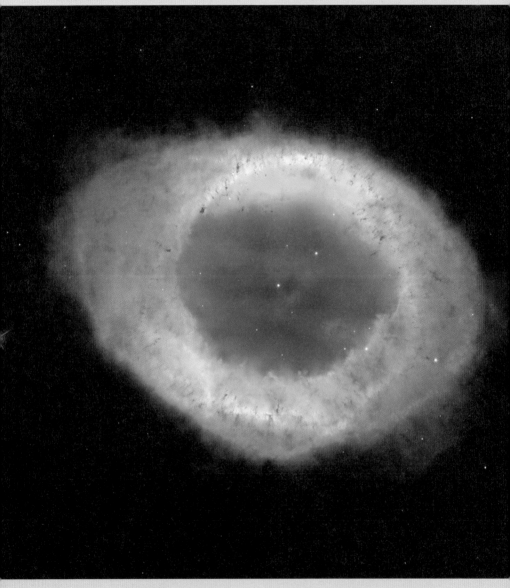

378

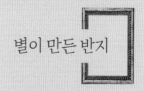

별이 만든 반지

행성상 성운은 별이 일생을 마무리하는 과정에서 만들어진다. 처음 발견된 1780년대에는 천체망원경으로 관찰했더니 행성과 비슷하게 보여 붙은 이름이다. 그러나 실제 행성과는 관련이 없다. 거문고자리에 있는 반지 성운(M 57)도 행성상 성운에 속한다. 밤하늘에서 가장 아름다운 별 반지라고 생각한다. 사랑하는 사람에게 줄 선물을 고민하고 있다면, 반지 성운 사진을 멋진 액자에 담아 보내도 좋겠다. 아름답게 빛나는 별 반지가 서로의 마음을 환하게 비춰 줄 테니까.

사실 반지 성운이 만들어지기까지는 참으로 오랜 시간이 걸린다. 태양과 비슷한 질량의 별이 태어나 수십 억 년 동안 살아가야 한다. 그리고 일생을 마칠 무렵, 부풀어 오른 별의 바깥층이 가스와 먼지가 되어 퍼져나간다. 별의 부스러기라고 말할 수 있겠다. 별의 껍질은 층층이 벗겨지지만, 별의 중심부는 뜨겁고 작은 별로 살아남아 강한 자외선을 내뿜는다. 그 자외선의 영향을 받아 별 부스러기를 이루는 물질은 여러 색깔로 빛나며 멋진 별 반지가 된다. 이렇게 만들어진 반지 성운은 1만 년 정도의 짧은 시간만 그 모습을 보여주다가 점점 흩어져 사라진다.

최근에 새로운 사실이 밝혀졌다. 허블우주망원경이 찍은 사진을 분석한 결과 반지 성운이 실제로는 럭비공에 커다란 도넛이 끼워진 형태와 닮았음이 드러났다. 그 모양이 우리가 보는 각도에서는 반지처럼 보였던 것이다. 보이는 것과 실재하는 것이 다를 수 있음을 새롭게 깨달았다.

반지성운의 비밀을 알게 된 그 날 밤 천체망원경으로 M 57을 다시 관찰했다. 그동안 알아채지 못한 새로운 구조가 조금씩 느껴졌다. 그렇지만 눈동자에 담기는 모습은 여전히 별 반지가 더 어울린다. 손가락에 마음의 눈으로만 볼 수 있는 별 반지를 살짝 끼워놓았다.

황소자리에 있는 플레이아데스 성단은 아름다운 산개성단이다.

초롱초롱 빛나는 별들이 보석 알갱이처럼 모여 있다.

플레이아데스는 그리스 신화에 등장하는

거인 '아틀라스'와 '플레이오네' 사이에 태어난 일곱 공주를 뜻한다.

우리나라에서는 별들이 좀스럽게 모여 있다 하여

'좀생이별'이라고 부른다.

우주의 보석,
성단

함께 태어난 별 무리,
산개성단

우리은하에 있는 산개성단은 주로 은하면의 나선팔 가까이 분포한다. 나선팔에 있는 성운에서 비슷한 시기에 태어나 서로 어울려 있는 별 무리가 산개성단이다. 우리은하에서 나선팔의 두께는 은하 전체의 크기와 비교할 때 상당히 얇은 편이다. 만약 우리은하가 라지 사이즈 피자 크기라면, 나선팔의 두께는 피자 두께보다 조금 더 얇다. 대부분의 산개성단은 그 얇은 공간에 모여 있다.

산개성단의 지름은 대략 수십 광년이다. 성단을 이루는 별의 수는 다양하다. 예를 들어 M 18(궁수자리 산개성단) 같은 경우 별이 수십 개 정도지만, M 11(방패자리 산개성단)은 3000개가량의 별이 모여 있다. 맨눈으로 볼 수 있는 대표적인 산개성단으로 황소자리의 플레이아데스 성단과 히아데스 성단, 페르세우스자리의 이중성단이 있다.

히아데스 성단은 황소자리의 알파(α)별인 '알데바란'을 포함해서 황소의

얼굴에 해당하는 V자 모양으로 별이 무리 지어 있다. 히아데스 성단은 약 150광년 떨어진 곳에 있는데, 알데바란은 이보다 가까운 65광년 거리에 있다. 실제로 알데바란은 물리적으로 히아데스 성단에 속하지 않는다. 단지 같은 방향에서 보이는 것뿐이다.

　페르세우스자리 이중성단은 성단 두 개가 가까이 붙어 있다. 페르세우스자리와 카시오페이아자리 중간 지점에 있는데, 가을 저녁 맑은 날 맨눈으로도 희미하게 보인다. 쌍안경이나 망원경을 통해 보면 화려한 모습을 뽐내는 별 무리에 마음을 쏙 빼앗긴다.

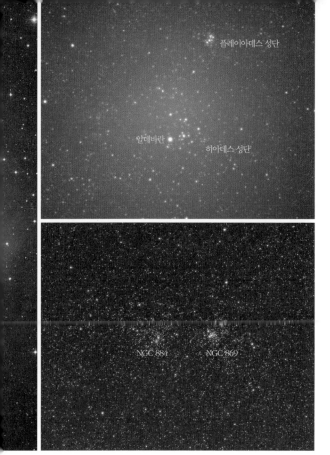

플레이아데스 성단

알테바란 히아데스 성단

NGC 884 NGC 869

왼쪽 플레이아데스 성단은 맨눈으로 볼 수 있는 대표적인 산개성단이다. 플레이아데스는 그리스 신화에 등장하는 거인 '아틀라스'와 '플레이오네' 사이에 태어난 일곱 공주를 뜻한다.

위쪽 플레이아데스 성단과 히아데스 성단. 황소자리의 플레이아데스 성단은 워낙 밝은 별 무리라서 쉽게 찾을 수 있다. 히아데스 성단은 겉보기 지름이 3.5도로 보름달의 7배에 이른다.

아래쪽 페르세우스자리 이중성단. 이중성단에서 왼쪽의 NGC 884는 더 크고 넓게 퍼져 있는 모습이고 오른쪽의 NGC 869는 보다 밝고 밀집된 모습이다. NGC 884에는 적색거성이 포함되어 있다.

수십만 개의 별이 모여 있는 구상성단

둥근 공 모양의 구상성단에는 수십만 개의 별이 깨알처럼 모여 있다. 구상성단의 지름은 수백 광년 정도다. 성단의 중심부는 매우 조밀해서 망원경으로 별을 분리해 보기가 쉽지 않다. 만약 우주선을 타고 구상성단 내부로 들어가 본다면 별 사이의 거리는 몇 광월 정도가 될 것이다.

우리은하에는 200개 정도의 구상성단이 있는 것으로 추정한다. 구상성단은 은하를 둥글게 에워싸는 헤일로(Halo)에 주로 놓여 있다. 은하 중심부로

| 우리은하의 구상성단 분포 |

위에서 본 모습

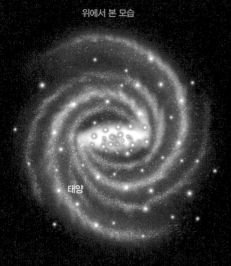

태양

옆에서 본 모습

구상성단
(헤일로 영역)

태양

갈수록 좀 더 많은 구상성단이 자리 잡고 있다. 실제로 밤하늘에서 구상성
단의 위치를 살펴보면 궁수, 전갈, 땅꾼 자리 방향에 많이 있다. 은하 외곽에
있는 태양계에서 구상성단들을 바라보면 은하 중심 방향의 별자리들과 함
께 어우러져 보인다.

샤플리Harlow Shapley, 1885~1972는 구상성단을 연구해 우리은하의 크기를 계산해
낸 천문학자다. 그는 은하수를 둘러싸고 있는 구상성단의 분포 지도를 만들
었다. 지도를 통해 구상성단이 밤하늘에 균일하게 분포하지 않고 궁수자리
를 중심으로 커다란 구 모양을 이루고 있음을 알아냈다. 샤플리는 구상성단
안에 있는 변광성을 관찰해 성단까지의 거리를 조사했다. 그 결과 당시까지
알려진 것보다 우리은하의 크기가 훨씬 크다는 것을 밝혀낼 수 있었다.

여름철 별자리인 헤라클레스자리에는 맨눈으로 볼 수 있는 '헤라클레스
자리 구상성단(M 13)'이 있다. 헤라클레스자리에서 눈에 띄는 사다리꼴 모

헤라클레스자리 구상성단 M 13. 북반구 하늘에서 볼 수 있는 가장 멋진 구상성단이다. 맨눈이나 쌍안경으로 보면 구름 덩어리처럼 보이지만, 소형 망원경으로 관찰하면 성단 가장자리의 별들이 분리돼 보인다.

양을 확인한 다음, 오른쪽 두 별 사이에 희뿌옇게 보이는 것을 찾으면 된다. 북반구 하늘을 장식하는 구상성단 중에서 가장 크고 밝으며 2만 5000광년 떨어져 있다. 이 성단을 이루는 수십만 개 별의 나이는 약 100억 년이다. 망원경으로 관찰해 보면 성단 주변부 별들이 여러 갈래로 이어진다. 성단 중심부 별은 바늘로 콕콕 찍은 듯 조밀하게 모여 빛난다.

별 무리 보석 상자 찾기

성단 중에는 소형 망원경으로도 관찰할 수 있는 대상이 많다. 더 잘 보기 위해서는 달빛의 영향이 적은 날을 택한다. 관찰하기 30분 전부터는 밝은

전갈자리 부근은 우리은하의 중심 방향이기 때문에 많은 성운, 성단들이 있다. 왼쪽 아래 제일 밝게 빛나는 별이 안타레스고 그 옆에 M 4가 있다. M 4는 많은 별이 뭉쳐 있는 구상성단이다. 중앙 밀집도가 낮아서 소형 망원경으로도 성단을 이루는 별을 분리해서 볼 수 있다. 또 하나의 구상성단 NGC 6144도 눈에 띈다.

NGC 6144

M 4

빛을 피하고 눈을 어둠에 적응시키는 게 도움이 된다. 보려는 천체를 정한 다음 성도와 실제 하늘을 비교해가며 찾아본다. 목표로 잡은 대상 주위에서 밝은 별을 길잡이 삼아 단계적으로 접근해가는 것이 좋다.

산개성단은 주로 넓게 퍼져 있으므로 시야가 넓은 망원경이 유리하다. 은하수를 배경으로 많은 별 속에 묻혀 있는 산개성단은 쌍안경으로도 잘 보인다. 구상성단은 산개성단보다 훨씬 많은 별을 거느리고 있다. 작고 흐리게 보이는 구상성단은 배율을 적당히 높여가며 관찰하는 것이 좋다. 높은 배율에서는 성단을 이루는 별이 더 잘 분리되어 보인다.

북두칠성은 움직이는 성단

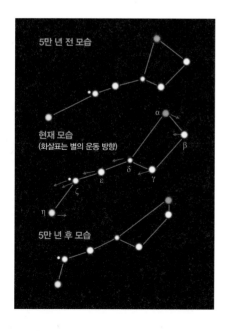

북두칠성 양 끝의 알파(α)별과 에타(η)별을 제외한 나머지 5개 별은 '움직이는 성단'을 이룬다. 다섯 별은 함께 어우러져 초속 약 29km의 빠른 속도로 우주 공간을 가로지르고 있다. 모두 한 방향으로 움직이고 있기 때문에 '운동성단'이라고도 부른다. 앞으로 몇 만 년 뒤에는 별의 위치가 바뀌어 지금과는 다른 모습의 북두칠성을 보게 될 것이다.

은하가 만들어내는 성단

봄 향기 그윽한 5월, 어둠이 내리고 나면 남서쪽 하늘로 바다뱀자리가 길게 이어진다. 온 하늘에서 가장 크고 긴 별자리다. 바다뱀의 머리 가까운 곳에 특이한 모습의 두 은하가 있다. 얼핏 보니 알을 보듬은 펭귄을 닮았다. 펭귄의 입과 다리 쪽에 파랗게 보이는 부분은 새로운 별 무리, 성단이 만들어지는 곳이다. 두 은하가 가까워지면서 중력의 영향으로 펭귄은하(NGC 2936) 속에 있는 가스와 먼지가 압축되었고 그곳에서 많은 별이 태어나고 있다. 펭귄의 알은 타원은하(NGC 2937)인데 기스나 먼지가 적기 때문에 별이 태어나는 곳은 보이지 않는다.

수억 년 전으로 시간을 되돌려보자. 펭귄은하는 소용돌이 모양의 나선팔을 두른 평범한 나선은하로, 우리은하와 비슷한 모양이었을 것이다. 하지만 몇 억 년에 걸쳐 타원은하와 가까지면서 중력의 작용으로 놀라운 변화를 겪었다. 질량이 크고 둥글며 탄탄한 모양의 타원은하는 큰 영향을 받지 않았지만, 우아한 나선팔을 자랑하던 나선은하는 모양이 많이 바뀌었다. 나선은하의 중심부는 펭귄의 눈 부분에 남아 있지만 나선팔은 휘어지고 뒤틀렸다.

지구에서 두 은하까지 거리는 약 3억 광년이다. 그러니까 지금 보는 것은 3억 년 전 두 은하의 모습이다. 현재는 어떤 모습이고, 앞으로는 어떻게 바뀔까? 아마 두 은하는 앞으로 수십 억 년에 걸쳐 몇 차례 충돌할 것으로 보인다. 그 와중에 펭귄은하의 모양은 더 불규칙하게 변하고 새로운 성단도 많이 생겨날 것이다. 먼 미래에 결국 두 은하는 하나로 합쳐지면서 더 큰 규모의 타원은하가 될 것이다.

인간이 태어나서 성장하고 늙어가듯이 별도 비슷한 삶을 산다.

우주 공간의 가스와 먼지로 된 성운에서 만들어져

자신을 밝히면서 살아가고 더 이상 태울 것이 없어지면

여러 모습으로 빛을 잃는다.

행성 지구에 있는 원소 대부분은 별의 탄생과

진화 과정에서 만들어졌다.

별을 보며 아름다움을 느끼는 것은

우리를 이루는 물질이 별에서 비롯되었기 때문이다.

빛이 알려주는
별의 일생

핵융합 반응이 별빛을 만든다

1920년 영국의 에딩턴Arthur Stanley Eddington, 1882~1944은 별 내부 에너지 흐름과 온도를 연구하면서 별의 중심부가 초고온 · 초고밀도 상태임을 밝혀냈다. 그리고 별이 만드는 에너지의 근원은 별의 중심부에서 일어나는 핵융합 반응임을 알아냈다. 태양은 중심부 온도가 약 1500만 도다. 수소 원자핵이 서로 충돌하고 결합해서 헬륨 원자핵으로 바뀌는 '핵융합 반응'이 일어나는 온도다. 핵융합 반응은 엄청난 에너지를 방출하므로 태양 정도의 질량을 가진 별이라면 100억 년은 계속해서 빛날 수 있다.

별이 핵융합을 일으키기까지의 과정은 어떠할까? 먼저 우주 공간 구석구석에 가스와 먼지로 된 성운이 뭉쳐야 한다. 성운은 밀도가 높아지면 소용돌이 형태의 원반 구조를 만들며 주위 물질을 끌어당긴다. 원반의 중심부를 이루는 물질은 수축하면서 뜨거워진다. 이제 원시별이 태어날 채비를 서두른다. 새로 태어난 별은 계속되는 중력 수축으로 중심부 온도가 약 1000만

7300광년 떨어진 카리나 성운에 가스와 먼지로 이루어진 3광년 높이의 거대한 산이 보인다. 꼭대기에서는 막 태어난 원시별의 제트 가스가 3조 5천 억km나 뻗어 나간다.

도에 이르면 드디어 수소 핵융합 반응이 일어나며 빛을 낸다.

별은 내부의 핵융합 반응이 만드는 에너지에 의해 팽창하려는 힘과 중력에 의해 수축하려는 힘이 서로 균형을 이루게 되면 비로소 안정된 별로 자리를 잡는다.

질량이 별의 운명을 결정한다

별의 수명은 질량에 따라 달라진다. 짧게는 수백만 년에서 길게는 수천억 년을 살 수도 있다. 태양과 비슷한 질량의 별은 중심부에서 일어나는 수소 핵융합 반응을 통해 수십억 년에 걸쳐 안정하게 빛을 낸다. 수소 핵융합이 일어나면 헬륨이 만들어진다. 헬륨이 별의 중심부에 점점 쌓이면, 별은 중력 수축으로 온도가 더욱 높아진다. 그리고 중심 바깥층에서 수소 핵융합 반응이 일어나면서 별은 적색거성으로 변해간다.

이제 별의 중심부에서는 헬륨 핵융합 반응이 일어나 탄소나 산소와 같은 원소가 만들어진다. 더 시간이 흐르면 별은 점점 부풀어 오른다. 별의 크기가 커지면서 표면온도는 내려가고 붉은색의 늙은 별로 변해간다.

적색거성 단계를 지나 더 불안정해지면 별의 중심은 백색왜성으로 바뀌고 바깥 부분의 물질은 우주 공간으로 퍼져 나가 행성상 성운을 만든다.

태양보다 질량이 큰 별은 강한 빛을 내면서 에너지를 빨리 써버린다. 그만큼 수명이 짧다. 태양 질량의 8배 이상 되는 별은 적색 초거성 단계에서 초신성 폭발로 최후를 맞이한다. 강력한 폭발로 바깥쪽 물질을 우주 공간에 흩뿌린다. 남아 있는 중심부는 높은 밀도의 중성자별이 되거나 더 강하게

별은 중심부에 수소가 떨어지면
부풀어 적색거성이 된다.

태양과 비슷한 질량의 별은
핵융합으로 오랫동안
안정하게 빛을 낸다.

성운에서 별이 태어난다.

별의 바깥층에서 날아간 물질은
행성상 성운이 되고 중심부는
백색왜성으로 남아 식어간다.

수축해서 '블랙홀'이 된다.

생명을 다한 나뭇잎이 떨어져 땅속에 묻히면 새로 돋아나는 씨앗의 좋은

거름이 된다. 수명을 다한 별이 폭발하면서 내놓은 잔해도 우주 공간에서

새로운 별과 행성을 만드는 재료가 된다.

행성 지구 표면의 돌과 흙을 이루는 주요 원소 여덟 가지는 산소, 규소,

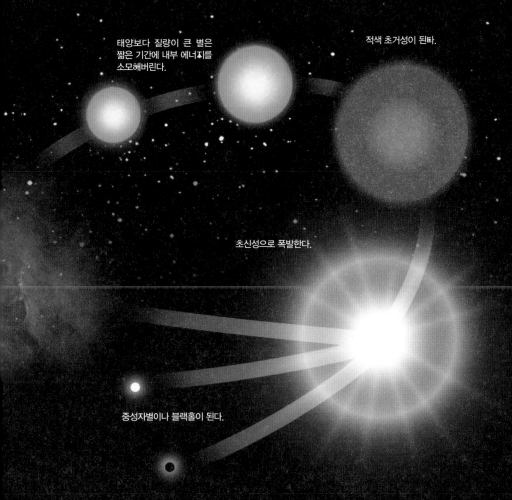

태양보다 질량이 큰 별은 짧은 기간에 내부 에너지를 소모해버린다.

적색 초거성이 된다.

초신성으로 폭발한다.

중성자별이나 블랙홀이 된다.

알루미늄, 철, 칼슘, 나트륨, 칼륨, 마그네슘이다. 이 원소들은 모두 별이 빛나는 과정에서 만들어졌고, 초신성 폭발 과정에서 부스러기가 되어 우주 공간으로 흩뿌려졌다. 이 원소들은 46억 년 전 태양계를 만들어낸 성운 속에 들어 있다가 훗날 지구의 일원이 되었다. 지구를 구성하는 원소 대부분은 아름다운 빛을 내는 별에서 비롯되었다.

위쪽 붉게 빛나는 영역이 아름다운 장미꽃을 닮았다고 해서 '장미 성운'으로 불린다. 새로 태어난 별들이 성단(NGC 2244)을 이루며 성운과 어우러져 있다. **왼쪽** 고양이 눈 성운(NGC 6543). 용자리에 있는 행성상 성운이다. 일생을 마감한 별이 겉표면을 날리고 있다. 1500년 주기로 간헐적으로 물질이 분출돼 복잡한 거품 구조를 만들었다. **오른쪽** 개미 성운은 직각자자리 행성상 성운이다. 별을 이루었던 물질이 초속 50km 속도로 퍼져나가면서 개미 모양을 만들어냈다.

태양은 어떤 모습으로 빛을 잃어갈까?

태양과 지구의 미래는 어떤 모습으로 펼쳐질까? 태양은 46억 년 전에 태어나 이미 일생의 절반가량을 보냈다. 현재는 밝기가 거의 변하지 않는 안정된 상태다. 수십억 년 뒤 태양은 핵융합 반응으로 만들어진 헬륨이 중심에 쌓이면서 불안정해질 것이다. 그때가 되면 태양은 적색거성으로 변해 늙어간다. 덩치는 지금보다 커지지만, 표면온도는 현재의 5700K에서 3000K 아래로 떨어지고 밝기는 수천 배 이상 올라간다.

태양은 수성을 삼켜버릴 정도로 부풀어 오르고 지구 표면온도는 750도 이상 될 것이다. 지구는 바닷물이 증발하고 하늘은 수증기와 구름으로 뒤덮인다. 지구 하늘에는 지금보다 훨씬 크고 붉은 태양이 보인다. 뜨거워지고 메말라버린 지구 표면에서 생명체의 흔적을 찾아보기란 쉽지 않을 것이다.

태양은 팽창과 수축을 반복하면서도 덩치는 계속 커진다. 금성마저 태양 안으로 빨려 들어간다. 태양은 부풀어 오르는 과정에서 물질을 내뿜으며 질량을 잃게 되고, 행성에 미치는 중력은 점점 약해진다.

그 영향으로 지구 궤도는 조금씩 바깥으로 밀려난다. 지구와 태양 중심과의 거리는 지금보다 두 배 정도 멀어지겠지만, 지표면은 1300도에 이르러 암석은 녹아내릴 것이다.

태양이 적색거성 단계를 지나면 이제 일생을 마칠 채비를 서두른다. 태양은 바깥 부분 물질을 우주 공간으로 서서히 날려버리면서 행성상 성운으로 변한다. 중심부는 쪼그라들어 백색왜성이 된다. 백색왜성은 그 물질 한 숟가락의 무게가 1톤이나 될 정도로 밀도가 엄청나다. 작지만 뜨겁게 빛나는 백색왜성도 시간이 더 흐르면 차가운 흑색왜성이 돼 빛을 잃어버릴 것이다.

별이 사라졌다고 모든 것이 끝난 것은 아니다. 새로운 탄생을 준비한다. 별이 일생을 마치면서 날려 보낸 별 부스러기는 우주 공간을 떠돌다가 다른 성운과 만날 수 있다. 성운의 밀도가 높아지면 중력의 작용으로 뭉치기 시작한다. 그리고 새로운 별로 거듭난다. 별 부스러기는 다시 별이 될 수 있다.

금성보다 밝은 초신성

1006년 이리자리 근처에서 갑자기 반달만큼 밝은 빛을 내는 별이 나타났다. 워낙 밝아 낮에도 흰 점으로 보였으며 밤에는 그림자를 만들 정도였다고 한다.

1054년 황소자리에서 나타난 초신성 역시 아주 밝았는데, 폭발한 후의 잔해로 더 유명하다. '게 성운(M 1)'이라고 하는 폭발의 흔적이 1000년 가까이 지난 지금도 우주 공간으로 퍼져나가고 있다.

1572년에는 금성보다 밝은 초신성이 나타났다. 당대 최고의 관측가인 티코 브라헤가 카시오페이아자리에서 발견했다. 티코 브라헤는 밤하늘의 별을 속속들이 알고 있었던지라 새로운 별이 나타난 것을 금방 알아차렸다.

티코 브라헤와 함께 활동했던 케플러도 1604년 10월 땅꾼자리에서 초신성을 발견했다. 당시 초신성은 목성과 토성 사이에 놓여 있었는데, 목성보다도 더 밝게 빛났다. 케플러의 초신성은 우리나라의 관상감(조선시대 천문, 지리, 역수 등에 관한 일을 담당하기 위해 설치했던 관청)에서도 관측했다. 선조 37년(1604년)에 이 초신성의 광도 변화를 정밀하게 관측한 기록이 남아 있다.

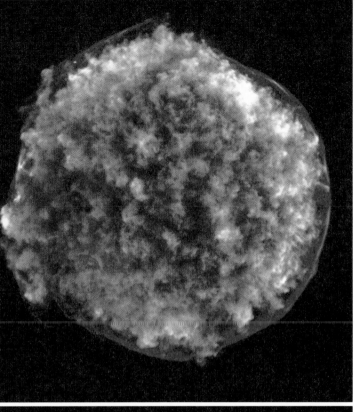

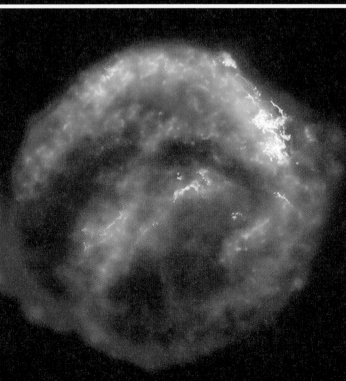

위쪽 티코의 초신성. 1572년 천문학자 티코 브라헤가 카시오페이아자리에서 발견한 초신성으로, 갑자기 금성만큼 밝아졌다. 밤하늘의 별은 영구불변이라는 당시 천문학자들의 오래된 생각을 바꾸게 하였다. 초신성의 부스러기는 지금도 초속 1만 km 정도의 속도로 팽창하고 있다.

아래쪽 케플러의 초신성 우리 은하에서 마지막으로 관측된 초신성이다. 1604년 10월 땅군자리에서 2.5등급까지 밝아졌으며 일 년 동안 볼 수 있었다. 지금은 잔해만 남아 시속 720만km로 팽창하고 있으며 지름은 약 14광년이다.

별의 일생을 알려주는 H-R도

미국의 천문학자 헨리 러셀Henry Norris Russell, 1877~1957과 덴마크의 천문학자 헤르츠스프룽Ejnar Hertzsprung, 1873~1967은 별의 스펙트럼과 절대등급 사이의 관계를 밝혀냈다. 이들의 연구 결과를 도표로 나타낸 것이 'H-R도(헤르츠스프룽-러셀도)'이다. H-R도는 별의 진화에 관한 현대이론의 기초가 되었다.

별을 색깔에 따라 분류한 것이 스펙트럼형이다. 별의 색깔은 맨눈으로는 잘 구별되지 않지만, 분광기를 통해 O(청색), B(청백색), A(백색), F(담황색), G(황색), K(주황색), M(적색)으로 분류할 수 있다.

H-R도를 보면 별이 무질서하게 분포하는 것이 아니라 몇 개의 영역으로 나뉘어 있다. 많은 별이 H-R도의 왼쪽 위에서 오른쪽 아래로 이어지는 대각선을 따라 놓여 있다. 이러한 유형의 별을 '주계열성'이라고 한다. 주계열성 오른쪽 위에는 거성, 왼쪽 아래에는 백색왜성이 자리 잡고 있다.

별은 태어나서 핵융합이 안정 단계에 접어들면 주계열성이 된다. 주계열성의 어느 지점에 머물 것인가는 태어날 때의 질량에 따라 결정된다. 태양은 주계열성의 중간지점에 위치하고, 태양보다 질량이 크고 온도가 높은 별은 H-R도의 왼쪽 위에 자리 잡는다. 주계열성에 머물러 있는 시간도 질량에 따라 다르다. 질량이 작은 별일수록 머무는 기간이 길다.

헨리 러셀(왼쪽)과 헤르츠스프룽(오른쪽).

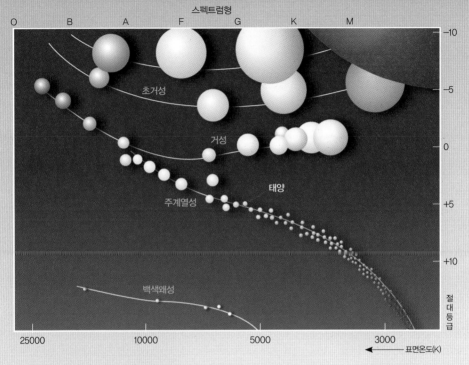

스펙트럼형

O   B   A   F   G   K   M

초거성

거성

태양

주계열성

백색왜성

25000   10000   5000   3000

표면온도(K)

−10

−5

0

+5

+10

절대등급

H−R도(헤르츠스프룽−러셀도) 별의 스펙트럼형을 가로축으로 절대등급을 세로축으로 한다. 별의 질량
과 진화 단계에 따라 주계열성, 거성, 초거성, 백색왜성 등으로 모임을 형성한다.

주계열성에 머물며 젊은 시절을 보낸 태양은 더 나이가 들면 부풀어 오른
다. 온도가 낮아지고 적색거성으로 변해 H−R도에서 오른쪽 위로 이동한다.
적색거성의 단계를 지나면 별은 주위의 물질을 점점 날려버리고 중심부는
수축하여, H−R도 왼쪽 아래로 이동해 백색왜성이 된다.

태양보다 질량이 훨씬 큰 별은 초거성 상태를 거친 뒤에 초신성으로 폭
발해 중성자별이나 블랙홀이 된다. H−R도에 어떤 별의 위치를 표시해 보면
그 별이 일생의 어느 시기를 보내고 있는지 알 수 있다.

별, 나비가 되다

보석 같은 별이 뿌려진 밤하늘에 나비 한 마리가 화려한 날개를 펼쳤다. 섬세하게 어우러진 색이 아름다운 결을 만든다. 어디에 있는 나비일까? 은하수 내리는 여름 저녁 남쪽 하늘에 진길찌리끼 떠오른다. 나비는 진길의 꼬리 방향으로 3400광년 거리의 우주 공간에 있는 행성상 성운 NGC 6302이다.

나비를 만든 것은 최후를 맞이하고 있는 별이다. 수십억 년을 살던 별이 나이가 들면 점점 덩치가 커진다. 그리고 일생의 마지막 순간에 한껏 부풀어 올랐던 별은 자기 몸을 이루는 물질을 사방으로 흩뿌린다. 별의 바깥층은 부스러기가 되어 퍼져나가지만 붕괴하는 별의 중심부는 강하게 쪼그라들어 하얗고 작은 별, 백색왜성이 된다.

중심에 남은 백색왜성은 나비의 몸체를 두르는 도넛 모양의 먼지 띠에 가려져 드러나지 않는다. 하지만 숨어 있는 백색왜성의 온도는 무려 20만 도에 이르며 강한 자외선을 쏟아낸다. 그 빛이 주변의 별 부스러기에 닿아 아름다운 색과 무늬를 만든다.

지구에서 볼 때는 나비의 날개를 닮았지만, 우주선을 타고 가까이 가서 둘러본다면 원뿔형 깔때기를 맞붙여 놓은 모양일 것이다. 어쩌면 모래시계를 떠올릴 수도 있겠다. 좀 더 상상한다면 별 부스러기가 흘러내리는 우주 모래시계를 그려볼 수 있다.

그래도 여전히 나비의 모습이 더 어울리는 것 같다. 수십억 년을 살다가 나비가 된 별을 다시 바라본다. 보고 또 보다가 살짝 눈을 감는다. 나비의 춤추는 날개가 반짝이는 별빛과 함께 아름답게 나풀거린다.

403

초거성의 표면이 한껏 부풀어 올랐다.

가까이 있는 블랙홀이 초거성의 물질을 끌어당긴다.

블랙홀 주위로 소용돌이 원반이 생겨난다.

원반은 아주 빠르게 회전하면서 급격히 뜨거워진다.

1억 도 이상 달아오른 이곳에서 강한 X선이 분출된다.

X선은 블랙홀로 빨려 들어가는 물질이 보내는 마지막 구조 신호다.

시공간의 비밀을 간직한
블랙홀

운동경기 중에 가장 힘든 상대와 겨뤄야 하는 종목은 역도라고 생각한다. 무거운 바벨을 들어 올려야 하는 역도는 지구 중력과의 싸움이다. 힘차게 들어 올린 바벨을 온몸으로 버티며 서 있는 역도 선수의 찡그린 얼굴을 보면 지구와 바벨 사이에 작용하는 중력을 느낄 수 있다. 역도 선수는 잘 단련된 근육으로 지구의 중력에 대항한다. 사실 지구가 만드는 중력은 바벨뿐만 아니라 지표면 모든 물체에 작용한다.

지금 손에 쥐고 있는 것을 위로 던져 보자. 연필이든 지우개든 어느 높이에 이른 후에는 다시 떨어진다. 더 힘껏 던지더라도 올라가는 높이만 늘어날 뿐 떨어지는 것은 마찬가지다. 알다시피 던진 물체와 지구 사이에 작용하는 중력 때문이다.

이제 어깨 힘이 아주 강해져서 던지는 속도를 마음대로 올릴 수 있다고 가정해 보자. 지구의 중력을 이겨내고 물체를 우주 공간으로 내보내려면 얼

405

마나 빠른 속도로 던져야 할까? 초속 11.2km를 넘기면 가능하다. 프로야구 선수의 강속구보다 250배쯤 빠른 속도다. 이 속도가 바로 지구 중력을 이겨 내는 '탈출 속도'가 된다. 어떤 천체의 탈출 속도는 질량이 크면 클수록 커진다. 목성 표면에서의 탈출 속도는 초속 59.5km로 지구의 약 5.3배이고, 태양을 탈출하려면 초속 618km의 속도를 낼 수 있어야 한다.

　질량이 큰 천체를 작게 압축해도 탈출 속도가 커진다. 만약 어떤 천체를 점점 압축해서 탈출 속도가 초속 30만km를 넘으면 어떻게 될까? 탈출 속도가 빛의 속도(진공 상태에서 초속 30만km)를 넘어선 상황이다. 빛도 이 천체의 중력을 이겨내고 밖으로 빠져나오지 못한다. 이런 천체는 블랙홀이 될 수 있다.

어떤 천체의 탈출 속도가 빛의 속도를
넘어서면, 빛도 이 천체의 중력을 이겨
내고 밖으로 빠져나오지 못한다. 이런
천체는 블랙홀이 될 수 있다.

태양을 블랙홀로 만들려면 어느 정도의 크기로 압축해야 할까? 질량이 지구의 33만 배인 태양을 지름 6km 정도의 공간에 압축해 넣으면 블랙홀이 된다. 지구를 블랙홀로 만들고자 한다면 지름 9mm 정도의 공간에 담으면 된다. 지구의 모든 물질이 콩알 정도 크기로 수축해 줄어들면 블랙홀로 변신한다.

1969년 물리학자 존 휠러 John Archibald Wheeler, 1911~2008 는 강한 중력의 작용으로 '빛이 탈출할 수 없는 천체'에 '블랙홀(black hole)'이라는 이름을 붙였다. 블랙홀은 이름만큼이나 비밀에 싸인 천체지만 천문학자들의 끊임없는 탐구와 관측 기술 발달로 서서히 그 모습을 드러내고 있다. 블랙홀은 우주 공간의 가장 아름다운 보물 상자가 될 수도 있다. 어쩌면 그 속에 물질의 궁극적인 성질이나 힘의 통일 이론을 풀 수 있는 황금 열쇠가 들어 있을지 모른다.

물체가 천체의 표면에서 탈출할 수 있는 최소한의 속도가 탈출 속도다. 지구를 벗어나려면 지구가 당기는 중력보다 더 강한 힘을 발휘해야 한다. 지구의 탈출 속도는 초속 11.2km다.

407

태양이 블랙홀이 된다면

　일상적인 이야기에 등장하는 블랙홀은 주변의 모든 것을 빨아들이는 괴물에 비유되곤 한다. 그럴 가능성은 거의 없지만, 만약 태양이 아주 작게 수축해 갑자기 블랙홀이 되더라도 주위를 도는 행성이 모두 빨려 들어가지 않을까 걱정할 필요는 없다.

　블랙홀에 대한 오해 중의 하나는 그것이 주변의 모든 것을 먹어치운다는 생각이다. 블랙홀이 만들어내는 놀라운 효과는 블랙홀의 강한 중력 영향권 가까이 접근했을 때 일어난다. 어느 정도 멀리 떨어져 있는 물체가 받는 중력은 크게 달라지지 않는다.

처녀자리 은하단에 있는 타원은하 NGC 4261. 허블우주망원경으로 은하의 중심부분을 찍었다. 노란색 고리 (오른쪽 사진)의 지름은 약 800만 광년으로, 고리의 중심에 거대한 질량을 가진 블랙홀이 있을 것으로 추측된다. 고리면에서 수직 방향으로 뿜어 나오는 제트(왼쪽 사진)는 은하 밖으로 8만 8000광년까지 분출됐다. 노란색 고리는 가시광선으로, 제트는 전파로 관측했다.

초신성이 블랙홀을 만들 수 있다

인간은 미래에 일어날 자신의 운명을 잘 알지 못한다. 별은 다르다. 태어나자마자 앞으로 펼쳐질 삶의 모습을 정확히 그려볼 수 있다. 긴 시간동안 안정된 빛을 발하다 최후의 순간에 이르기까지 모든 과정이 예측 가능하다. 별의 질량이 그것을 말해준다.

태양 정도의 질량을 가진 별은 생의 마지막 단계에서 백색왜성이 된다. 질량이 태양의 8배 이상인 별은 중심부에서 핵융합 반응이 계속해서 일어난다. 철과 같은 무거운 원소가 중심핵을 이루며, 고밀도인 중심핵에는 강한 중력이 작용해 크기가 더 줄어든다. 중력 수축이 더욱 급격하게 일어나면 별을 이루는 물질이 중심을 향해 매우 빠르게 붕괴한다. 더 이상 수축할 수 없

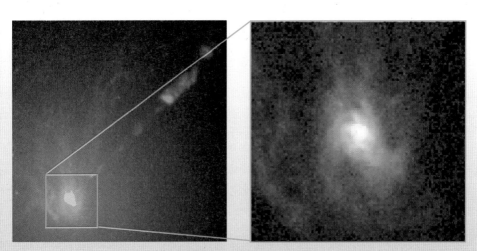

M 87. 허블우주망원경은 이 은하의 중심핵 부근에서 나선형의 뜨거운 가스 원반을 발견했다. 이 원반을 이루는 물질은 시속 200만km 정도의 속도로 회전하는 것으로 밝혀졌다. 이렇게 빠른 궤도 속도는 태양 질량의 30억 배가량 되는 물질이 원반에 집중돼 있음을 뜻한다. 작은 공간에 이만큼 엄청난 질량이 존재한다는 것은 그 중심에 블랙홀이 있음을 간접적으로 보여 준다.

대마젤란은하에서 수천 년 전에 폭발한 초신성 잔해(N 49). N 49에서 극도로 강한 감마선 분출이 관측되어 중성자별 마그네타(magnetar)가 있다는 사실을 알게 되었다. 마그네타는 엄청나게 강한 자기장을 갖는 중성자별이다.

는 중심부는 강하게 저항하면서 엄청난 충격파가 발생한다. 이로 인해 별의 바깥층은 우주 공간으로 폭발하듯 흩뿌려진다. 이것이 '초신성 폭발'이다.

한편 중심핵은 급격한 수축 작용으로 인해 원자끼리 서로 부딪히고 뭉그러진다. 원자를 이루는 원자핵과 전자가 한데 뭉쳐 마침내 '중성자별'이 탄생한다. 중성자별이 가질 수 있는 질량의 한계는 태양의 세 배 정도다. 만약 수축하는 중심핵의 질량이 이보다 작으면 중성자별은 안정 상태에 이른다. 그러나 중심핵의 질량이 태양의 세 배를 넘으면 더 수축하는 것을 막을 수 없다. 사태가 이 지경에 이르면 별 전체의 물질이 더 강하게 수축하며 '중력붕괴'를 일으키고 블랙홀을 만들어낸다. 중력 붕괴가 일어나도 중력 자체는 여전히 남아 있다. 물질이 차지하는 공간만 줄어들 뿐 원래 물질이 가지고 있던 질량은 고스란히 남기 때문이다.

별이 보내는 마지막 구조신호

빛조차 빠져나올 수 없는 블랙홀을 찾아내기는 쉽지 않다. 다행히 블랙홀로 빨려 들어가는 물질은 구조신호를 보내온다. 그 신호를 포착하면 블랙홀이 숨어 있는 곳을 알아낼 수 있다. 물질이 블랙홀로 빨려들어 갈 때는 속도가 매우 빨라진다. 그로 인해 굉장한 마찰에너지가 발생하고 1억도 이상으로 뜨거워진다. 이렇게 뜨거운 물질은 X선 형태로 복사에너지를 방출한다. 이 X선이 바로 블랙홀을 찾아내는 신호가 된다.

1964년 백조자리에서 X선이 나오는 천체가 발견되었다. 처음에는 X선이 중성자별에서 나오는 것이라고 생각했다. 하지만 X선의 세기가 일정한 패턴을 갖는 중성자별과 달리 백조자리 X선은 불규칙하게 변했다. 이 천체에 '백조자리 X-1'이라는 이름이 붙었고 블랙홀의 유력한 후보라고 생각했다.

천문학자들은 백조자리 X-1이 약 6000광년 거리에 있으며 태양 질량의 30배에 달하는 청색 초거성(HDE 226868)과 연성계를 이루고 있는 것을 밝혀냈다. 청색 초거성은 백조자리 X-1과 함께 주기가 5.6일인 궤도 운동을 하고 있다. 정밀한 관측 결과

찬드라X선 우주망원경이 촬영한 백조자리 X-1. 약 500만 년 전 태양 질량의 40배 정도 되는 별이 초신성 폭발을 일으킨 후 블랙홀이 된 것으로 보인다.

백조자리 X-1은 블랙홀로 밝혀졌으며 가까이 있는 청색 초거성의 물질을 서서히 끌어들여 자신의 질량을 키우고 있다.

태양 중력에 끌려 휘는 별빛

아인슈타인Albert Einstein, 1879~1955의 '일반상대성 이론'에 따라 블랙홀의 강한 중력은 주변의 시공간을 휘게 한다. 그래서 블랙홀 근처를 지나는 빛은 굽은 시공간을 따라 휘어진다.

태양도 마찬가지다. 태양의 중력에 의해 실제로 빛이 휘는지를 관찰하려면 태양 가까이 보이는 별의 위치를 조사해 본래 위치와 차이를 구하면 된다. 하지만 쉬운 일이 아니다. 태양 근처에 있는 별은 강한 태양 빛에 가려

왼쪽 1919년 개기일식. 아인슈타인은 1915년 발표한 일반상대성 이론을 적용해 태양을 스쳐가는 별빛이 1.75초만큼 굴절한다고 계산했다. 1919년 5월 29일 영국의 천문학자 아서 에딩턴(Sir Arthur Eddington, 1882~1944년)은 아프리카의 프린시페 섬에서 관측한 개기일식을 통해 태양 근처에 있는 별의 위치가 이동된 것을 확인함으로써 일반상대성 이론을 증명했다. **오른쪽** 아인슈타인의 일반상대성 이론에 따라 어떤 물체가 존재하면 그 주변 시공간은 휘어지는데, 질량이 클수록 주변 시공간이 더 많이 휘어진다.

저 보이지 않으므로 그 위치를 정확하게 측정하는 것이 어렵다.

개기일식 현상이 좋은 해결책이 된다. 개기일식이 일어나 태양이 달에 완전히 가려지면 태양 가까이 있는 별을 촬영할 수 있기 때문이다. 1919년 5월에 아프리카와 브라질에서 개기일식이 일어났다. 영국의 과학자들은 두 지역에 관측원정대를 파견해 개기일식이 일어나는 동안 태양 근처 별을 촬영하는 데 성공했다. 관측 결과는 아인슈타인의 예측한 그대로였다. 태양의 중력은 시공간을 휘게 만들고 별빛은 휜 시공간을 따라 이동했다.

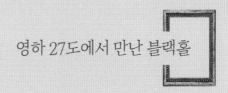

영하 27도에서 만난 블랙홀

M 87 타원은하는 처녀자리 은하단의 중심부에 자리 잡고 있다. 처녀자리 은하단에는 수천 개의 은하가 있는데 느린 속도로 중심을 향해 모여들면서 은하단의 모양을 꾸미고 있다. 은하단 가장자리에는 상대적으로 나선은하가 많은 편이고 중심부는 은하가 충돌하고 합쳐지는 과정에서 생겨난 타원은하가 많다. 타원은하 중에서 M 87이 가장 눈에 띈다.

M 87 타원은하는 1만 2000개가 넘는 구상성단을 거느리고 있다. 우리은하에 속한 구상성단이 200개 정도인 것과 견주어보면 정말 엄청나다. 그 거대한 규모로 보아 M 87은 처녀자리 은하단을 아우르는 대장 역할을 한다고 해도 될 것 같다.

놀라운 사실이 하나 더 있다. M 87 은하의 중심부를 들여다보면 길이가 5000광년에 이르는 엄청난 제트가 있다. 이것의 정체는 무엇일까? 제트를 만들어내는 주인공은 은하 중심에 있는 초거대 질량 블랙홀이다. M 87 한가운데 태양 질량의 30억 배에 이르는 블랙홀이 숨어 있다. 블랙홀 주변을 빠르게 도는 소용돌이는 강한 자기장을 만들어낸다. 블랙홀로 빨려 들어가는 물질 중 일부는 자기장의 영향을 받아 빛의 속도에 가까운 맹렬한 빠르기로 뿜어져 나오면서 제트를 형성한다.

몇 해 전, 맑고 시린 겨울밤 강원도 인제의 산자락에서 천체망원경으로 M 87 은하를 본 적이 있다. 꽁꽁 얼어붙는 손과 발을 녹여가면서 은하 중심 블랙홀이 들려주는 뜨거운 이야기에 귀를 기울였다. M 87 은하와 어우러진 별빛의 열기를 온몸으로 느끼면서 긴 겨울밤을 꼬박 새웠다. 그날 새벽에는 기온이 무려 영하 27도까지 떨어졌다. 가장 추운 날, 가장 뜨겁게, 블랙홀과 만났다!

아득히 먼 옛날부터 사람들의 눈동자는 깨알같이 박혀 있는 별과
하늘을 가로지르는 은하수를 보며 여러 가지 이야기를 만들어냈다.
전설과 신화 속에 묻혀 있던 별과 은하수가
베일을 벗기 시작한 것은 그리 오래되지 않았다.
천체망원경의 등장과 함께 새롭게 발전한 천문학은
은하수가 우리은하의 모습이라는 것을 밝혀냈다.
그리고 태양과 지구는 우리은하의 가장자리에
놓여 있음을 알려 주었다.

중력이 만든 바람개비,
우리은하

은하수, 미리내, 밀키웨이

하늘이 맑고 깨끗한 시골에서는 달빛이 숨은 날에 은하수를 볼 수 있다. 맨눈으로는 희뿌옇게 보여 구름이나 연기로 착각하기도 한다. 여름의 은하수는 북쪽의 카시오페이아자리를 거쳐 천정의 백조자리를 지나면서 두 갈래로 나뉜다. 그중 한쪽은 방패자리와 궁수자리로 흐르고 다른 한쪽은 땅꾼자리와 전갈자리를 타고 내려온다. 이 둘은 다시 합쳐지면서 지평선 아래로 흘러간다. 특히 궁수자리와 전갈자리 근처에서 은하수가 밝고 두터워지는데, 이곳이 바로 우리은하의 중심 방향이다.

겨울철에도 은하수를 볼 수 있다. 맑고 투명한 겨울밤, 동쪽 하늘에 빛나는 별들을 보노라면 탄성이 절로 나온다. 여기에 더해 겨울 은하수는 페르세우스자리, 마차부자리 그리고 오리온자리의 왼편을 지나 지평선 아래로 사라진다. 은하수는 지평선 아래까지 이어져 있으므로 만약 땅을 지우고 은하수 전체를 그려보면 온 하늘에 둥근 테를 두른 모습이 된다. 추운 겨울밤

몽골 남서쪽에 자리 잡은
알타이 사막에서 촬영한 은하수.

드넓은 하늘을 감싸는 은하수의 여린 별빛을 느낀다면 살을 에는 찬바람도 잠시 잊을 수 있다.

동서양을 막론하고 은하수에 관한 여러 가지 전설이 있다. 매년 칠월 칠석이면 은하수를 사이에 두고 떨어져 있던 견우와 직녀가 오작교를 건너 만난다는 이야기는 잘 알려져 있다. '은이 흐르는 강(銀河水)' 은하수를 우리나라에서는 '미리내'라고 불렀다. 용을 뜻하는 '미르'와 흐르는 물을 뜻하는 '내'가 합쳐진 말이다.

이집트인은 은하수를 사랑과 미의 여신 하토르(Hathor)의 젖에서 흘러나온 '천상의 나일 강'이라고 생각했다. 그리스 신화에서는 은하수를 여신 헤라(Hera)가 흘린 젖이라고 여겨서 '밀키웨이(Milky Way)'라고 부른다. 헤라클레스는 제우스의 아들이지만 어머니인 알크메네가 인간이기 때문에 언젠가는 죽을 수밖에 없는 운명이었다. 제우스는 꾀를 내어 아기 헤라클레스를 여신 헤라 가까이 데려갔다. 여신의 젖을 먹으면 죽지 않는 운명으로 바뀔 수 있기 때문이다. 그런데 아기가 젖을 너무 세게 무는 바람에 헤라가 아기를 밀쳐내고 말았다. 바로 그때 뿜어져 나온 헤라의 젖이 삽시간에 하늘을 뒤덮어 은하수를 만들었다고 한다.

은하수는 헤라의 젖 줄기라는 뜻에서 영어로 '밀키웨이'라고 부른다.

고대 그리스의 철학자 데모크리토스Deomocritos, BC 460~370는 은하수가 맨눈으로 구분할 수 없을 정도로 빽빽이 들어찬 별의 모임이라고 주장했다. 데모크리토스의 흥미로운 주장은 별다른 주목을 받지 못했다. 1610년 갈릴레이가 스스로 만든 망원경으로 밤하늘은 관찰하면서 은하수가 희미한 별로 가득 차 있다는 것이 새롭게 알려졌다.

1755년 독일의 철학자 칸트는 은하수와 더불어 우주 공간 구석구석에 희미한 빛 덩어리로 보이는 성운도 아주 멀리 떨어져 있는 별 무리가 아닐까 생각했다. 칸트는 이를 '섬우주'라 불렀고 외부은하의 존재를 예견했다.

18세기 후반 천왕성을 발견한 허셜은 우리은하의 구조와 태양계의 위치를 처음으로 제시했다. 허셜은 하늘을 여러 구역으로 나누고 별의 분포를 조사해 우리은하의 모형을 만들었다. 허셜은 은하수의 별들이 전체적으로 원반 모양을 이룬다는 주장을 폈다. 모든 별은 지름이 7000광년이고 두께가 1400광년인 원반 구조 안에 들어 있으며, 태양은 원반의 중심에 자리 잡고 있다는 결론을 내렸다. '허셜의 은하'는 실제 우리은하 지름 10만 광년에 비하면 10분의 1도 안 되는 크기다. 당시 허셜의 주장을 믿었던 사람들은 그가 측정한 원반 모양을 이루는 별의 집단이 우주의 전부라고 생각했다.

허셜의 주장에는 결정적인 오류가 있었다. 허셜은 별에서 오는 가시광선만을 관찰한 까닭에 별 사이의 먼지와 가스에 가려진 우리은하의 다른 부분을 제대로 볼 수 없었다. 우리은하의 좁은 영역만 관찰한 셈이다. 안개 낀 날 대도시의 변두리에서 도시 전체를 살펴보기 어려운 것과 마찬가지다. 허셜은 태양계가 우리은하의 외곽에 있다는 사실을 알아챌 수 없었다.

은하수가 가장 두텁게 보이는 곳이 우리은하의 중심 방향이다. 우리은하 중심 방향에는 먼지와 가스가 두껍게 있어 가시광선으로는 중심을 볼 수 없다. 은하의 중심에는 질량이 태양의 약 400만 배인 블랙홀이 있다.

우리은하의 크기와 태양의 실제 위치는 섀플리에 의해 수정됐다. 1917년 섀플리는 미국 윌슨 산 천문대의 60인치 망원경을 이용해 93개 구상성단의 거리와 방향을 측정했다. 그는 3차원 공간에 구상성단의 위치를 표시하면서 놀라운 사실을 발견했다. 구상성단들은 구 모양으로 분포하고 있으며, 그 중심은 태양이 아니라 궁수자리 방향에 놓여 있다는 것이다. 섀플리는 여기서 한 걸음 나아가 구상성단들의 중심이 우리은하의 중심이라는 가정을 했다.

태양계와 우리은하와 국부은하군 태양계는 우리은하의
가장자리 나선팔에 놓여 있다. 또한 우리은하는 안드로메
다은하를 비롯한 여러 은하와 함께 국부은하군을 이룬다.

　샤플리는 우리은하의 지름을 약 30만 광년으로 예측했다. 현재 알려진 사
실과 비교하면 우리은하의 크기에서 오차가 있지만, 태양이 우리은하의 중
심에 있다는 허셜의 주장을 뒤집는 놀라운 발견이었다. 샤플리가 우리은하
에서 태양계의 위치를 새롭게 찾아낸 것이다.

나선팔 너머 은하를 보여준 적외선과 전파

　태양은 우리은하 중심에서 약 2만 7000광년 거리에 있으며 초속 220km
의 속도로 은하 주위를 회전하고 있다. 이 정도의 속도라면 한 번 도는 데 약
2억 2600만 년이 걸린다. 태양의 나이가 46억 살이므로 우리은하 주위를 스
무 번 넘게 회전한 셈이다. 다른 별도 역시 은하의 중심 둘레를 돌고 있다.
　우리은하의 실제 모습은 어떨까? 태양은 은하의 나선팔 깊숙이 자리하고

있으므로 이곳에서 은하의 전체 모습을 파악하기란 쉽지 않다. 더군다나 암흑성운이 시야를 가로막고 있어 우리가 잘 볼 수 있는 거리는 기껏해야 1만 광년 정도다. 그 너머에 있는 우리은하의 모습은 제대로 관찰하기 어렵다. 숲 속에 있으면 숲 전체의 모습을 보기 힘든 것과 같다. 이러한 난제를 해결해준 천리안이 바로 적외선망원경과 전파망원경이다.

　가스와 먼지로 가로막혀 있는 곳까지 들여다볼 수 있게 해주는 적외선이나 전파는 우리은하의 세부 구조를 밝혀내는 데 중요한 역할을 한다. 천문학자들은 전파망원경을 이용해 구석구석 숨은 영역을 관찰하면서 우리은하의 나선팔 모양을 더 자세히 조사하고 있다. 또한 적외선망원경의 도움을 받아 우리은하의 정밀한 지도를 만들 수 있었고 태양의 정확한 위치도 알게 되었다. 태양은 우리은하의 나선팔 중에 규모가 조금 작은 오리온 팔에 들어가 있다. 오리온 팔의 바깥쪽으로는 페르세우스 팔이 휘감겨 있고 안쪽으로는 궁수자리 팔이 있다.

423

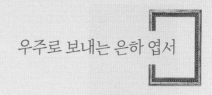

우주로 보내는 은하 엽서

우리은하에는 태양과 같이 스스로 빛나는 별이 2천억 개쯤 있다. 1초에 하나씩 헤아려도 2천억 별을 모두 세는 데 6300년이 걸린다. 이렇게 많은 별을 가진 우리은하의 지름은 약 10만 광년이다. 빛의 속도로 달려서 우리은하를 가로지르는 데 10만년이 걸리는 셈이다. 그런 까닭에 아직 우리은하의 모습을 직접 본 사람은 아무도 없다. 지구에서 수십만 광년을 나가야 우리은하 전체 모습을 바라볼 수 있기 때문이다.

천문학자들은 여러 파장의 빛을 이용하여 우리은하의 형태를 간접적으로 연구해왔다. 그 결과 우리은하는 중심에 막대 구조가 있고 소용돌이 모양의 나선팔을 두른 막대나선은하로 밝혀졌다.

잠시 눈을 감고 상상해본다. '멀리 다른 은하에 사는 친절한 외계인이 우리은하 사진을 찍어서 보내준다면…….'
NGC 6744 은하는 이런 상상을 더 흥미롭게 그려낸다. NGC 6744는 3천만 광년 거리에 있으며 우리은하와 닮은 점이 많은 은하다. 약간 길쭉한 중심 부근 막대 구조와 휘감겨 있는 나선팔이 보인다. 우리은하가 마젤란은하를 거느리고 있는 것처럼 작은 위성은하가 딸려있는 것까지 닮았다.

NGC 6744 은하 사진을 예쁜 엽서로 만들어 그 은하 속 어느 행성에 보내고 싶은 생각이 든다. 그 행성에 우리와 비슷한 생명체가 살고 있으며, 호기심을 갖고 있으며, 그곳의 밤하늘을 보면서 누군가가 보내줄 은하 엽서를 기다리고 있을지 모르니까. 우리처럼…….

은하 하나에는 평균 천억 개가량의 별이 모여 있다.
그런 은하들이 무리를 지어 은하군을 이루고,
은하군은 더 큰 규모의 은하단을 형성한다.
다시 여러 은하단이 모여 초은하단이 된다.
우리의 시야를 초은하단 너머로 넓혀보면
벌집 또는 거미줄 모양을 닮은
우주의 거대한 구조가 드러난다.

초은하단이 그려내는 우주의 구조

베일에 싸인 안드로메다 성운

약 250만 광년 거리에 있는 안드로메다은하는 맨눈으로 볼 수 있는 가장 먼 천체다. 이렇게 먼 거리를 달려온 빛을 눈동자에 담을 수 있다는 것은 여러모로 경이로움을 느끼게 한다. 20세기 초만 하더라도 안드로메다은하가 그렇게 먼 거리에 있는지 아무도 단정할 수 없었다. 안드로메다은하가 우리 은하 내에 있는 성운인지 아니면 아주 멀리 떨어진 또 다른 은하인지는 중요한 논쟁거리였다.

천체망원경으로 안드로메다은하를 처음 관찰한 사람은 1612년 독일 천문학자 시몬 마리우스Simon Marius, 1573~1624라는 기록이 있다. 당시에는 은하에 대한 개념이 없었으므로 뿌연 구름 덩어리처럼 보이는 천체를 '성운'이라고 했다. 그래서 안드로메다은하는 '안드로메다 성운'으로 불렸다. 이후에도 안드로메다 성운은 여러 사람이 관찰했지만, 특유의 나선 모양에 대해 명확한 해석을 내린 이는 없었다.

안드로메다은하는 전체 광도가 3.4등급
으로 맨눈으로도 쉽게 찾아볼 수 있다. 우
리은하보다 조금 크며 약 1조 개의 별로
이루어져 있다.

안드로메다 성운의 정체를 밝히려는 천문학자들의 노력은 계속되었다. 1864년 허긴스William Huggins, 1824~1910는 안드로메다 성운의 스펙트럼을 꼼꼼히 조사했으며 성운에 별이 모여 있다는 단서를 찾아냈다. 1917년 커티스Heber Curtis, 1872~1942는 안드로메다 성운에서 나타나는 신성을 자세히 연구했다.

허블Edwin Hubble, 1889~1953이 마침내 그 해답을 얻어냈다. 허블은 미국 남부 캘리포니아 윌슨 산 천문대의 100인치 망원경(당시 세계 최대)을 이용해 안드로메다 성운을 촬영했다. 사진에서 세페이드 변광성을 찾아내 거리를 계산해 보았더니, 안드로메다 성운은 우리은하 바깥에 있음이 밝혀졌다. 이제 '안드로메다 성운'은 '안드로메다은하'로 바뀌게 되었다.

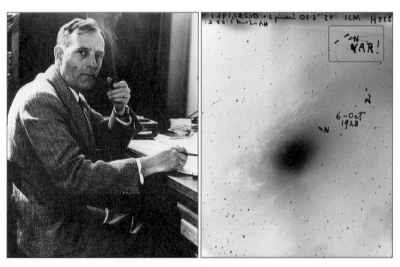

1923년 10월 허블(왼쪽)이 발견한 안드로메다은하의 세페이드 변광성(오른쪽, 사진 위쪽의 VAR로 표시한 별, N은 신성을 의미). 허블은 이후 관측을 통해 31.4일의 변광주기를 알아냈고 이를 토대로 안드로메다은하까지 거리가 우리은하의 크기를 넘어서는 90만 광년임을 처음으로 밝혀냈다. 실제로는 250만 광년이다.

1925년은 우리은하 바깥에 또 다른 은하가 있는지에 대한 오랜 논쟁이 끝나고 새로운 우주 시대가 열린 해다. 외부은하의 존재를 입증하는 허블의 논문이 발표되었고 인류는 상상을 뛰어넘는 광대한 우주를 맞이하게 되었다. 우주의 크기에 대한 우리의 인식이 새롭게 확장되었다. 더 나아가 거리가 먼 은하일수록 더 빨리 멀어진다는 '허블의 법칙'이 나오면서 우주가 팽창한다는 생각이 자리를 잡게 되었다. 우주팽창이론은 20세기 천문학사에서 가장 중요한 발견으로 손꼽힌다. 인류가 우주를 이해하는 새로운 틀을 만들어낸 것이다.

인류는 천문학의 발전과 함께 우주에서 자신의 위치를 깨달아왔다. 지구에서 태양, 그리고 우리은하 순으로 우주의 영역이 확장되어 왔다. 우리은하 역시 우주에 수없이 많이 존재하는 은하 중 하나일 뿐이라는 사실을 깨닫게 되었다.

중력이 조각한 은하들의 모양

1936년 허블은 여러 모양의 은하를 타원은하, 렌즈형은하, 나선은하, 막대나선은하, 불규칙은하로 나누었다. 나선은하는 소용돌이 모양의 나선팔을 두르고 있다. 은하의 나선팔은 갓 태어난 파란색 별이 많이 있을수록 더 뚜렷하게 드러난다. 나선은하 중에 막대 구조가 은하 중심핵에 걸쳐있는 형태가 있다. 이런 은하를 막대나선은하라고 부른다. 이 경우 나선팔은 막대 구조의 양 끝에서 시작한다. 우리은하의 중심부에도 막대 구조가 있는 것으로 밝혀졌다.

타원은하는 대부분 나이가 많은 별로 이루어지며 원이나 타원 형태다. 거

위쪽 처녀자리에 있는 은하 M 104는 멕시코와 페루 등지에서 많이 쓰는 챙이 크고 평평한 모자 솜브레로를 닮았다고 해서 '솜브레로 은하'라고 부른다.

가운데 머리털자리에 있는 생쥐은하(Mice Galaxies)는 NGC 4676A과 NGC 4676B로 나뉜다. 약 2억 9000만 광년 거리에 있다. 두 은하가 충돌하고 합쳐지면 하나의 타원은하가 될 것이다.

왼쪽 에리다누스자리에 있는 불규칙은하 NGC 1427A. 약 5200만 광년 떨어져 있다.

431

큰곰자리에 있는 나선은하 M 101은 바람개비은하라는 별명이 붙어 있다.

나선은하 NGC 6946은 지구로부터 약 2200만 광년 떨어져 있다. 1917년 이후 이 은하의 나선팔에서 10번의 초신성 폭발이 관측됐다.

대타원은하는 여러 은하가 서로 충돌하고 합쳐지는 과정을 통해 만들어진다. 불규칙은하는 특별한 모양이 없다. 우리은하의 위성은하인 대마젤란은하와 소마젤란은하는 대표적인 불규칙은하다.

별이 알려주는 은하의 거리

은하의 거리를 알아내는 데 결정적인 역할을 한 것이 세페이드 변광성이다. 1912년 리비트는 세페이드 변광성이 특별한 주기-광도 관계를 갖는다는 것을 발견했다. 이를 이용하면 세페이드 변광성이 있는 곳까지의 거리를 구할 수 있다.

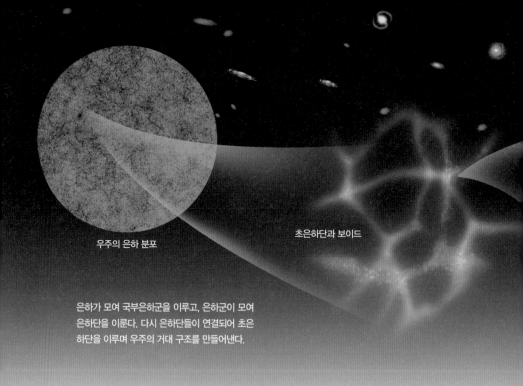

우주의 은하 분포

초은하단과 보이드

은하가 모여 국부은하군을 이루고, 은하군이 모여
은하단을 이룬다. 다시 은하단들이 연결되어 초은
하단을 이루며 우주의 거대 구조를 만들어낸다.

은하가 매우 멀리 떨어져 있는 경우 은하 안의 별 중에서 세페이드 변광
성을 콕 집어 분리해내기가 쉽지 않다. 세페이드 변광성을 이용해 거리를
측정하는 방법은 약 5000만 광년 이내에 있는 은하일 때 유용하다. 비교적
가까운 은하에 한해서 적용할 수 있다는 의미다.

더 멀리 있는 은하까지의 거리를 측정할 때는 엄청난 밝기를 자랑하는 초
신성을 이용한다. 백색왜성이 동료별의 물질을 빨아들여 임계질량인 태양
질량의 1.44배에 도달하면, 버티지 못하고 폭발하는 현상을 'Ia형 초신성'이
라고 한다. Ia형 초신성은 폭발할 때 항상 동일한 밝기에 이르는 특성이 있
어 먼 은하의 거리를 재는 데 활용할 수 있다. 나선은하의 밝기가 은하의 회
전 속도와 관련이 있다는 사실을 이용하는 방법도 있다. 은하의 회전 속도
를 측정하여 절대등급을 예측하면 거리를 알아낼 수 있다.

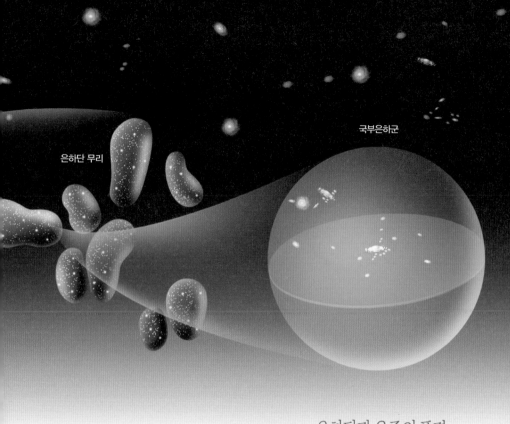

은하단 무리

국부은하군

은하단과 우주의 풍경

우리은하는 안드로메다은하와 더불어 지름 1000만 광년 이내에 50여 개의 은하가 포함된 국부은하군을 형성한다. 국부은하군의 은하 중에 3분의 1은 우리은하 주변에 몰려 있고 또 다른 3분의 1은 안드로메다은하 주변에 있다.

국부은하군을 넘어서면 많은 은하군이 무리를 이루어 수천만 광년의 크기를 갖는 은하단이 된다. 국부은하군에서 5000만 광년 거리에는 수천 개의 은하를 거느린 처녀자리 은하단이 있다. 이러한 은하단들이 연결된 구조가 초은하단이다. 초은하단 사이에는 은하를 거의 발견할 수 없는 보이드가 있다.

436

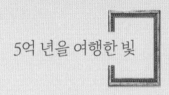

5억 년을 여행한 빛

아벨 2151(Abell 2151)은 헤라클레스자리 초은하단에 속한 은하단이다. 주의 깊게 살펴보면 여러 은하가 독특한 모양을 뽐낸다. 멋진 소용돌이팔을 두른 나선은하와 늘씬하고 날렵한 렌즈형은하, 제멋대로 생긴 불규칙은하, 작은 솜뭉치를 닮은 타원은하 등이 있다. 마치 우주 공간에 은하 전시회가 열린 것 같다. 이렇게 다양한 형태의 은하들은 어떻게 생겨났을까? 예술작품을 만들듯 은하 하나하나의 모양을 꾸민 주인공은 바로 '중력'이나.

은하단이 중력에 이끌려 서로 합쳐지면 더 큰 규모의 은하단을 만들 수 있다. 은하단이 합쳐지는 과정에서 은하 사이에 작용하는 중력에 의해 놀라운 일이 벌어진다. 은하들이 서로 스쳐 지나가면서 찌그러지거나 뒤틀린다. 때로는 정면충돌을 하기도 한다. 크고 작은 충격을 받은 은하는 새로운 모양을 갖추게 된다. 중력이 은하의 형태를 조각하는 것이다.

아벨 2151 은하단에서 나온 빛이 지구에 이르는 데는 약 5억 년의 시간이 걸린다. 달리 생각하면 우리는 지금 5억 년 전 은하단 모습을 보고 있는 셈이다. 아벨 2151 은하단에서 별빛이 막 출발할 당시 지구의 바닷속에는 '피카이아'라고 부르는 척색동물(몸 안에 연골로 된 척삭이나 뼈로 이루어진 척추가 등골을 이루는 동물)이 살고 있었다. 피카이아는 인간처럼 척추를 가진 동물의 먼 조상 가운데 하나다. 5억 년 전 피카이아가 헤엄치던 바다 위에도 밤하늘의 별은 총총히 빛났을 것이다. 그때 피카이아는 전혀 눈치채지 못했을 것이다. 그로부터 5억 년 뒤에 척추동물의 후손이 천체망원경을 만들어 5억 년을 여행해온 은하의 빛을 보게 되리라는 것을……

별에서 온 그대에게

지구에서 별이 가장 잘 보이는 곳을 찾아 나섰던 발걸음이 헤아릴 수 없을 만큼 많은 발자국을 남겼다. 별빛 속삭임 가득한 하늘 아래에서 우주의 역사를 담은 위대한 그림을 찾아냈고 태평양의 빅 아일랜드에서는 땅과 하늘의 이야기에 귀 기울였다. 광활한 초원을 품은 몽골은 극적인 개기일식을 보여주었으며 북극과 가까운 마을의 하얀 눈밭을 거닐며 오로라가 펼쳐내는 빛의 향연에 몸을 맡겼다. 서호주에서는 행성 지구에 꽃을 피운 생명의 역사를 살펴보았고 더 먼 우주로의 여행을 꿈꾸었다.

이어지는 탐험은 빅뱅의 순간으로 거슬러 올라가 138억 년 우주의 역사를 바라보았다. 그리고 새로운 호기심으로 아름다운 우주 풍경과 만나는 발걸음을 내디뎠다. 46억 년 역사를 지닌 태양계 천체들을 하나하나 둘러보았고 더 넓은 공간에서 성운, 성단, 은하가 그려내는 우주를 여행했다. 마침내 가장 넓은 무대에서 중력이 조각하고 다듬어낸 '초은하단이 어우러진 우주의 거대 구조'와 마주하였다.

이제는 광대한 우주와 함께한 탐험을 마무리하고 발걸음을 돌려 고향으로 돌아가야 할 시간이다. 칠흑같이 어두운 우주 공간에 아름다운 빛을 뿌리는 은하 하나하나와 눈을 맞추며 인사를 나누었다. 그리고 내가 태어난 곳, 나의 '우주 주소'를 떠올렸다. '처녀자리 초은하단, 국부은하군, 우리은하, 오리온 나선팔, 태양계, 행성 지구, 대한민국……'

드디어 돌아왔다! 우주 탐험을 마치고 행성 지구의 품에 다시 안겼다. 파란 하늘 너머에 펼쳐져 있는 우주 풍경은 마음 깊은 곳에 생생하게 새겨졌다. 별빛처럼 맑고 밝은 생각을 떠올릴 수 있는 탐험이었다. 우주처럼 넓고 깊은 마음을 품을 수 있는 탐험이었다.

시간과 공간을 가로질러 우주를 탐험하면서 슬며시 떠올랐던 질문이 있다. '나는 몇 살인가?' 내 존재의 본질적 나이는 어떻게 되는가에 대한 물음이다. 탐험의 마지막 순간에 자연스럽게 답을 얻었다. '우리 모두의 나이는 138억 살이다.' 문화적 나이를 넘어서서, DNA에 담겨 있는 생물학적 나이의 경계를 지나, 우리의 우주적 나이는 분명히 138억 살이다.

우리가 지금 이러한 모습으로 존재하게 된 과정을 되돌아보면 우리 모두의 우주적 나이를 이해할 수 있다. 우리 몸을 이루는 모든 세포 속에는 정말 중요하면서 빠짐없이 들어있는 원소가 있다. 바로 '탄소'다. 그 탄소는 어떤 별의 중심에서 만들어진 것이 분명하다. 별이 빛나는 과정에서 우리 몸을 이루는 원소가 만들어졌다는 사실은 생각할수록 감동적이다. 만약 그 감동이 여러분의 볼을 발갛게 물들인다면, 그 여린 붉은색은 어디서 온 것일까? 적혈구 속에 있는 철 성분이 만들어낸 붉은색이다. 그리고 놀랍게도 그 철은 질량이 큰 별이 초신성 폭발 직전에 융합해낸 것이다. 철은 초신성 폭발과 함께 별 부스러기가 되어 우주 공간에 흩뿌려졌고, 46억 년 전 태양계가 생겨나는 공간을 지나면서 다른 별 부스러기와 함께 행성 지구에 섞여들었다. 철은 평범해 보이는 돌 속에 자리를 잡았고, 돌은 시간이 흐르며 비바람에 부서져 흙이 되었다. 그 흙에 묻힌 씨앗은 자라면서 흙 속에 들어있던 철을 품게 되었고, 더 자라나 언젠가 여러분이 먹은 음식의 재료가 되어 우리 몸으로 들어왔다. 이런 과정을 거쳐 철은 마침내 적혈구 세포 안에 있는 헤모글로빈의 일부가 되었다. 헤모글로빈은 철을 포함한 단백질이다. 헤모글로빈의 철 성분은 우리가 숨 쉴 때 몸으로 들어온 산소와 결합하여 산화되면서 여러분 볼 안에 있는 모세혈관의 적혈구를 붉은색으로 물들인다. 별이 빛나면서 만들어낸 철이라는 원소가 길고 긴 여행 끝에 우리의 볼을 여린 붉은색으로 빛나게 한 것이다.

놀랍고 경이로운 이야기다. 만약 이 이야기에 깊이 감동하여 여러분의 눈동자가 촉촉해질지도 모른다. 그 눈물(H_2O) 속의 수소는 어디서 온 것일까? 빅뱅 이후 38만 년 된 어린우주가 만들어낸 수소다. 다시 말해 138억 년 전 초기우주 스스로 만들어낸 수소다. 사실 우리 몸의 약 70%가 물이며 그 물을 이루는 수소는 모두 138억 년 전에 생겨났다. 우리 몸은 참으로 긴 역사를 지닌 수소를 품고 있다. 그래서 우리 모두의 나이는 138억 살이다.

우주 탐험을 마무리하면서, 우주를 가로지르며 만난 아름다운 풍경 속에서 가장 빛나는 존재를 알아차리게 되었다. 누구일까? 이 글을 읽고 있는 바로 '여러분'이다. 그렇다! 우리는 모두 138억 년 우주 역사의 중요한 장면들을 몸속에 담고 있다. 그런 존재다. 더 넓게 본다면 우리를 둘러싼 모든 것에 우주의 역사가 기록되어 있다. 우리는 모두 그 역사의 끝자락에 서서 새롭게 펼쳐지는 풍경과 마주하고 있다. 그리고 새로운 이야기를 함께 써내려가고 있다.

가장 빛나는 존재인 나를 다시 느껴보고 싶을 때, 고개를 들어 하늘을 보길 바란다. 별빛 가득한 우주와 만나는 여행을 꿈꾸길 바란다.

Across the Universe!

참고문헌

| 천체물리학 · 우주론 분야 |

- Max Tegmark, Our Mathematical Universe, Vintage Books, 2014
  맥스 테그마크 지음, 김낙우 옮김,《맥스 테그마크의 유니버스》, 동아시아, 2017

- 최무영 지음,《최무영 교수의 물리학 강의》, 책갈피, 2008

- Jeffrey O. Bennett · Megan O. Donahue · Nicholas Schneider · Mark Voit,
  The Essential Cosmic Perspective(7th Edition), Pearson Education, Inc, 2015
  제프리 베넷 외 지음, 김용기 외 옮김,《우주의 본질》, 시그마프레스, 2015

- Mark H. Jones · Robert J. A. Lambourne, An Introduction to Galaxies and Cosmology,
  Cambridge University Press, 2007

- Martin Rees(General Editor), Universe : The Definitive Visual Guide, Dorling Kindersley, 2012
  마틴 리스 편저, 윤홍식 외 옮김,《우주》, 사이언스북스, 2009

- 김항배 지음,《우주, 시공간과 물질》, 컬처룩, 2017

- 카를로 로벨리 지음, 김현주 옮김,《모든 순간의 물리학》, 쌤앤파커스, 2016

- 이재원 지음,《우주의 빈자리 암흑물질과 암흑에너지》, 컬처룩, 2016

- Dina Prialnik, An Introduction to the Theory of Stellar Structure and Evolution 2nd Edition,
  Cambridge University Press, 2009
  디나 프리알닉 지음, 김용기 옮김,《항성내부구조 및 진화》, 청범출판사, 2007

- 앙드레 브라익 · 이자벨 그르니에 지음, 박창호 옮김,《별》, 열음사, 2010

- Bradley W. Carroll · Dale A. Ostlie, An Introduction to Modern Astrophysics,

Cambridge University Press, 2017

• 사쿠라이 히로무 편저, 김희준 옮김,《원소의 새로운 지식》, 아카데미서적, 2002

| 천체관측 분야 |

• David Ellyard · Wil Tirion, The Southern Sky Guide, Cambridge University Press, 2001

• George Robert Kepple · Glen W. Sanner, The Night Sky Observer's Guide :
  Autumn & Winter, Willmann-Bell, 2009

• George Robert Kepple · Glen W. Sanner, The Night Sky Observer's Guide :
  Spring & Summer, Willmann-Bell, 2009

• Ian Cooper · Jenni Kay, George Robert Kepple, The Night Sky Observer's Guide :
  The Southern Skies, Willmann-Bell, 2008

• P. Norton · Ian Ridpath, Norton's Star Atlas and Reference Handbook :
  19th Edition, Addison Wesley Longman, 1998

• Roger N. Clark, Visual Astronomy of the Deep Sky, Sky Publishing Corporation, 1990

• Stephen James O'Meara, Deep-Sky Companions : The Messier Objects 2nd Edition,
  Cambridge University Press, 2014

• Walter Scott Houston, Stephen James O'Meara, Deep-Sky Wonders, Sky Pub Corp, 1998

• Neil Bone, Observing Meteors, Comets, Supernovae and other Transient Phenomena,
  Springer, 1999

• Peter T. Wlasuk, Observing the Moon, Springer, 2000

| 지질학 · 생명과학 분야 |

• Frederick K. Lutgens · Edward J. Tarbuck · Dennis G. Tasa,
  Essentials of Geology 11th Edition, Pearson Education, Inc, 2012
  프레더릭 K 외 지음, 함세영 외 옮김,《지질환경과학》, 시그마프레스, 2016

- Andrew Doughty · Leona Boyd, Hawaii The Big Island Revealed: The Ultimate Guidebook, Wizard Publications Inc, 2013

- MJ Van Kranendonk · JF Johnston, Discovery trails to early Earth-a traveller's guide to the east Pilbara of Western Australia, Geological Survey of Western Australia, 2009

- Peter Lane, Geology of Western Australia's National Parks - 3rd edition, National Library of Australia, 2013

- 더글러스 파머 지음, 강주헌 옮김, 《35억 년 지구 생명체의 역사》, 위즈덤하우스, 2010

| 천문학 역사 분야 |

- John Lankford, History of Astronomy : An Encyclopedia(Garland Encyclopedias in the History of Science) 1st Edition, Garland Publishing, 1997

- James Evans, The History and Practice of Ancient Astronomy, Oxford University Press, 1998

- 고베르트 실링 · 라르스 크리스텐센 지음, 2009 세계 천문의 해 한국 조직 위원회 옮김, 《하늘을 보는 눈》, 사이언스북스, 2009

- Michael Hoskin, The Cambridge Illustrated History of Astronomy, Cambridge University Press, 1997

| 천체사진 분야 |

- Alan Dyer, How to photograph the solar eclipse, Amazing Sky Photography and Publishing, 2017

- 김성수 지음, 《천체사진강좌》, 전파과학사, 1990.

- H. J. P. Arnold · Paul Doherty, Patrick Moore, The Photographic Atlas of the Stars, Inst of Physics Pub Inc, 1997

사진출처

찾아보기